1 多項式の次数

次の式は何次式？

$3x^2y-5xy+13x$

2 同類項

次の式の同類項をまとめると？

$-x-8y+5x-17y$

3 多項式の加法

次の式を計算すると？

$(4x-5y)+(-6x+2y)$

4 多項式の減法

次の式を計算すると？

$(4x-5y)-(-6x+2y)$

5 単項式の乗法

次の式を計算すると？

$-5x\times(-8y)$

6 単項式の除法

次の式を計算すると？

$-72x^2y\div 9xy$

7 式の値

$x=-1$，$y=6$のとき，次の式の値は？

$-72x^2y\div 9xy$

8 文字式の利用

nを整数としたときに，**偶数**，**奇数**をnを使って表すと？

9 等式の変形

次の等式をyについて解くと？

$\frac{1}{3}xy=6$

各項の次数を考える

$3x^2y + (-5xy) + 13x$

次数3　次数2　次数1

答 3次式 ← 各項の次数のうちでもっとも大きいものが，多項式の次数。

すべての項を加える

$(4x-5y)+(-6x+2y)$

$=4x-5y-6x+2y$

$=4x-6x-5y+2y$

$=-2x-3y$ …答

符号はそのまま。

係数の積に文字の積をかける

$-5\ x\times(-8\ y)$

$=-5\times(-8)\times x\times y$

$=40xy$ …答

係数　文字

式を簡単にしてから代入

$-72x^2y\div9xy$

$=-8x$

$=-8\times(-1)$

$=8$ …答

式を簡単にする。

$x=-1$ を代入する。

$y=$○の形に変形する

$\frac{1}{3}xy\times\frac{3}{x}=6\times\frac{3}{x}$ ← 両辺に$\frac{3}{x}$をかける。

$y=\frac{18}{x}$ …答

使い方

- ミシン目で切り取り，穴をあけてリングなどを通して使いましょう。
- カードの表面が問題，裏面が解答と解説です。

$ax+bx=(a+b)x$

$-x\ -8y\ +5x\ -17y$

$=-x\ +5x\ -8y\ -17y$

$=4x-25y$ …答

項を並べかえる。

同類項をまとめる。

ひく式の符号を反対にする

$(4x-5y)-(-6x+2y)$

$=4x-5y+6x-2y$

$=4x+6x-5y-2y$

$=10x-7y$ …答

符号を反対にする。

分数の形になおして約分

$-72x^2y\div9xy$

$=\frac{-72x^2y}{9xy}$

$=-8x$ …答

わる式を分母にする。

約分する。

偶数は2の倍数

答 偶数　$2n$　← 2の倍数

奇数　$2n-1$　← 偶数 -1

または，$2n+1$　← 偶数 +1

10 連立方程式の解

次の連立方程式で，解が$x=2$，$y=-1$であるものはどっち？

㋐ $\begin{cases} 3x-4y=10 \\ 2x+3y=-1 \end{cases}$　㋑ $\begin{cases} 4x+7y=1 \\ -x+5y=-7 \end{cases}$

11 加減法

次の連立方程式を解くと？

$$\begin{cases} 2x-y=3 & \cdots① \\ -x+y=2 & \cdots② \end{cases}$$

12 加減法

次の連立方程式を解くと？

$$\begin{cases} 2x-y=5 & \cdots① \\ x-y=1 & \cdots② \end{cases}$$

13 代入法

次の連立方程式を解くと？

$$\begin{cases} x=-2y & \cdots① \\ 2x+y=6 & \cdots② \end{cases}$$

14 1次関数の式

次の式で，1次関数をすべて選ぶと？

㋐ $y=\frac{1}{2}x-4$　㋑ $y=\frac{24}{x}$

㋒ $y=x$　㋓ $y=-4+x$

15 変化の割合

次の1次関数の**変化の割合**は？

$y=3x-2$

16 1次関数とグラフ

次の1次関数のグラフの**傾き**と**切片**は？

$y=\frac{1}{2}x-3$

17 直線の式

右の図の直線の式は？

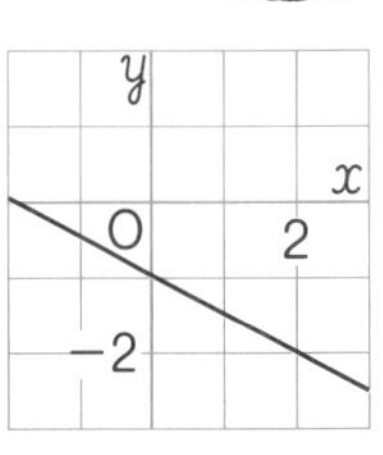

18 方程式とグラフ

次の方程式のグラフは，右の図のどれ？

$2x-3y=6$

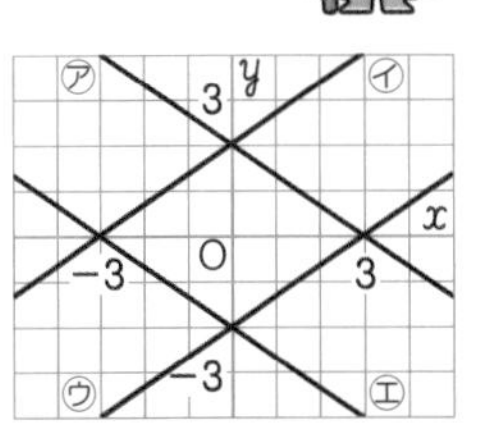

19 $y=k$，$x=h$ のグラフ

次の方程式のグラフは，右の図のどれ？

$7y=-14$

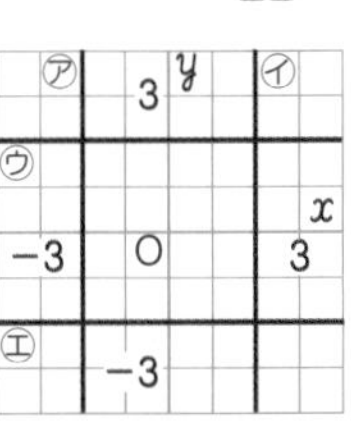

①+②で y を消去

$$\begin{array}{r} 2x-y=3 \\ +)\ -x+y=2 \\ \hline x\quad =5 \end{array}$$

$x=5$を②に代入

$-5+y=2$

$y=7$

答 $x=5,\ y=7$

代入して成り立つか調べる

答 ㋑ ← どちらの方程式も成り立たせる x，y の値が解。

㋐上の式　左辺$=3\times2-4\times(-1)=10$　○

下の式　左辺$=2\times2+3\times(-1)=1$　×

㋑上の式　左辺$=4\times2+7\times(-1)=1$　○

下の式　左辺$=-1\times2+5\times(-1)=-7$　○

①を②に代入して x を消去

$2\times(-2y)+y=6$

$-3y=6$

$y=-2$

$y=-2$を①に代入

$x=-2\times(-2)$

$x=4$

答 $x=4,\ y=-2$

①－②で y を消去

$$\begin{array}{r} 2x-y=5 \\ -)\ x-y=1 \\ \hline x\quad =4 \end{array}$$

$x=4$を②に代入

$4-y=1$

$y=3$

答 $x=4,\ y=3$

x の係数に注目

答 3

1次関数 $y=ax+b$ では，
変化の割合は一定で a に等しい。
$(変化の割合)=\dfrac{(yの増加量)}{(xの増加量)}=a$

y が x の1次式か考える

答 ㋐，㋒，㋓

$b=0$ の場合。

1次関数の式
$y=ax+b$
ax…x に比例する部分
b…定数の部分

切片と傾きから求める

答 $y=-\dfrac{1}{2}x-1$

傾き　切片

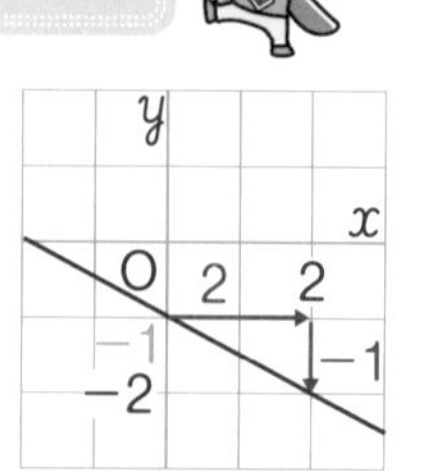

a，b の値に注目

答 傾き　$\dfrac{1}{2}$

切片　-3

1次関数 $y=ax+b$ の
グラフは，傾きが a，
切片が b の直線である。

$y=k$，$x=h$ の形にする

答 ㋓

$7y=-14$

$y=-2$ ← x 軸に平行な直線。

㋐ $x=-2$
㋑ $x=2$
㋒ $y=2$
㋓ $y=-2$

y について解く

答 ㋒

$2x-3y=6$をyについて解くと，

$y=\dfrac{2}{3}x-2$ ← 傾き$\frac{2}{3}$，切片 -2 のグラフ。

20 対頂角

右の図で，

∠xの大きさは？

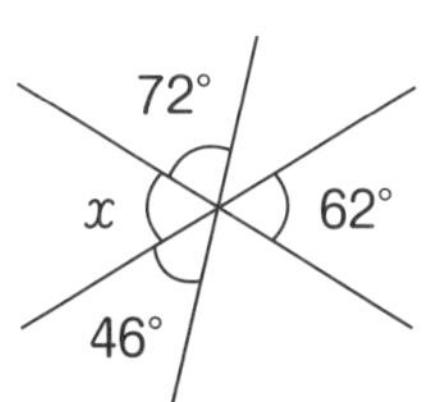

21 平行線と同位角，錯角

右の図で，

$\ell /\!/ m$のとき，

∠x，∠yの

大きさは？

22 三角形の内角と外角

右の図で，

∠xの大きさは？

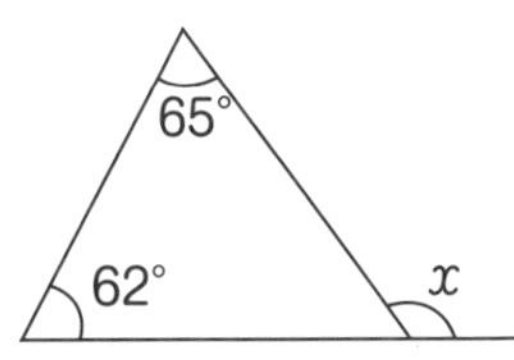

23 多角形の内角

内角の和が1800°の多角形は何角形？

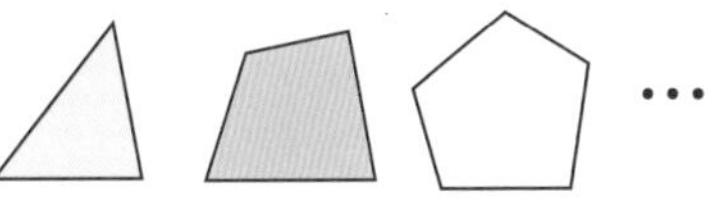

24 多角形の外角

１つの外角が20°である正多角形は？

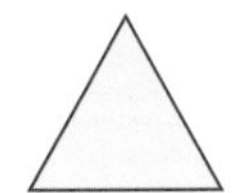

…

25 三角形の合同条件

次の三角形は合同といえる？

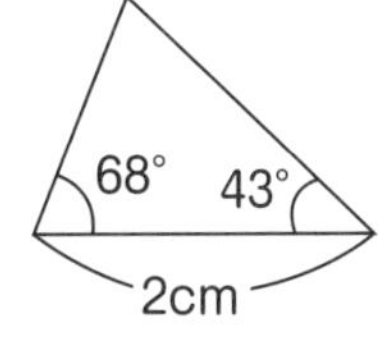

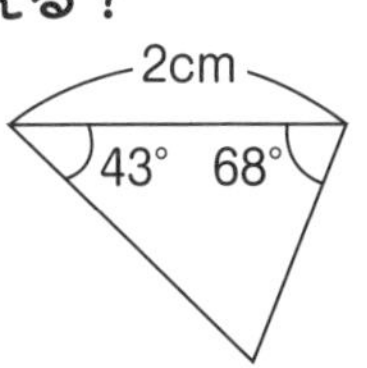

26 二等辺三角形の性質

二等辺三角形の性質２つは？

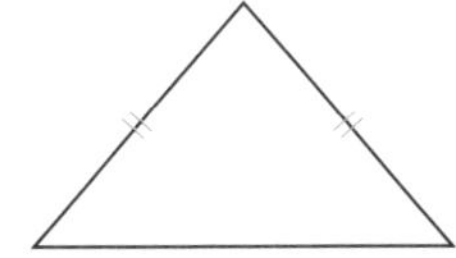

27 二等辺三角形の角

右の図で，

AB＝ACのとき，

∠xの大きさは？

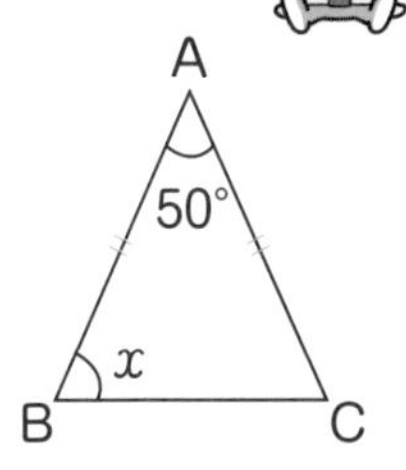

28 二等辺三角形になる条件

右の△ABCは，

二等辺三角形と

いえる？

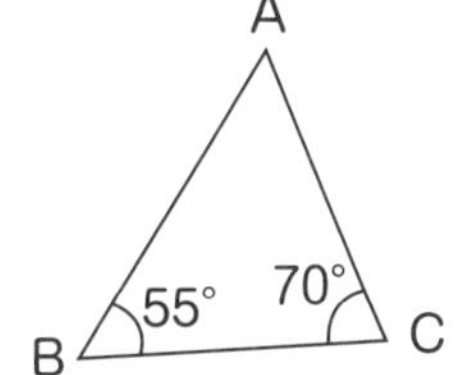

29 直角三角形の合同条件

次の三角形は合同といえる？

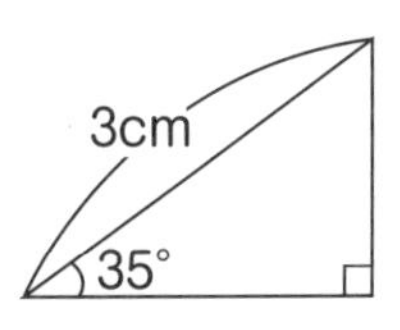

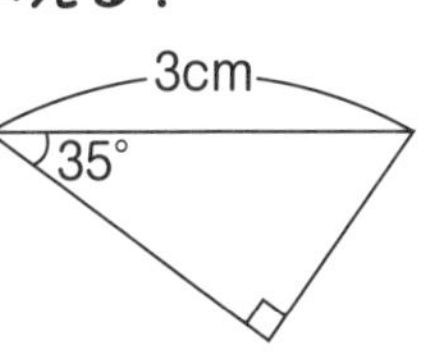

同位角，錯角を見つける

答 $\angle x=115°$

$\angle y=75°$

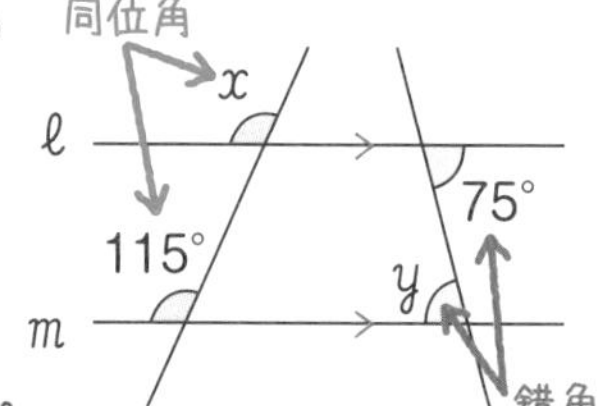

2 直線が平行ならば
同位角，錯角は等しい。

内角の和の公式から求める

答 十二角形

$180° \times (n-2)=1800°$

$n-2=10$

$n=12$

n角形の内角の和は
$180° \times (n-2)$

合同条件にあてはまるか考える

答 いえる

3組の辺がそれぞれ等しい。

2組の辺とその間の角がそれぞれ等しい。

1組の辺とその両端の角がそれぞれ等しい。

底角は等しいから∠B=∠C

答 $\angle x=65°$

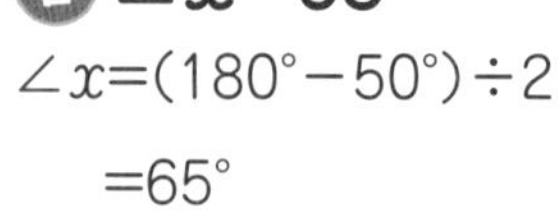

$\angle x=(180°-50°)\div 2$

$=65°$

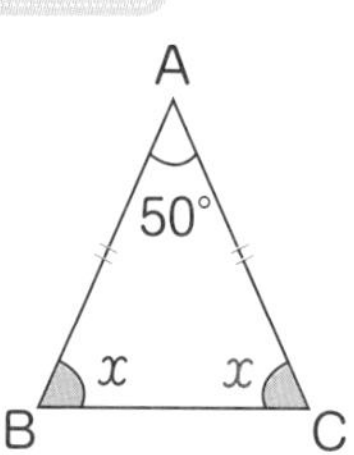

合同条件にあてはまるか考える

答 いえる

直角三角形の

斜辺と１つの鋭角がそれぞれ等しい。

斜辺と他の１辺がそれぞれ等しい。

対頂角は等しい

答 $\angle x=62°$

72°
向かい合った角を → x
対頂角といい，
対頂角は等しい。
62°
46°

三角形の外角の性質を利用する

答 $\angle x=127°$

$\angle x=62°+65°$

$=127°$

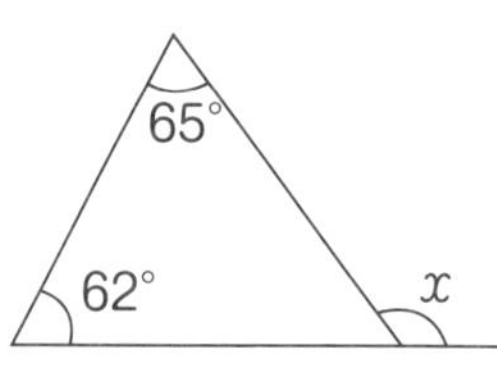

多角形の外角の和は 360°

答 正十八角形

$360°\div 20°=18$

正多角形の外角はすべて等しい。

多角形の外角の和は 360°である。

底角，底辺などに注意

答 ・底角は等しい。

・頂角の二等分線は，
底辺を垂直に２等分する。

２つの角が等しいか考える

答 いえる

$\angle A=\angle B=55°$より，

$180°-(55°+70°)=55°$

２つの角が等しいので，
二等辺三角形といえる。

A
55°
55°
70°
B
C

30 平行四辺形の性質

平行四辺形の性質３つは？

31 平行四辺形になる条件

平行四辺形になるための条件５つは？

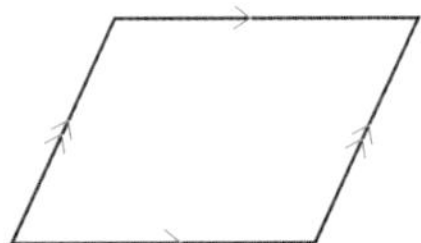

32 特別な平行四辺形の定義

長方形，ひし形，正方形の定義は？

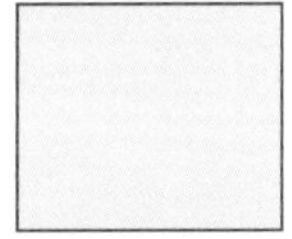

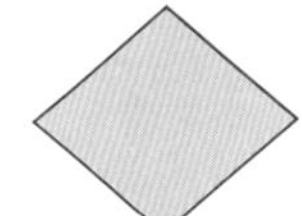

33 特別な平行四辺形の対角線

長方形，ひし形，正方形の対角線の性質は？

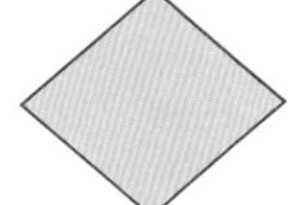

34 確率の求め方

１つのさいころを投げるとき，出る目の数が**６の約数**になる確率は？

35 樹形図と確率

２枚の硬貨A，Bを投げるとき，**１枚が表でもう１枚が裏**になる確率は？

36 組み合わせ

A，B，Cの３人の中から２人の当番を選ぶとき，**C**が当番に選ばれる確率は？

37 表と確率

大小２つのさいころを投げるとき，出た目の数が同じになる確率は？

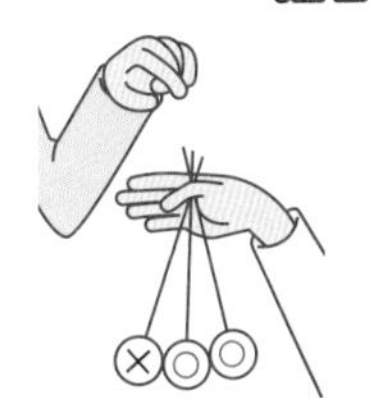

38 Aの起こらない確率

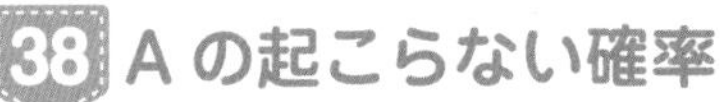

大小２つのさいころを投げるとき，出た目の数が同じにならない確率は？

39 箱ひげ図

次の**箱ひげ図**で，データの第１四分位数，中央値，第３四分位数の位置は？

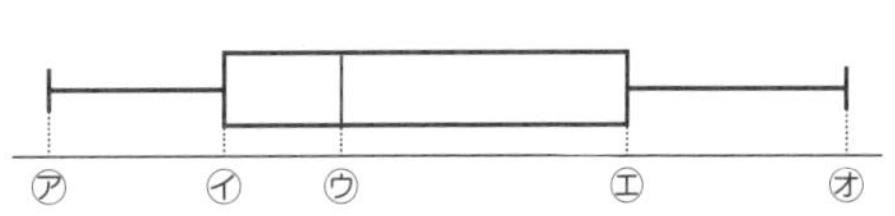

定義，性質の逆があてはまる

答 ・２組の対辺がそれぞれ平行である。（定義）
・２組の対辺がそれぞれ等しい。
・２組の対角がそれぞれ等しい。
・対角線がそれぞれの中点で交わる。
・１組の対辺が平行でその長さが等しい。

対辺，対角，対角線に注目

答 ・２組の対辺はそれぞれ等しい。
・２組の対角はそれぞれ等しい。
・対角線はそれぞれの中点で交わる。

長さが等しいか垂直に交わる

答 長方形 → 対角線の長さは等しい。
ひし形 → 対角線は垂直に交わる。
正方形 → 対角線の長さが等しく，
垂直に交わる。

角や，辺の違いを覚える

答 長方形 → ４つの角がすべて等しい。
ひし形 → ４つの辺がすべて等しい。
正方形 → ４つの角がすべて等しく，
４つの辺がすべて等しい。

樹形図をかいて考える

$\frac{2}{4}=\frac{1}{2}$…答

出方は全部で４通り。
１枚が表で１枚が裏の場合は２通り。

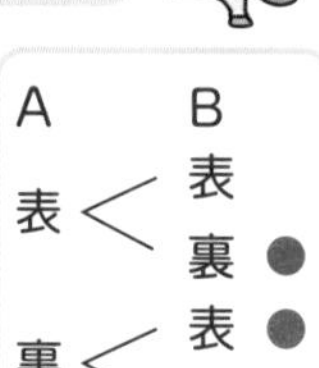

何通りになるか考える

$\frac{4}{6}=\frac{2}{3}$…答

目の出方は全部で６通り。
６の約数の目は４通り。
↑
１，２，３，６

表をかいて考える

$\frac{6}{36}=\frac{1}{6}$…答

出方は全部で36通り。
同じになるのは６通り。

	1	2	3	4	5	6
1	○					
2		○				
3			○			
4				○		
5					○	
6						○

〔A,B〕，〔B,A〕を同じと考える

答 $\frac{2}{3}$

選び方は全部で３通り。
Cが選ばれるのは２通り。

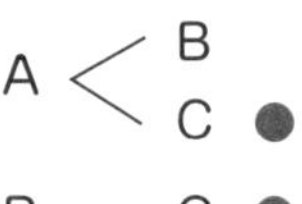

箱ひげ図を正しく読み取ろう

答 第１四分位数…㋑
中央値（第２四分位数）…㋒
第３四分位数…㋓
㋐はデータの最小値，㋔は最大値

(起こらない確率)=1−(起こる確率)

答 $\frac{5}{6}$

$1-\frac{1}{6}=\frac{5}{6}$
↑同じになる確率

	1	2	3	4	5	6
1	×					
2		×				
3			×			
4				×		
5					×	
6						×

数研出版版

数学2年 もくじ

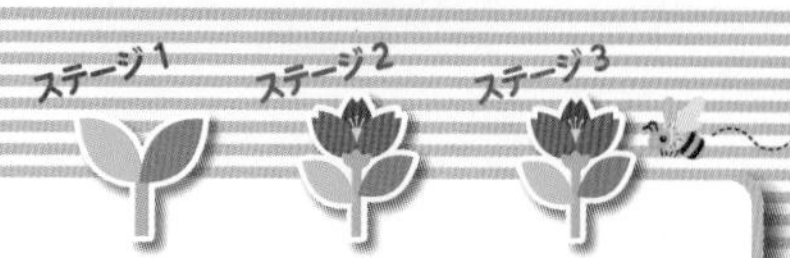

1 式の計算
1 単項式と多項式　2 多項式の計算(1)

例1 多項式と項
教 p.16, 17 → 基本問題1

多項式 $3x^2-7x-1$ について，項を答えなさい。また，定数項を答えなさい。

考え方 和の形で表された式で，その1つ1つの単項式を，多項式の項という。

解き方 $3x^2-7x-1$

$=3x^2+($①　　$)+(-1)$　← 単項式の和の形にする。

（単項式）（単項式）（単項式）

と書けるから，項は $3x^2$，②　　，③　　である。

また，定数項は③　　である。

覚えておこう

単項式（たんこうしき）…数や文字をかけ合わせただけの式

多項式（たこうしき）…単項式の和の形で表される式

項…多項式で，1つ1つの単項式のこと

定数項…数だけの項

例2 単項式，多項式の次数
教 p.17, 18 → 基本問題2 3

次の問いに答えなさい。

(1) 単項式 $2xy^3$ の次数を答えなさい。　(2) 多項式 $4x^2y-3xy+2y$ は何次式ですか。

考え方 (1) 単項式においては，**かけ合わされている文字の個数**を，その単項式の次数（じすう）という。

(2) 多項式では，各項の次数のうち，**もっとも大きいもの**を，その多項式の次数という。

解き方 (1) $2xy^3=2\times x\times y\times y\times y$　← 乗法の記号×を使って表す。

文字は4つ

だから，$2xy^3$ の次数は④　　である。

(2) 各項 $4x^2y$，$-3xy$，$2y$ の次数うち，**もっとも大きいものは**

$4x^2y$ の次数の⑤　　だから，　← $4x^2y=4\times x\times x\times y$

この多項式の次数は⑥　　で，⑦　　という。

たいせつ

$(4x^2y)+(-3xy)+(2y)$

次数③　次数②　次数①

例3 多項式の同類項をまとめる
教 p.19 → 基本問題4

多項式 $5a^2-4a+3a+7a^2$ の同類項をまとめて簡単にしなさい。

考え方 ・文字の部分が同じである項（同類項（どうるいこう））の順に項を並べかえる。

・同類項を**分配法則の式を使って**，1つの項にまとめる。

解き方 $5a^2-4a+3a+7a^2$

$=5a^2+7a^2-4a+3a$　← 項を並べかえる。

$=(5+7)a^2+(-4+3)a$　← 同類項をまとめる。

$=$⑧

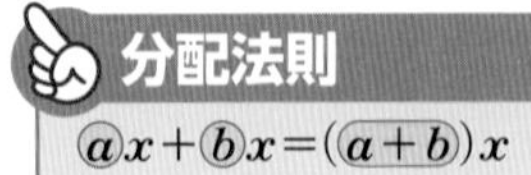

$ax+bx=(a+b)x$

基本問題

解答 p.1

1 多項式と項 次の多項式の項を答えなさい。

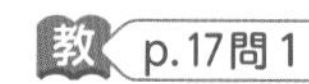

(1) $3x+4y$　　(2) $-6a+1$

(3) $2a+3b-9$　　(4) $2x^2-4x-3$

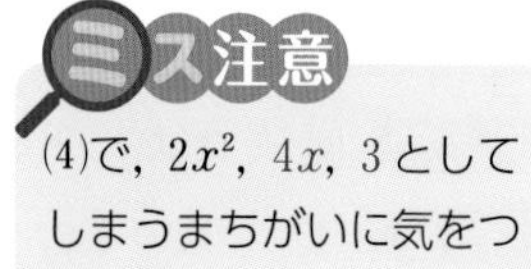

(4)で，$2x^2$，$4x$，3 としてしまうまちがいに気をつけよう。

(5) $\frac{1}{2}x^2-y+\frac{2}{5}$　　(6) m^2n-2mn

2 単項式の次数 次の単項式の次数を答えなさい。

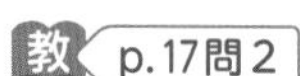

(1) $3xy$　　(2) $-4x^2$　　(3) $8y$

(4) $5a^2b$　　(5) $-7ab^2$　　(6) $\frac{1}{3}x^3y^2$

3 多項式の次数 次の式は何次式か答えなさい。

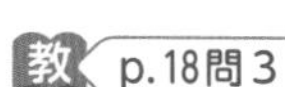

(1) $-3a+b$　　(2) $2m^2-3m+7$

(3) $a^2b-2ab+5b$　　(4) $x^2y^3+xy^2+3x^2$

次数がもっとも大きい項に注目する。

(2) $2m^2-3m+7$
↑
次数がもっとも大きい項

4 多項式の同類項をまとめる 次の式の同類項をまとめて簡単にしなさい。

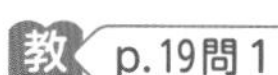

(1) $5a+4b-3a+6b$　　(2) $8x-7y-x+5y$

(3) $-2a-3b+a+4b$　　(4) $a^2-3a-2a^2+5a$

(5) $5ab+3a-2ab-3a$　　(6) $a+2b-\frac{1}{3}a-\frac{1}{2}b$

左ページの例の答え　① $-7x$　② $-7x$　③ -1　④ 4　⑤ 3　⑥ 3　⑦ 3次式　⑧ $12a^2-a$

1 式の計算
2 多項式の計算(2)

例1 多項式の加法と減法

教 p.20 → 基本問題 1 2

次の計算をしなさい。

(1) $(5x+7y)+(3x-4y)$　　(2) $(5x+7y)-(3x-4y)$

考え方 減法では，ひく式の各項の符号(ふごう)を変えて，すべての項を加えることに注意する。

解き方 (1) $(5x+7y)+(3x-4y)$　かっこをはずす

$=5x+7y+3x-4y$

$=5x+3x+7y-4y$

$=$ ①

(2) $(5x+7y)-(3x-4y)$　かっこをはずす

$=5x+7y-3x+4y$　符号が変わる

$=5x-3x+7y+4y$

$=$ ②

例2 多項式と数の乗法，除法

教 p.21, 22 → 基本問題 3

次の計算をしなさい。

(1) $-4(2x-y+3)$　　(2) $(9x-6y)\div3$

考え方 (1) 分配法則を使って計算する。　(2) 除法を乗法になおして計算するとよい。

解き方

(1) $-4(2x-y+3)$　分配法則を使ってかっこをはずす。

$=(-4)\times2x+(-4)\times(-y)+(-4)\times3$

$=$ ③

(2) $(9x-6y)\div3$　除法を乗法になおす。

$=(9x-6y)\times\frac{1}{3}$　分配法則を使ってかっこをはずす。

$=\overset{3}{\cancel{9}}x\times\frac{1}{\underset{1}{\cancel{3}}}-\overset{2}{\cancel{6}}y\times\frac{1}{\underset{1}{\cancel{3}}}$

$=$ ④

例3 分数をふくむ式の計算

教 p.23 → 基本問題 5

$\frac{3x+y}{2}-\frac{x-4y}{4}$ を計算しなさい。

解き方1 通分して1つの分数にまとめる。

$\frac{3x+y}{2}-\frac{x-4y}{4}$　通分する。

$=\frac{2(3x+y)}{4}-\frac{x-4y}{4}$　1つの分数にまとめる。

$=\frac{2(3x+y)-(x-4y)}{4}$　分子の( )をはずして，同類項をまとめる。

$=$ ⑤

解き方2 (分数)×(多項式) の形にする。

$\frac{3x+y}{2}-\frac{x-4y}{4}$　(分数)×(多項式)の形にする。

$=\frac{1}{2}(3x+y)-\frac{1}{4}(x-4y)$　( )をはずす。

$=\frac{3}{2}x+$ ⑥ $-\frac{1}{4}x+$ ⑦　同類項をまとめる。

$=$ ⑧

基本問題

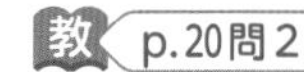
解答 p.2

1 多項式の加法と減法 次の計算をしなさい。

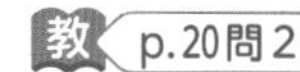
教 p.20問2

(1) $(x-y)+(3x-2y)$　　(2) $(2x^2-3x-4)+(5x^2+2x+4)$

(3) $(4x+2y)-(3x-6y)$　　(4) $(4a^2-a-3)-(-3a^2+2a-1)$

(5)
$$\begin{array}{r} 3a-\ \ b \\ +)\ 7a+4b \\ \hline \end{array}$$

(6)
$$\begin{array}{r} 5x^2-4x+3 \\ -)\ 2x^2-\ \ x-1 \\ \hline \end{array}$$

2 多項式の加法と減法 次の2つの式について，以下の問いに答えなさい。

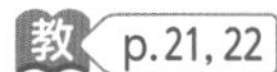
教 p.20問2

$3a+4b$，$2a-5b$

(1) 2つの式をたしなさい。　　(2) 左の式から右の式をひきなさい。

3 多項式と数の乗法，除法 次の計算をしなさい。 教 p.21, 22

(1) $3(x-4y)$　　(2) $8\left(\frac{1}{4}a+\frac{1}{2}b\right)$

(3) $(12x-24y)\div 6$　　(4) $(27x^2+9x-18)\div(-3)$

4 かっこをふくむ式の計算 次の計算をしなさい。

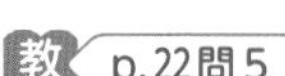
教 p.22問5

(1) $7(x-2y)+5(-x+3y)$

(2) $4(2m+n)-3(m-n)$

ミス注意
かっこの前が − のときは，符号に注意する。
$4(2m+n)-3(m-n)$
$=8m+4n-3m+3n$

5 分数をふくむ式の計算 次の計算をしなさい。

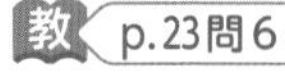
教 p.23問6

(1) $\frac{2x-3y}{3}+\frac{x+2y}{5}$　　(2) $\frac{x+3y}{4}-(3x-y)$

左ページの例の答え
① $8x+3y$　② $2x+11y$　③ $-8x+4y-12$　④ $3x-2y$
⑤ $\frac{5x+6y}{4}$　⑥ $\frac{1}{2}y$　⑦ y　⑧ $\frac{5}{4}x+\frac{3}{2}y$

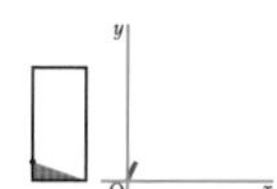

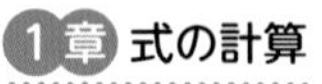

1 式の計算
3 単項式の乗法，除法 4 式の値

例1 単項式どうしの乗法，除法

教 p.24〜26 → 基本問題 1

次の計算をしなさい。 (1) $8x\times(-3y)$ (2) $4xy\div\frac{1}{2}x$

考え方 (2) わる式を逆数にして，除法を乗法になおす。

解き方 (1) $8x\times(-3y)=8\times x\times(-3)\times y$

$=8\times(-3)\times x\times y$

$=$ ①

係数の部分と文字の部分に分けて，積の順序をかえる。

(2) $4xy\div\frac{1}{2}x=4xy\div\frac{x}{2}$

$=4xy\times\frac{2}{x}$

$=\frac{4\times \overset{1}{\cancel{x}}\times y\times 2}{\underset{1}{\cancel{x}}}$ ← 約分する。

$=$ ②

$\frac{x}{2}$ の逆数をかけて，乗法になおす。

たいせつ

単項式の乗法…係数の積に文字の積をかける。

単項式の除法…分数の形にして約分するか，わる式が分数のときは，逆数にして乗法になおす。

同じ文字は，数と同じように約分できるよ。

例2 乗法と除法の混じった計算

教 p.27 → 基本問題 2

$xy^2\times x\div xy$ を計算しなさい。

考え方 かける式は分子，わる式は分母にすると，分数の形になる。

解き方 $xy^2\times x\div xy=\frac{xy^2\times x}{xy}$ ← わる式 xy を分母にする。

$=\frac{\overset{1}{\cancel{x}}\times \overset{1}{\cancel{y}}\times y\times x}{\underset{1}{\cancel{x}}\times \underset{1}{\cancel{y}}}$ ← 約分する。

$=$ ③

$xy^2=x\times y\times y$ のように，累乗をかけ算の形になおすと，約分のミスを減らすことができるね。

例3 式の値

教 p.28 → 基本問題 3 4

$x=3$，$y=-5$ のとき，$5(2x-y)-2(3x-4y)$ の値を求めなさい。

考え方 式を簡単にしてから，$x=3$，$y=-5$ を代入する。

解き方 $5(2x-y)-2(3x-4y)$

$=10x-5y-6x+8y$

$=4x+3y$

$=4\times 3+3\times(-5)$ ← 負の数を代入するときは，必ずかっこをつける。

$=$ ④

覚えておこう

式の値(あたい)…それぞれの文字に数を代入して計算した結果のこと。

式を簡単にできるときは，簡単にしてから代入すると，計算しやすくなる場合がある。

基本問題

1 単項式どうしの乗法，除法 次の計算をしなさい。

(1) $(-2x)\times 5y$　　(2) $(-3m)\times(-4n)$

(3) $(-a)^2\times 3ab$　　(4) $(-3x^2y)\times 4xy$

(5) $9ab\div(-3a)$　　(6) $(-12a^3b)\div(-4a^2b)$

(7) $8xy\div\frac{1}{4}x$　　(8) $\frac{1}{2}ab^2\div\frac{2}{3}b$

単項式の除法は，わる式を逆数にして乗法になおす。

(8) $\frac{2}{3}b$ を $\frac{2b}{3}$ と変形してから逆数を考える。

2 乗法と除法の混じった計算 次の計算をしなさい。

(1) $ab\times a\div ab^2$　　(2) $a^3\times b\div 4ab$

(3) $6x^2y\div(-3xy)\times 5y$　　(4) $3ab^3\div\left(-\frac{1}{5}a^2\right)\times ab$

思い出そう

積の符号
負の数が奇数(きすう)個
➡ 符号は －
負の数が偶数(ぐうすう)個
➡ 符号は ＋

3 式の値① $x=5$，$y=-4$ のとき，$5x+2y$ の値を求めなさい。

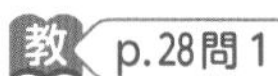

4 式の値② $a=-4$，$b=\frac{1}{2}$ のとき，次の式の値を求めなさい。

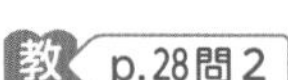

(1) $3(a-4b)+2(4a-3b)$　　(2) $12ab^2\div 3b$

左ページの例の答え　① $-24xy$　② $8y$　③ xy　④ -3

解答 p.4

1　式の計算

1 多項式 $-xy+\frac{1}{2}xy^2-3$ について，次の問いに答えなさい。

(1)　項を答えなさい。

(2)　何次式か答えなさい。

よく出る **2** 次の計算をしなさい。

(1)　$\frac{1}{3}a+b-\frac{3}{4}a+\frac{1}{2}b$

(2)　$(x^2-2x-6)-(4x^2-3x-5)$

(3)　$2(x^2-3x+5)-3(2x-3)$

(4)　$(8x-6y+2)\times\left(-\frac{1}{2}\right)$

(5)　$\frac{1}{4}(8x-4y)-2(3x+y)$

(6)　$\frac{4a+b}{4}-\frac{3a-b}{2}$

よく出る **3** 次の計算をしなさい。

(1)　$2ab\times(-7c)$

(2)　$\frac{2}{3}x\times 9y$

(3)　$2xy\times xy^2$

(4)　$(-8x^2y)\div\frac{1}{4}xy$

(5)　$\frac{3}{2}a^2b^2\div\left(-\frac{3}{8}ab\right)$

(6)　$(-2a)^2\div(-a)\times a$

4 次の計算をしなさい。

(1)　$\frac{1}{2}(6x-4y)-\frac{1}{7}(x-5y)$

(2)　$\frac{a-b+3}{6}-\frac{2a+b-1}{8}$

レベルUP (3)　$\frac{2x-y}{3}-\frac{x-2y}{4}+\frac{3x+4y}{6}$

レベルUP (4)　$\frac{2}{3}x^3y\div\left(-\frac{5}{6}xy^2\right)\times(-10y)$

2 (6)　通分して1つの分数にまとめるとき，分子に(　)をつける。

3 (4)(5)　わる式を逆数にして乗法になおす。$\frac{●}{■}$▲ の形の式は，$\frac{●\times▲}{■}$ として逆数を考える。

5 $a=-4$，$b=3$ のとき，次の式の値を求めなさい。

(1)　$2(a-3b)-3(2a+b)$　　(2)　$9a^2b\div3a$

6 $x=\dfrac{2}{3}$，$y=-\dfrac{1}{2}$ のとき，次の式の値を求めなさい。

(1)　$\dfrac{1}{2}(2x-3y)-\dfrac{1}{3}(x-6y)$　　(2)　$12x^2y\times(-2y)\div\dfrac{4}{3}xy$

レベルUP **7** $a=3$，$b=-2$，$c=\dfrac{1}{5}$ のとき，式 $2a+b-2c+\dfrac{1}{2}(-2a+4b-6c)$ の値を求めなさい。

8 $A=3x^2-2x+6$，$B=-x^2+8$，$C=2x^2-x+1$ のとき，次の式の計算をしなさい。

(1)　$A-B-C$　　(2)　$2A+2B-5C-\{B-(C-3A)\}$

1 次の計算をしなさい。

(1)　$-(2x-y)+3(-5x+2y)$　〔愛媛〕　(2)　$\dfrac{x+y}{3}-\dfrac{x-3y}{4}$　〔静岡〕

(3)　$8x^2y\times(-6xy)\div12xy^2$　〔富山〕　(4)　$x^3\times(6xy)^2\div(-3x^2y)$　〔滋賀〕

2 $x=5$，$y=-1$ のとき，$3(x+y)-(2x-y)$ の値を求めなさい。　〔長崎〕

5 6 7 8 (2)　式の値を求めるときは，式を簡単にしてから代入すると，計算しやすくなる場合がある。

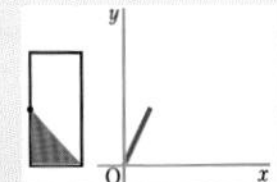

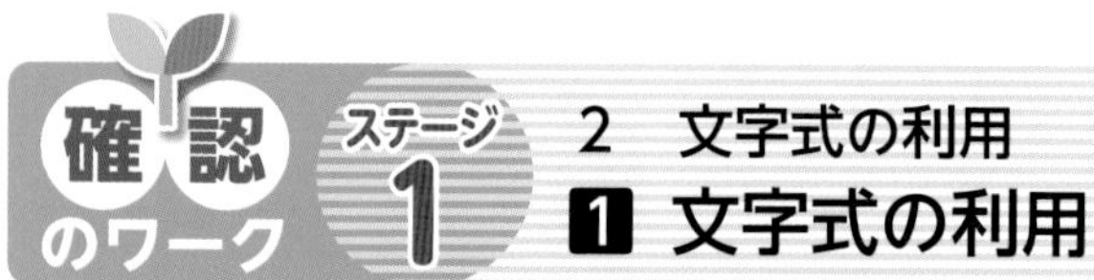

2 文字式の利用
1 文字式の利用

例1 数に関するいろいろな性質

教 p.30, 31 → 基本問題 1 2

連続する3つの偶数(ぐうすう)の和は6の倍数になります。このことを，文字を使って説明しなさい。

考え方 連続する3つの偶数をnの式で表し，6×(整数) となることをいえばよい。

解き方 1 nを整数として，連続する3つの偶数のうち，中央の偶数を$2n$とし，連続する3つの偶数を

2 ①[　　], $2n$, ②[　　]

と表す。このとき，それらの和は，

3 (①[　　])$+2n+$(②[　　])$=$③[　　]

4 nは整数だから，③[　　]は6の倍数である。

よって，連続する3つの偶数の和は，6の倍数である。

文字を使った説明の手順

1 何を文字で表すか決める。
2 1で表した文字を使って，それぞれの数を表す。
3 求めるものを式で表し，それを計算して整理する。
4 説明したいことが成り立っていることを確かめる。

例2 3けたの自然数の性質

教 p.32, 33 → 基本問題 3 4

十の位の数が5である3けたの自然数から，その数の百の位の数と一の位の数を入れかえた数をひいた差は，99の倍数になります。このことを，文字を使って説明しなさい。

考え方 百の位の数をx，一の位の数をyとすると，もとの3けたの自然数は$\mathbf{100x+50+y}$と表される。

解き方 1 もとの自然数の百の位の数をx，一の位の数をyとすると，

2 もとの自然数は$100x+50+y$，

入れかえた数は④[　　]

と表される。このとき，その差は，

3 $(100x+50+y)-(100y+50+x)$ ← ( )をつける。

$=99x-99y$

$=99($⑤[　　]$)$ ← 99の倍数であることを説明するので，99×(整数) の形で表す。

4 ⑤[　　]は整数だから，

$99(x-y)$は99の倍数である。

よって，もとの3けたの自然数から，その数の百の位の数と一の位の数を入れかえた数をひいた差は，99の倍数である。

はじめの数は，100がx個，10が5個，1がy個だね。

数の表し方

※nを整数とする。
偶数…$2n$
奇数(きすう)…$2n+1$ (または$2n-1$)
連続する2つの偶数…$2n$, $2n+2$
連続する2つの奇数
…$2n+1$, $2n+3$
(または$2n-1$, $2n+1$)
※十の位の数をx，一の位の数をyとする。
2けたの整数…$10x+y$

基本問題

解答 p.6

1 **数に関するいろいろな性質** 3つの奇数の和は奇数になります。このことを，文字を使って説明しなさい。

教 p.31問1

ℓ，m，n を整数として，3つの奇数を ℓ，m，n を使って表そう。

2 **数に関するいろいろな性質** 連続する7つの整数の和は7の倍数になります。このことを，文字を使って説明しなさい。

教 p.31問2

知ってると得
連続する整数は中央の整数を n とすると，計算しやすくなる場合が多い。

3 **2けたの自然数の性質** **2けたの自然数に，その数の十の位の数から一の位の数をひいた差を加えると，11の倍数になります。このことを，次のように説明しました。□にあてはまる式を書きなさい。**

教 p.32

［説明］ もとの自然数の十の位の数を x，一の位の数を y とすると，

もとの自然数は，①□

十の位の数から一の位の数をひいた差は，$x-y$

と表されるので，これらを加えると，

$(10x+y)+(x-y)=10x+y+x-y=$ ②□

③□は整数だから，④□は11の倍数である。

よって，もとの自然数に，十の位の数から一の位の数をひいた差を加えると，11の倍数になる。

ここがポイント
たとえば，32は，
十の位が3，一の位が2
➡ $10\times3+2$
同じように，
十の位が x，一の位が y
➡ $10\times x+y$

4 **3けたの自然数の性質** 3けたの自然数から，その数の百の位の数と十の位の数を入れかえた数をひいた差は，90の倍数になります。このことを，文字を使って説明しなさい。

教 p.33問3

5 **図形の性質** 底面の半径が r cm，高さが h cm の円錐(えんすい)があります。この円錐の底面の半径を半分にし，高さを3倍にすると，体積が何倍になるかを調べ，そのことを，文字式を使って説明しなさい。

教 p.33

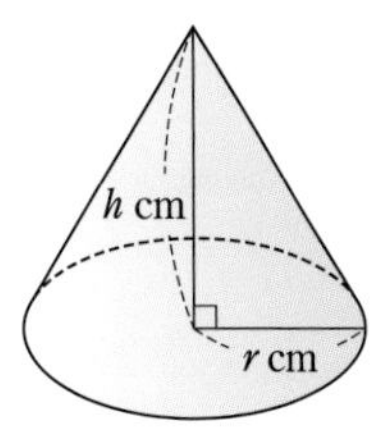

① $2n-2$ ② $2n+2$ ③ $6n$ ④ $100y+50+x$ ⑤ $x-y$

2 文字式の利用
2 等式の変形

例1 等式の変形

教 p.35, 36 → 基本問題 1 2

次の等式を〔 〕内の文字について解きなさい。

(1) $2x+4y=10$ 〔x〕　(2) $3xy=6$ 〔y〕　(3) $\frac{1}{3}ab=4$ 〔b〕

xについて解くときは，「$x=\cdots$」の形の等式を導く。

解き方 (1) $2x+4y=10$

$2x=10-4y$　4yを移項する。

$x=5-$ ①　両辺を2でわる。

(2) $3xy=6$

$y=\frac{6}{②}$　両辺を$3x$でわる。

$y=$ ③

(3) $\frac{1}{3}ab=4$

$ab=12$　両辺に3をかける。

$b=$ ④　両辺をaでわる。

覚えておこう
等式の変形…等式を変形して，「$x=\cdots$」の形の等式を導くことを，等式をxについて解くという。

$\frac{1}{3}a$の逆数は$\frac{3}{a}$だから，両辺に$\frac{3}{a}$をかけてもいいね。

例2 図形の関係式を変形する

教 p.36 → 基本問題 3

縦がa cm，横がb cmの長方形の周の長さがℓ cmであるとき，$\ell=2(a+b)$が成り立ちます。この等式をaについて解きなさい。

考え方 両辺を入れかえてから，「$a=\cdots$」の形の等式を導く。

解き方 $\ell=2(a+b)$

$2(a+b)=\ell$　両辺を入れかえる。

$a+b=\frac{\ell}{2}$　両辺を2でわる。

$a=$ ⑤　bを移項する。

別解 $2(a+b)=\ell$

$2a+2b=\ell$　かっこをはずす。

$2a=\ell-2b$　2bを移項する。

$a=$ ⑥　両辺を2でわる。

$\ell=2(a+b)$をaについて解いた式は，長方形の横の長さと周の長さから縦の長さを求める式になっているね。

基本問題

解答 p.6

1 等式の変形 $3x+2y=10$ について，次の問いに答えなさい。

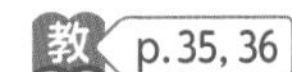

(1) x について解きなさい。

(2) y について解きなさい。

解く文字以外の文字を数とみて，方程式を解くときと同じように考えればいいね。

2 等式の変形 次の等式を〔　〕内の文字について解きなさい。

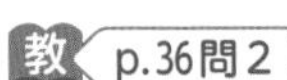

(1) $6x+2y=12$ 〔y〕　(2) $5a-2b=6$ 〔a〕

1 ○をふくむ項を左辺，○をふくまない項を右辺に移項する。
2 両辺を○の係数でわる。

(3) $3x+6y-9=0$ 〔x〕　(4) $4a-5b+3=0$ 〔b〕

(5) $5ab=20$ 〔a〕　(6) $6=\frac{1}{3}xy$ 〔y〕

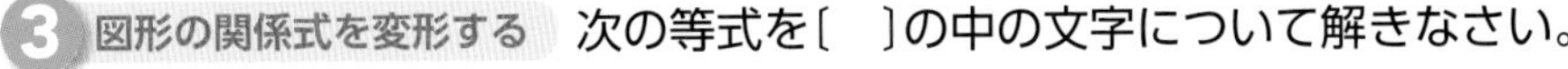

3 図形の関係式を変形する 次の等式を〔　〕の中の文字について解きなさい。

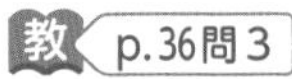

(1) $S=\frac{1}{2}(a+b)h$ 〔a〕　(2) $V=abc$ 〔c〕　(3) $V=\pi r^2h$ 〔h〕

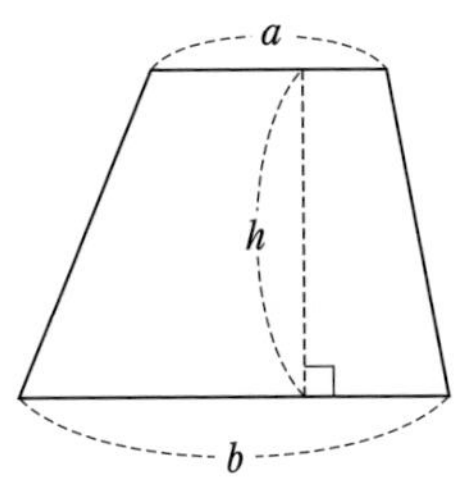

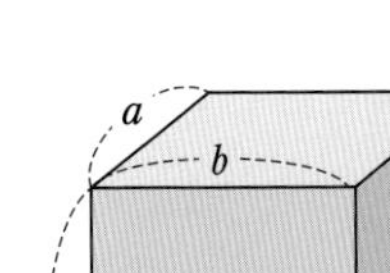

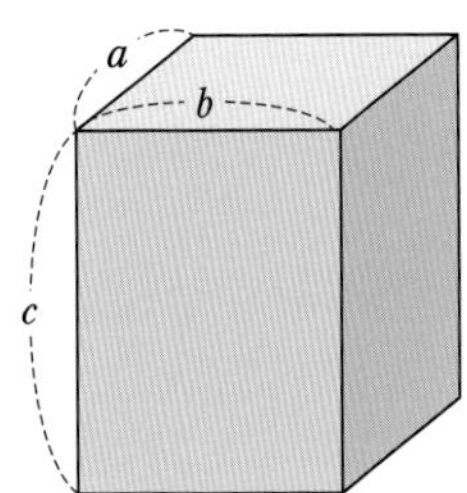

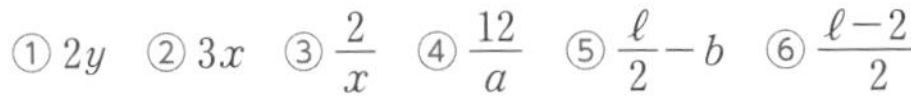
① $2y$　② $3x$　③ $\frac{2}{x}$　④ $\frac{12}{a}$　⑤ $\frac{\ell}{2}-b$　⑥ $\frac{\ell-2b}{2}$

解答 p.7

2 文字式の利用

よく出る **1** 奇数からはじまる連続する3つの整数の和は，6の倍数になります。このことを，次のように説明しました。□にあてはまる式を書いて，説明を完成させなさい。

［説明］ n を整数として，はじめの奇数を $2n+1$ と表すと，連続する3つの整数は

$2n+1$，$2n+2$，①□ と表される。このとき，これらの和は

$(2n+1)+(2n+2)+($①□$)=$②□

$=6\times($③□$)$

③□ は整数だから，$6\times($③□$)$ は6の倍数である。

よって，奇数から始まる連続する3つの整数の和は，6の倍数である。

2 連続する4つの整数の和から2をひいた数は4の倍数になります。このことを，文字を使って説明しなさい。

3 2けたの自然数の十の位の数を x，一の位の数を y とするとき，$x+y=9$ ならば，この2けたの自然数は9の倍数になります。このことを，文字を使って説明しなさい。

4 右の自然数を小さい順に横に8つずつ並べて書いた表において，図の［T字形］のように並んだ4つの数の和は，4の倍数になります。このことを，文字を使って説明しなさい。

1	2	3	4	5	6	7	8
9	10	11	12	13	14	15	16
17	18	19	20	21	22	23	24
25	26	27	28	29	30	31	32
33	34	35	36	37	38	39	40
41	…						

よく出る **5** 次の等式を〔 〕内の文字について解きなさい。

(1) $3z=2(x+y)$ 〔x〕　(2) $2(3x-y)=4$ 〔y〕　(3) $c=\dfrac{a+4b}{3}$ 〔a〕

2 連続する4つの整数は $n-1$，n，$n+1$，$n+2$ と表される。

4 上側に3つ並んでいる数の中央の数を n とし，その左，右，下にある数を n を使って表す。

5 (3) 両辺を入れかえてから両辺に3をかけると，$a+4b=3c$ になる。

6 底面の１辺の長さが a cm，高さが h cm の正四角錐の体積 V は，

$V=\frac{1}{3}a^2h$ の式で求められます。

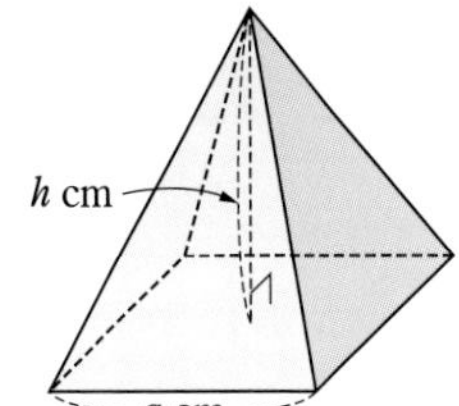

(1) $V=\frac{1}{3}a^2h$ を h について解きなさい。

(2) (1)の式を使って，底面の１辺が 3 cm で，体積が 24 cm^3 の正四角錐の高さを求めなさい。

7 底面の半径が r，母線の長さが ℓ である円錐の側面積 S は，次のように表すことができることを説明しなさい。

$S=\pi\ell r$

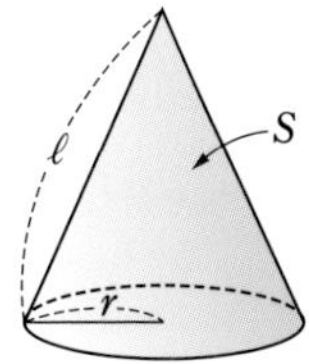

入試問題をやってみよう！

1 次の等式を，〔　〕内の文字について解きなさい。

(1) $9a+3b=2$ 〔b〕 〔千葉〕 (2) $m=\frac{2a+b}{3}$ 〔b〕 〔富山〕

2 次の文章は，連続する５つの自然数について述べたものです。文中の［A］にあてはまるもっとも適当な式を書きなさい。また，［a］，［b］，［c］，［d］にあてはまる自然数をそれぞれ書きなさい。 〔愛知〕

> 連続する５つの自然数のうち，もっとも小さい数を n とすると，もっとも大きい数は［A］と表される。
> このとき，連続する５つの自然数の和は［a］(n＋［b］) と表される。
> このことから，連続する５つの自然数の和は，小さい方から［c］番目の数の［d］倍となっていることがわかる。

7 円錐の側面の展開図で，おうぎ形の中心角を $a°$ として考える。
円錐の展開図では，(側面になるおうぎ形の弧の長さ)＝(底面の円周の長さ)であることを利用する。

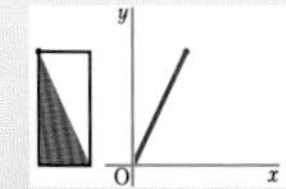

式の計算

解答 p.8

/100

1 多項式 $a^3+b^2-3ab^3-1$ について，次の問いに答えなさい。 5点×2(10点)

(1) 項を答えなさい。

(　　　)

(2) 何次式か答えなさい。

(　　　)

よく出る **2** 次の計算をしなさい。 4点×10(40点)

(1) $5x^2+2x-3x+x^2$

(　　　)

(2) $(7a+8b)-(5a-6b)$

(　　　)

(3) $3(x-3y)-2(y-2x)$

(　　　)

(4) $5x\times(-2y)\times3x$

(　　　)

(5) $(-a)^2\times5a$

(　　　)

(6) $(25x^2-5x)\div(-5)$

(　　　)

(7) $x^3y\times6y\div2xy^2$

(　　　)

(8) $10a^3\div(-5a)\div a$

(　　　)

(9) $5(3x-2y)-\{y-2(x-y)\}$

(　　　)

(10) $\dfrac{3x+y}{4}-\dfrac{x-y}{3}$

(　　　)

3 $x=3$，$y=-2$ のとき，次の式の値を求めなさい。 5点×2(10点)

(1) $3(2x-3y)-4(x-y)$

(　　　)

(2) $-28x^2y^2\div7x$

(　　　)

目標 ②③は確実に計算できるようにしておこう。④⑦は文字を使った説明ができるようにしておこう。

自分の得点まで色をぬろう!

がんばろう! もう一歩 合格!

0 60 80 100点

4 連続する4つの奇数の和は8の倍数になります。このことを，文字を使って説明しなさい。（10点）

〔　　　〕

5 次の等式を〔　〕内の文字について解きなさい。5点×2（10点）

(1) $4x-2y-10=0$　〔y〕

(2) $m=\dfrac{a+2b}{3}$　〔b〕

（　　　）（　　　）

6 次の問いに答えなさい。5点×2（10点）

(1) 底辺の長さが x cm，高さが y cm，面積が 10 cm^2 の三角形があります。このとき，y を x の式で表しなさい。

（　　　）

(2) 縦が a m，横が b m の長方形の土地に，右の図のように幅が c m の道路をつくり，残りを畑にしました。畑の面積を S m^2 とするとき，c を S，a，b を使った式で表しなさい。

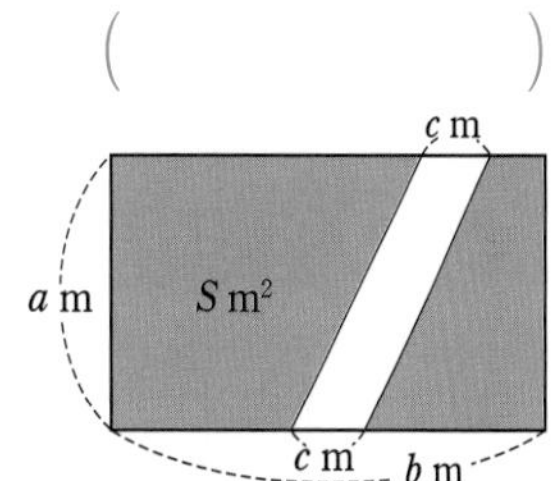

（　　　）

7 右のカレンダーにおいて，図の□のように上下左右に並んだ9つの数の和は中央の数を9倍した数と等しくなります。このことを，文字を使って説明しなさい。（10点）

日	月	火	水	木	金	土
1	2	3	4	5	6	7
8	9	10	11	12	13	14
15	16	17	18	19	20	21
22	23	24	25	26	27	28
29	30	31				

〔　　　〕

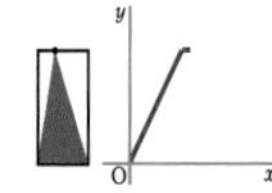

1 連立方程式
1 2元1次方程式と連立方程式
2 連立方程式の解き方(1)

例1 連立方程式とその解

教 p.42〜45 → 基本問題 1

次の中から，連立方程式 $\begin{cases} 3x+y=10 & \cdots① \\ x-2y=1 & \cdots② \end{cases}$ の解を選びなさい。

㋐ $x=2,\ y=4$　　㋑ $x=3,\ y=1$　　㋒ $x=5,\ y=2$

考え方 2つの方程式のどちらも成り立たせる x，y の値の組が解である。

解き方 x，y の値を2つの式に代入して調べる。

㋐ ① (左辺)$=3\times2+4=10$　(右辺)$=10$ ← ①だけ成り立つ
　② (左辺)$=2-2\times4=-6$　(右辺)$=1$

㋑ ① (左辺)$=3\times3+1=10$　(右辺)$=10$ ← ①も②も成り立つ
　② (左辺)$=3-2\times1=1$　(右辺)$=1$

㋒ ① (左辺)$=3\times5+2=17$　(右辺)$=10$
　② (左辺)$=5-2\times2=1$　(右辺)$=1$ ← ②だけ成り立つ

この連立方程式の解は $x=$ ①[　　]，$y=$ ②[　　] である。

①も②もどちらも成り立たせる x，y の値の組が解

答 ③[　　]

覚えておこう

2元(げん)1次方程式…2つの文字をふくむ1次方程式
例 $3x+y=10$

連立(れんりつ)方程式…方程式をいくつか組にしたもの
例 $\begin{cases} 3x+y=10 \\ x-2y=1 \end{cases}$

連立方程式の解…組にしたどの方程式も成り立たせる文字の値の組

連立方程式を解く…連立方程式の解を求めること

例2 2つの式をたして解く

教 p.46〜49 → 基本問題 2

連立方程式 $\begin{cases} 4x+3y=-1 & \cdots① \\ x-3y=11 & \cdots② \end{cases}$ を解きなさい。

考え方 文字 y の係数が3と -3 で，**絶対値が等しい**から，左辺どうし，右辺どうしをたすと，文字 y が消去できて，x だけの式になる。

解き方 ①と②の左辺どうし，右辺どうしをたすと，

$$\begin{array}{rrcl} & 4x+3y & = & -1 \\ +) & x-3y & = & 11 \\ \hline & 5x & = & 10 \end{array}$$

$x=2$

$$\begin{array}{rc} & A=B \\ +) & C=D \\ \hline & A+C=B+D \end{array}$$

$(4x+3y)+(x-3y)=-1+11$

$x=2$ を②に代入して，y の値を求めると，

$2-3y=11$

$-3y=9$

$y=$ ④[　　]

答 $x=2$，$y=$ ④[　　]

たいせつ

y を消去(しょうきょ)する…文字 x，y についての連立方程式から，y をふくまない方程式をつくること。

$x=2$ を①に代入しても，y の値を求めることができるよ。

基本問題

解答 p.9

1 連立方程式とその解

x の値を 0 以上 6 以下の整数とするとき，

連立方程式 $\begin{cases} x+y=6 & \cdots ① \\ 3x+2y=16 & \cdots ② \end{cases}$ について，次の問いに答えなさい。

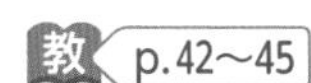
教 p.42～45

(1) ①の式を成り立たせる値の組を求め，下の表を完成させなさい。

x	0	1	㋑	3	4	5	6
y	6	㋐	4	3	㋒	1	㋓

(2) ②の式を成り立たせる値の組を求め，下の表を完成させなさい。

x	0	1	㋑	3	4	5	6
y	8	㋐	5	$\frac{7}{2}$	㋒	㋓	-1

覚えておこう

2 元 1 次方程式

例 $3x+2y=16$

→ 解はいくつもある。

1 元 1 次方程式

例 $3x+2=8$

→ 解は 1 つしかない。

(3) 連立方程式の解を，(1)，(2)の表をもとに答えなさい。

片方の式だけ成り立っても，連立方程式の解とはいえないんだね。

2 2 つの式をたしたり，ひいたりして解く

次の連立方程式を解きなさい。

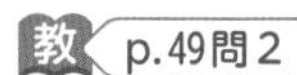
教 p.49問 2

(1) $\begin{cases} x+y=5 \\ 2x-y=4 \end{cases}$

(2) $\begin{cases} 3x+2y=6 \\ x-2y=10 \end{cases}$

(3) 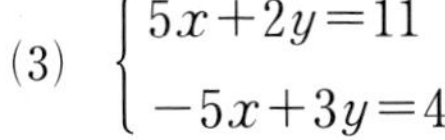 $\begin{cases} 5x+2y=11 \\ -5x+3y=4 \end{cases}$

(4) $\begin{cases} 2x-y=13 \\ 2x+3y=1 \end{cases}$

(5) $\begin{cases} 3x+4y=-5 \\ 3x-y=5 \end{cases}$

(6) $\begin{cases} 5x-2y=-1 \\ 3x-2y=-3 \end{cases}$

ここがポイント

(1) 係数の絶対値が等しく異符号のとき

→ 左辺どうし，右辺どうしをたす。

$$\begin{array}{rrl} & x+y & =5 \\ +) & 2x-y & =4 \\ \hline & 3x & =9 \end{array}$$

y を消去する

(4) 係数の絶対値が等しく同符号のとき

→ 左辺どうし，右辺どうしをひく。

$$\begin{array}{rrl} & 2x-y & =13 \\ -) & 2x+3y & =1 \\ \hline & -4y & =12 \end{array}$$

x を消去する

左ページの 例 の答え　①3　②1　③㋑　④-3

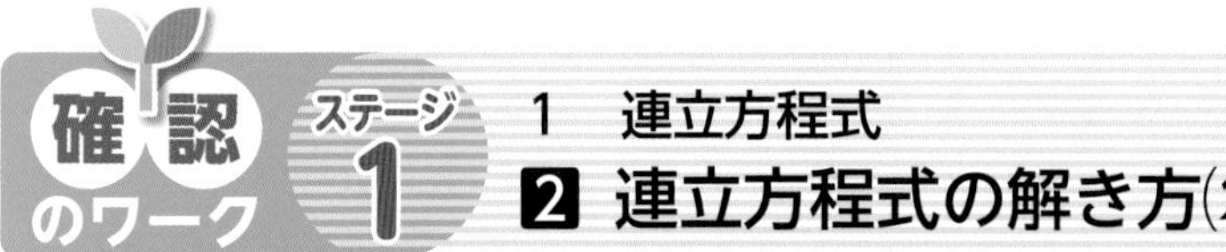

1 連立方程式
2 連立方程式の解き方(2)

例1 加減法（一方の式の両辺を何倍かして解く）

教 p.50 → 基本問題 1

連立方程式 $\begin{cases} 3x+2y=4 & \cdots① \\ 5x-y=11 & \cdots② \end{cases}$ を解きなさい。

考え方 y の係数の絶対値をそろえるために，②の両辺を 2 倍して，①とたす。

解き方

$$\begin{array}{lrl} ① & 3x+2y & =4 \\ ②\times 2 & +)\ 10x-2y & =22 \\ \hline & 13x & =26 \end{array}$$

（y を消去）

$x=$ ①［　］

$x=$ ①［　］ を②に代入すると，（①に代入してもよい。）

$5\times 2-y=11$

$-y=11-10$

$-y=1$

$y=$ ②［　］

答 $x=$ ①［　］, $y=$ ②［　］

覚えておこう

2 つの式をそのままたしたり，ひいたりしても，文字を消去できないときは，一方の両辺を何倍かして解く。

②の左辺だけを 2 倍して，$10x-2y=11$ としないように気をつけよう。

例2 加減法（それぞれの式の両辺を何倍かして解く）

教 p.51 → 基本問題 2

連立方程式 $\begin{cases} 7x+4y=2 & \cdots① \\ 5x+3y=1 & \cdots② \end{cases}$ を解きなさい。

考え方 y の係数の絶対値をそろえるために，①の両辺を 3 倍，②の両辺を 4 倍する。

解き方

$$\begin{array}{lrl} ①\times 3 & 21x+12y & =6 \\ ②\times 4 & -)\ 20x+12y & =4 \\ \hline & x & = ③ \end{array}$$

（y を消去）

両方の式を何倍かして変形することで，うまく文字が消去できたね。

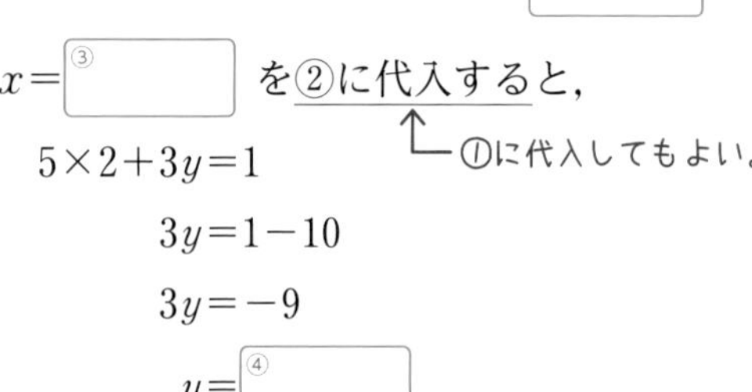

$x=$ ③［　］ を②に代入すると，（①に代入してもよい。）

$5\times 2+3y=1$

$3y=1-10$

$3y=-9$

$y=$ ④［　］

答 $x=$ ③［　］, $y=$ ④［　］

知ってると得

係数の絶対値をそろえるためには，係数の最小公倍数を考えるとよい。この問題では，y の係数 4 と 3 の最小公倍数 12 に係数をそろえている。

基本問題

解答 p.9

1 加減法（一方の式の両辺を何倍かして解く） 次の連立方程式を解きなさい。

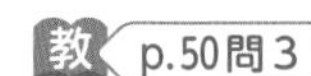

(1) $\begin{cases} 2x+5y=9 \\ x+2y=4 \end{cases}$　　(2) $\begin{cases} 3x-y=10 \\ 5x+3y=12 \end{cases}$

(3) $\begin{cases} x+3y=4 \\ 5x+2y=-6 \end{cases}$　　(4) $\begin{cases} 2x-3y=16 \\ x+2y=1 \end{cases}$

(5) $\begin{cases} 7x+4y=1 \\ 2x-y=1 \end{cases}$　　(6) $\begin{cases} 5x+6y=-1 \\ x+3y=-2 \end{cases}$

たいせつ

加減法…1つの文字の係数の絶対値をそろえ，両辺をたしたり，ひいたりすることで，1つの文字を消去して解く方法

2章

2 加減法（それぞれの式の両辺を何倍かして解く） 次の連立方程式を解きなさい。

(1) $\begin{cases} 3x+2y=7 \\ 7x-3y=1 \end{cases}$　　(2) $\begin{cases} 2x+3y=1 \\ 7x+11y=1 \end{cases}$

(3) $\begin{cases} 3x+2y=-4 \\ 2x+3y=-1 \end{cases}$　　(4) $\begin{cases} 5x-7y=-3 \\ 2x-3y=-1 \end{cases}$

(5) $\begin{cases} 7x-2y=-13 \\ 8x+3y=1 \end{cases}$　　(6) $\begin{cases} 3x+4y=1 \\ 7x+5y=11 \end{cases}$

ここがポイント

係数をそろえるときは，かける整数ができるだけ小さくなるようにくふうするとよい。

(5)は x を消去して解くこともできるが，係数が大きくなり計算が大変になる。

$$\begin{array}{lrl} ①\times 8 & & 56x-16y=-104 \\ ②\times 7 & -) & 56x+21y=7 \\ \hline & & -37y=-111 \end{array}$$

x を消去する

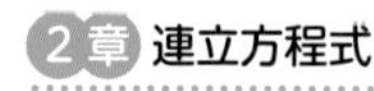

1 連立方程式
2 連立方程式の解き方(3)
3 いろいろな連立方程式の解き方(1)

例1 代入法

教 p.52, 53 → 基本問題 1

連立方程式 $\begin{cases} 2x+3y=1 & \cdots① \\ y=2x-5 & \cdots② \end{cases}$ を解きなさい。

考え方 ②の式から，y と $2x-5$ が等しいとわかる。

覚えておこう
代入法…代入によって1つの文字を消去して解く方法

解き方 ①の y に，②の $2x-5$ を代入すると，

$2x+3(2x-5)=1$ ＜y を消去

$2x+6x-15=1$

$8x=16$

$x=$ ①[　　]

$x=$ ①[　　] を②に代入すると，

↑ ①に代入してもよいが，②に代入したほうが計算しやすい。

$y=2\times$ ①[　　] -5

$y=$ ②[　　]

「$x=\cdots$」や「$y=\cdots$」の形の式があるときは，代入法を使うといいね。

答 $x=$ ①[　　]，$y=$ ②[　　]

例2 かっこのある連立方程式

教 p.54 → 基本問題 3

連立方程式 $\begin{cases} 2(x+y)=y+4 & \cdots① \\ 2x+7y=16 & \cdots② \end{cases}$ を解きなさい。

考え方 かっこをはずして整理してから解く。

解き方 ①の方程式のかっこをはずすと，← 分配法則を利用する。

$2x+2y=y+4$

$2x+y=4$ $\cdots③$

$$\begin{array}{lrl} ③ & 2x+\ \ y & =4 \\ ② & -)\ 2x+7y & =16 \\ \hline & -6y & =-12 \end{array}$$

← ③，②を連立方程式として，加減法で解く。 ＜x を消去

$y=$ ③[　　]

かっこをはずして整理すれば，加減法を使って解くことができるね。

$y=$ ③[　　] を③に代入すると，

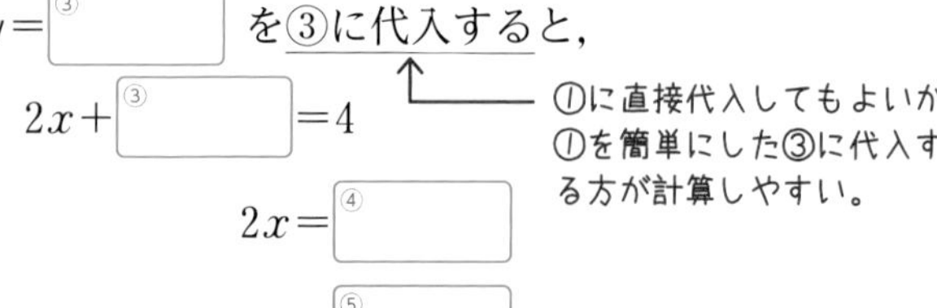

$2x+$ ③[　　] $=4$

$2x=$ ④[　　]

$x=$ ⑤[　　]

基本問題

解答 p.10

1 代入法 次の連立方程式を解きなさい。

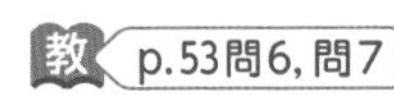

教 p.53問6, 問7

(1) $\begin{cases} y=3x \\ 2x+y=5 \end{cases}$　　(2) $\begin{cases} 3x-y=3 \\ x=4y-10 \end{cases}$

(3) $\begin{cases} y=2x+4 \\ 3x-2y=-7 \end{cases}$　　(4) $\begin{cases} x=-3y+9 \\ 2x+5y=16 \end{cases}$

ミス注意

代入するときは，かっこをつける。

例　(2)で，上の式を①，下の式を②とする。①の x に，②の $4y-10$ を代入すると，

$3(4y-10)-y=3$

かっこをつける。

2 加減法と代入法 次の連立方程式を適当な方法で解きなさい。

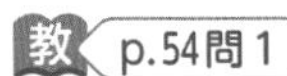

教 p.54問1

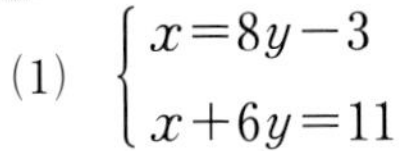

(1) $\begin{cases} x=8y-3 \\ x+6y=11 \end{cases}$　　(2) $\begin{cases} 4x-y=-7 \\ -2x+y=5 \end{cases}$

(3) $\begin{cases} 2y=x+5 \\ 5x+2y=-13 \end{cases}$　　(4) $\begin{cases} 3x+2y=2 \\ 5x-3y=-22 \end{cases}$

ここがポイント

(3)では，上の方程式の「$2y=\cdots$」に着目して，下の方程式の $2y$ の部分に代入するとよい。

3 かっこのある連立方程式 次の連立方程式を解きなさい。

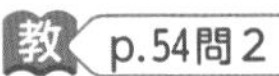

教 p.54問2

(1) $\begin{cases} x+y=2 \\ 2x+3(y-2)=-3 \end{cases}$　　(2) $\begin{cases} 4(x-y)+y=11 \\ 5x-3y=13 \end{cases}$

(3) $\begin{cases} 4x-3(x+2y)=16 \\ 3x+5y=2 \end{cases}$　　(4) $\begin{cases} 2(3x-y)+5y=42 \\ x=-3y+2 \end{cases}$

左ページの例の答え　①2　②−1　③2　④2　⑤1

確認のワーク ステージ1 1 連立方程式 3 いろいろな連立方程式の解き方(2)

例1 係数に分数をふくむ連立方程式

教 p.55 → 基本問題 1

連立方程式 $\begin{cases} 2x-y=8 & \cdots① \\ \dfrac{2}{3}x+\dfrac{1}{2}y=1 & \cdots② \end{cases}$ を解きなさい。

考え方 ②の方程式の係数を整数にしてから解く。

解き方 ②の両辺に ① [　　] をかけると，← 分母の最小公倍数をかけるとよい。 $\left(\dfrac{2}{3}x+\dfrac{1}{2}y\right)\times6=1\times6$

$4x+3y=6$ …③

$$\begin{array}{lrl} ③ & 4x+3y & =6 \\ ①\times3 & +)\ 6x-3y & =24 \\ \hline & 10x & =30 \end{array}$$

← ③，①を連立方程式として，加減法で解く。 y を消去

$x=$ ② [　　]

$x=$ ② [　　] を①に代入すると，

$2\times$ ② [　　] $-y=8$

$y=$ ③ [　　]

答 $x=$ ② [　　]，$y=$ ③ [　　]

たいせつ
分数をふくむ連立方程式では，両辺に分母の最小公倍数をかけて，係数を整数にする。

例2 $A=B=C$ の形をした方程式

教 p.56 → 基本問題 2 3

方程式 $5x+y=4x-y=9$ を解きなさい。

考え方 $A=B=C$ の形をした方程式を $\begin{cases} A=C \\ B=C \end{cases}$ の連立方程式にして解く。

解き方 $5x+y=4x-y=9$ より，$\begin{cases} 5x+y=9 & \cdots① \\ 4x-y=9 & \cdots② \end{cases}$

$$\begin{array}{lrl} ① & 5x+y & =9 \\ ② & +)\ 4x-y & =9 \\ \hline & 9x & =18 \end{array}$$

← ①，②を連立方程式として，加減法で解く。 y を消去

$x=$ ④ [　　]

$x=$ ④ [　　] を①に代入すると，

$5\times$ ④ [　　] $+y=9$

$y=$ ⑤ [　　]

答 $x=$ ④ [　　]，$y=$ ⑤ [　　]

たいせつ
$A=B=C$ の形をした方程式は，次のどの連立方程式を使って解いてもよい。

$\begin{cases} A=B \\ B=C \end{cases}$　$\begin{cases} A=B \\ A=C \end{cases}$　$\begin{cases} A=C \\ B=C \end{cases}$

基本問題

1 係数に分数や小数をふくむ連立方程式　次の連立方程式を解きなさい。

(1) $\begin{cases} \frac{3}{4}x+\frac{1}{2}y=1 \\ x+3y=13 \end{cases}$

(2) $\begin{cases} \frac{1}{2}x-\frac{3}{4}y=\frac{5}{4} \\ 2x+3y=11 \end{cases}$

(3) $\begin{cases} x+2y=16 \\ \frac{x}{5}-\frac{y}{3}=1 \end{cases}$

(4) $\begin{cases} 2x+5y=1 \\ 0.4x-0.3y=1.5 \end{cases}$

(5) $\begin{cases} 0.7x-0.3y=1.1 \\ 2x+3y=7 \end{cases}$

ここがポイント

係数に分数をふくむとき

→ 両辺に分母の最小公倍数をかけて，係数を整数にする。

係数に小数をふくむとき

→ 両辺に 10 や 100 などをかけて，係数を整数にする。

2 $A=B=C$ の形をした方程式①　方程式 $x-3y=4x+2y+1=9$ を次の方法で解きなさい。

(1) 連立方程式 $\begin{cases} x-3y=9 \\ 4x+2y+1=9 \end{cases}$ を解いて，解を求めなさい。

(2) 連立方程式 $\begin{cases} x-3y=4x+2y+1 \\ x-3y=9 \end{cases}$ を解いて，解を求めなさい。

3 $A=B=C$ の形をした方程式②　次の方程式を解きなさい。

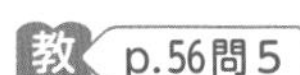

(1) $4x-3y=3x+2y=17$

(2) $3x-5y=6x-9y=-3$

(3) $3x+2y=5+3y=7x-2$

(4) $2x+3y=-x-3y=3x+5$

左ページの例の答え　①6　②3　③−2　④2　⑤−1

2章

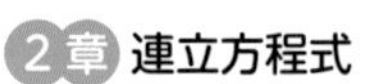

解答 p.12

1 連立方程式

1 次の中から，連立方程式 $\begin{cases} 2x-3y=5 \\ x+2y=-1 \end{cases}$ の解を選びなさい。

㋐ $x=4,\ y=1$　　㋑ $x=5,\ y=-3$　　㋒ $x=1,\ y=-1$

よく出る **2** 次の連立方程式を解きなさい。

(1) $\begin{cases} x+y=2 \\ x-y=-8 \end{cases}$　(2) $\begin{cases} 3x-2y=13 \\ 2y+x=-1 \end{cases}$　(3) $\begin{cases} 4x-7y=-29 \\ 2x-3y=-13 \end{cases}$

(4) $\begin{cases} 7x-3y=23 \\ 5x-9y=-11 \end{cases}$　(5) $\begin{cases} 4x-7y-6=0 \\ 3x-8y+1=0 \end{cases}$　(6) $\begin{cases} -5x+4y=28 \\ 4x+9y=2 \end{cases}$

(7) $\begin{cases} y=-3x+13 \\ y=5x-3 \end{cases}$　(8) $\begin{cases} y=2x-3 \\ 5x-4y=6 \end{cases}$　(9) $\begin{cases} 2y=3x-5 \\ 5x+2y=19 \end{cases}$

3 次の連立方程式，方程式を解きなさい。

(1) $\begin{cases} x-2(y+3)=-3 \\ 2x+3y=13 \end{cases}$　(2) $\begin{cases} 2x-3y=7 \\ \dfrac{x}{4}+\dfrac{y}{6}=\dfrac{1}{3} \end{cases}$

(3) $\begin{cases} 0.7x-0.5y=1.1 \\ 6x-2y=-2 \end{cases}$　(4) $4x+5y=x+3y=-7$

4 連立方程式 $\begin{cases} ax-by=5 \\ bx-ay=4 \end{cases}$ の解が，$x=2,\ y=-1$ であるとき，$a,\ b$ の値の求め方を説明しなさい。

2 (9) $2y=\cdots$ に注目して代入する。

3 係数が分数や小数のときは，両辺を何倍かして係数を整数にする。

4 もとの連立方程式に $x=2,\ y=-1$ を代入して，$a,\ b$ についての連立方程式にする。

レベルUP **5** 2つの連立方程式 $\begin{cases} x-3y=11 & \cdots① \\ ax+by=14 & \cdots② \end{cases}$ と $\begin{cases} bx+ay=-16 & \cdots③ \\ 2x+3y=-5 & \cdots④ \end{cases}$ の解が同じであるとき，a，b の値を求めなさい。

6 次の連立方程式を解きなさい。

(1) $\begin{cases} 4(x-2)-3y=-25 \\ 3x-2(2y-1)=-16 \end{cases}$　(2) $\begin{cases} 3x+2(y-4)=8-2x \\ 0.01x-0.04y=-0.1 \end{cases}$

(3) $\begin{cases} 0.3x-0.1y=0.5 \\ \dfrac{3}{5}x+\dfrac{1}{2}y=8 \end{cases}$　(4) $\begin{cases} 0.4x-0.2y=0.7 \\ \dfrac{1}{3}x+\dfrac{1}{5}y=\dfrac{2}{5} \end{cases}$

(5) $\begin{cases} x-2(y+3)=-1 \\ y-\dfrac{1-x}{2}=2 \end{cases}$　レベルUP (6) $\begin{cases} 0.1x-0.35y=2 \\ \dfrac{2}{3}x+\dfrac{1}{2}y=2 \end{cases}$

入試問題をやってみよう！

1 次の連立方程式を解きなさい。

(1) $\begin{cases} x-2y=7 \\ 4x+3y=6 \end{cases}$ 〔滋賀〕　(2) $\begin{cases} 2x-3y=16 \\ 4x+y=18 \end{cases}$ 〔富山〕

(3) $\begin{cases} 2x+3y=9 \\ y=3x+14 \end{cases}$ 〔千葉〕　(4) $\begin{cases} \dfrac{x}{6}-\dfrac{y}{4}=-2 \\ 3x+2y=3 \end{cases}$ 〔長崎〕

2 連立方程式 $\begin{cases} ax+by=10 \\ bx-ay=5 \end{cases}$ の解が $x=2$，$y=1$ であるとき，a，b の値を求めなさい。

〔神奈川〕

5 まず，①と④を連立方程式として解く。

6 (5) 下の式の両辺に2をかけると，$2y-(1-x)=4$ になる。

(6) 上の式の両辺に100をかける。

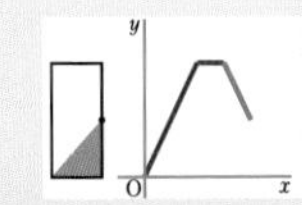

確認のワーク ステージ1
2 連立方程式の利用
1 連立方程式の利用(1)

例1 個数と代金の問題

教 p.58, 59 → 基本問題 1 2

1冊100円のノートと1冊80円のノートを合わせて8冊買ったら，代金の合計は700円になりました。2種類のノートをそれぞれ何冊買いましたか。

考え方 ノートの冊数と代金の関係について，2つの方程式をつくる。

解き方 1 100円のノートをx冊，80円のノートをy冊買ったとする。

（何をx，yとおいたかを示すようにする。）

2 合わせて8冊買ったから，

$x+y=8$ … ①

代金の合計が700円だから，

$100x+80y=700$ … ②

3 ①×80　$80x+80y=640$
②　$-)\ 100x+80y=700$
$-20x=-60$

（①，②を連立方程式として解く。）

$x=$ ①[　　]

$x=$ ①[　　] を①に代入して解くと，$y=$ ②[　　]

4 求めた解は問題に適している。← x，yはともに8以下の整数だから，問題に適している。

答 100円のノート ①[　　]冊，80円のノート ②[　　]冊

問題を解く手順

1 求める数量を文字で表す。求めたいもの以外の数量を文字で表すこともある。
2 等しい数量を見つけて，2つの方程式に表す。
3 連立方程式を解く。
4 解が実際の問題に適しているか確かめる。

例2 代金の問題

教 p.58, 59 → 基本問題 3

ジュース3本とお茶7本を買うと代金の合計は1010円，ジュース8本とお茶2本を買うと代金の合計は860円です。ジュース1本とお茶1本の値段をそれぞれ求めなさい。

考え方 代金の合計について，2つの方程式をつくる。

解き方 ジュース1本の値段をx円，お茶1本の値段をy円とする。

$3x+7y=1010$ … ① ← ジュース3本とお茶7本の代金の合計は1010円
③[　　]$=860$ … ② ← ジュース8本とお茶2本の代金の合計は860円

①×2　$6x+14y=2020$
②×7　$-)\ 56x+14y=6020$
$-50x=-4000$

$x=$ ④[　　]

$x=$ ④[　　] を①に代入して解くと，$y=$ ⑤[　　]

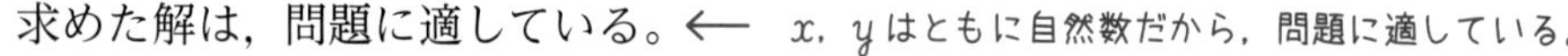

求めた解は，問題に適している。← x，yはともに自然数だから，問題に適している。

答 ジュース1本の値段 ④[　　]円，お茶1本の値段 ⑤[　　]円

たいせつ
(代金)＝(単価)×(個数)

文章題では，解が問題に適しているか，必ず確かめよう。

基本問題

解答 p.14

1 個数と代金の問題① 1個80円のオレンジと1個140円のりんごを合わせて15個買ったら，代金の合計は1560円になりました。オレンジをx個，りんごをy個買ったとして，次の問いに答えなさい。

教 p.58 問1

(1) 個数の関係から，方程式をつくりなさい。

(2) 代金の関係から，方程式をつくりなさい。

(3) (1)と(2)の式を連立方程式として解き，オレンジとりんごをそれぞれ何個買ったかを求めなさい。

2 個数と代金の問題② 大人1人600円，中学生1人400円の入園料をはらって，大人と中学生何人かで動物園に入ったところ，入園料の合計は6000円でした。大人より中学生の人数の方が5人多いとき，大人と中学生の人数をそれぞれ求めなさい。

教 p.58 問1

「大人より中学生の人数の方が5人多い」から，方程式をつくると…

3 代金の問題 サンドイッチ2個とおにぎり5個を買うと代金の合計は830円，サンドイッチ4個とおにぎり3個を買うと代金の合計は750円です。サンドイッチ1個とおにぎり1個の値段をそれぞれ求めなさい。

教 p.59 問2

ここがポイント
代金の合計についての方程式を2つつくる。

4 重さの問題 2種類の品物A，Bがあります。A3個とB1個の重さは合わせて800g，A1個とB2個の重さは合わせて400gです。A1個，B1個の重さをそれぞれ求めなさい。

教 p.59 問2

① 3　② 5　③ $8x+2y$　④ 80　⑤ 110

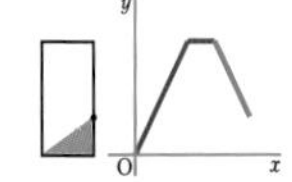

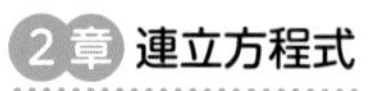

確認のワーク ステージ1　2 連立方程式の利用
1 連立方程式の利用(2)

例1 速さと連立方程式

教 p.60～62 → 基本問題 1 2

A地点から140 km離(はな)れたB地点まで車で行くのに，はじめは時速30 kmで走り，途中(とちゅう)から高速道路を時速80 kmで走ったところ，ちょうど3時間で到着しました。時速30 kmで走った道のりと時速80 kmで走った道のりをそれぞれ求めなさい。

考え方 それぞれの速さで走った時間，道のりを表にまとめて考える。

解き方 時速30 kmで x km，時速80 kmで y km走ったとすると，

	時速 30 km	時速 80 km	合計
道のり(km)	x	y	140
速さ(km/h)	30	80	
時間（時間）	①	$\frac{y}{80}$	3

$$\begin{cases} x+y=140 & \cdots ① \\ ② \quad =3 & \cdots ② \end{cases}$$

← 合計で140 km
← 合計3時間

①×3　　$3x+3y=420$

②×240　$-)\ 8x+3y=720$

$\qquad -5x \qquad = -300$

$x=$ ③

$x=$ ③ を①に代入して解くと，$y=$ ④

求めた解は問題に適している。← どちらも140以下の正の数である。

思い出そう
- (道のり)＝(速さ)×(時間)
- (速さ)＝$\frac{(道のり)}{(時間)}$
- (時間)＝$\frac{(道のり)}{(速さ)}$

答 時速30 kmで ③ km，時速80 kmで ④ km

例2 割合と連立方程式

教 p.63, 64 → 基本問題 3 4

ある中学校の2年生は，全体で110人います。そのうち，男子の10％と女子の15％の合わせて14人は美術部員です。2年生全体の男子と女子の人数は，それぞれ何人ですか。

考え方 男子と女子の人数と美術部員の人数を表にまとめて考える。

解き方 2年生の男子を x 人，女子を y 人とすると，

	男子	女子	合計
全体の人数(人)	x	y	110
美術部員の人数(人)	⑤	$\frac{15}{100}y$	14

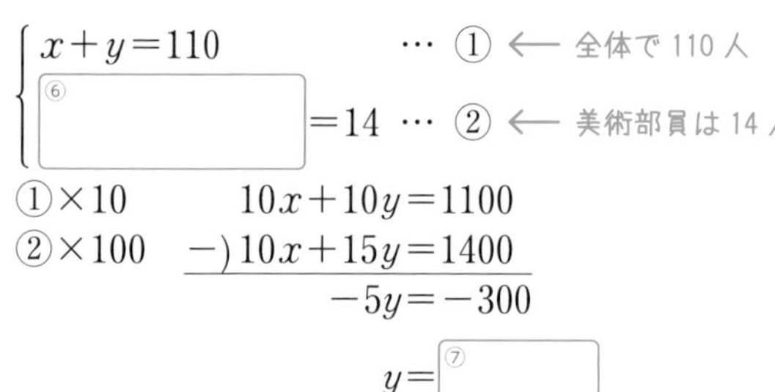

$$\begin{cases} x+y=110 & \cdots ① \\ ⑥ \quad =14 & \cdots ② \end{cases}$$

← 全体で110人
← 美術部員は14人

①×10　　$10x+10y=1100$

②×100　$-)\ 10x+15y=1400$

$\qquad -5y=-300$

$y=$ ⑦

表に表すと，等しい関係を見つけやすいね。

$y=$ ⑦ を①に代入して解くと，$x=$ ⑧

求めた解は問題に適している。← どちらも110以下の正の整数である。

答 男子 ⑧ 人，女子 ⑦ 人

基本問題

解答 p.14

1 **速さと連立方程式**　Aさんは午前8時に家を出て，900 m 離れた学校に向かいました。はじめは分速60 m で歩いていましたが，遅刻しそうなので，途中から分速150 m で走り，午前8時12分に学校に着きました。歩いた道のりと走った道のりをそれぞれ求めなさい。

教 p.62 問3

2 **速さと連立方程式**　A地点を出発して，自転車で36 km 離れたB地点まで行きました。途中のC地点までは時速16 km で走っていましたが，C地点から時速12 km で走ったところ，A地点を出発してからB地点に着くまでに2時間30分かかりました。AC間の道のりとCB間の道のりをそれぞれ求めなさい。

教 p.62 問4

方程式をつくるとき，単位をそろえることに注意する。

2時間30分 ➡ $\frac{5}{2}$ 時間

3 **割合と連立方程式**　ある店で，弁当とサンドイッチを1つずつ買うのに，定価で買うと合わせて950円になりますが，弁当を定価の20％引き，サンドイッチを定価の40％引きで買ったので，合わせて260円安くなりました。弁当とサンドイッチの定価は，それぞれ何円ですか。

教 p.63 問5

知ってると得

20％は $\frac{20}{100}$ だから，

x の20％は $x\times\frac{20}{100}$

4 **割合と連立方程式**　ある工場で，製品Aと製品Bを合わせて500個つくったところ，不良品が製品Aには20％，製品Bには10％でき，不良品の個数の合計は70個になりました。製品AとBをそれぞれ何個つくりましたか。

教 p.63 問5

製品の個数の合計と，不良品の個数の合計について，方程式をつくればいいね。

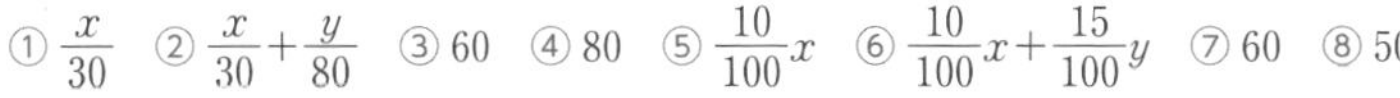
① $\frac{x}{30}$　② $\frac{x}{30}+\frac{y}{80}$　③ 60　④ 80　⑤ $\frac{10}{100}x$　⑥ $\frac{10}{100}x+\frac{15}{100}y$　⑦ 60　⑧ 50

解答 p.15

2 連立方程式の利用

よく出る **1** 1個120円のりんごと1個80円のみかんを合わせて16個買ったら，代金の合計は1640円になりました。りんごとみかんをそれぞれ何個買いましたか。

よく出る **2** 鉛筆4本とノート3冊の代金の合計は680円，鉛筆5本とノート6冊の代金の合計は1120円です。鉛筆1本の値段とノート1冊の値段をそれぞれ求めなさい。

3 2けたの自然数があります。各位の数の和は10で，十の位の数と一の位の数を入れかえた数は，もとの数より18大きくなります。もとの自然数の求め方を説明しなさい。

4 かなさんは，朝7時に家を出て2.1 km離れた学校に向かいました。はじめ分速140 mで走り，途中から分速70 mで歩いたところ，学校には7時22分に着きました。かなさんは，自分の走った時間を知るために，走った時間をx分，歩いた時間をy分として，次のような連立方程式をつくって考えました。□にあてはまる数あるいは式を書いて，かなさんが走った時間と歩いた時間を求めなさい。

$$\begin{cases} x+y=\boxed{㋐\quad} \\ 140x+\boxed{㋑\quad}=2100 \end{cases}$$

5 **ある中学校の昨年度の生徒数は665人でした。今年度は，昨年度に比べて男子が4％，女子が5％増えたので，全体で30人増えました。**

(1) 昨年度の男子をx人，女子をy人として，連立方程式をつくり，昨年度の男子と女子の生徒数を求めなさい。

(2) 今年度の男子と女子の生徒数を求めなさい。

3 十の位の数をx，一の位の数をyとする2けたの自然数は$10x+y$と表される。

5 (1) 今年度増えた男子の生徒数は，昨年度の男子の$\frac{4}{100}$だから，$\frac{4}{100}x$となる。

6 そうたさんは，1個80円のお菓子（かし）と1個100円のお菓子を合わせて20個買う予定で店に行きました。ところが，この2種類のお菓子の個数を反対にして合わせて20個買ったために，予定の金額より40円安く買えました。そうたさんは，最初それぞれ何個買う予定にしていたのかを求めなさい。

レベルUP **7** A地点からB地点を通ってC地点まで行くとき，AB間を歩き，BC間を自転車で行くと4時間20分かかり，AB間を自転車で行き，BC間を歩くと5時間40分かかります。歩く速さは時速3 km，自転車の速さは時速15 kmです。このとき，AB間の道のり，BC間の道のりは，それぞれ何kmですか。

入試問題をやってみよう！

1 2けたの自然数があります。この自然数の十の位の数と一の位の数の和は，一の位の数の4倍よりも8小さくなります。また，十の位の数と一の位の数を入れかえてできる2けたの自然数と，もとの自然数との和は132です。もとの自然数を求めなさい。ただし，用いる文字が何を表すかを最初に書いてから連立方程式をつくり，答えを求める過程も書くこと。

〔愛媛〕

2 **A中学校の生徒数は，男女合わせて365人です。そのうち，男子の80％と女子の60％が，運動部に所属しており，その人数は257人でした。** 〔富山〕

(1) A中学校の男子の生徒数をx人，女子の生徒数はy人として，連立方程式をつくりなさい。

(2) A中学校の男子の生徒数と女子の生徒数を，それぞれ求めなさい。

7 AB間をx km，BC間をy kmとして，全体の時間の関係を2つの方程式で表す。方程式をつくるときは，時間の単位に注意する。

2 男女合わせた人数と運動部に所属する人数から，2つの方程式をつくる。

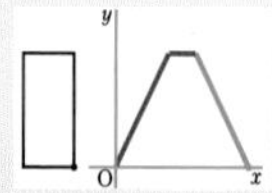

解答 p.16

連立方程式

40分　/100

1 次の中から，$x=4$，$y=-2$ が解である連立方程式を選びなさい。（5点）

㋐ $\begin{cases} x+2y=7 \\ 2x+y=1 \end{cases}$　㋑ $\begin{cases} 2x+y=6 \\ x-3y=-7 \end{cases}$　㋒ $\begin{cases} x-2y=8 \\ 2x+5y=-2 \end{cases}$

(　　　　)

よく出る **2** 次の連立方程式を解きなさい。 5点×8（40点）

(1) $\begin{cases} 3x-2y=13 \\ x+2y=-1 \end{cases}$　(2) $\begin{cases} x+y=9 \\ x-3y=1 \end{cases}$　(3) $\begin{cases} 5x-3y=5 \\ 2x-y=3 \end{cases}$

(　　　　)　(　　　　)　(　　　　)

(4) $\begin{cases} 3x+4y=2 \\ 2x-3y=7 \end{cases}$　(5) $\begin{cases} 5x-4y=9 \\ 2x-3y=5 \end{cases}$　(6) $\begin{cases} y=2x-1 \\ 4x-y=9 \end{cases}$

(　　　　)　(　　　　)　(　　　　)

(7) $\begin{cases} y=-x+15 \\ y=3x-21 \end{cases}$　(8) $\begin{cases} 3x=2y-13 \\ 3x+5y=1 \end{cases}$

(　　　　)　(　　　　)

3 次の連立方程式，方程式を解きなさい。 5点×4（20点）

(1) $\begin{cases} 3x-2(y-2)=3 \\ 6x-7y=10 \end{cases}$　(2) $\begin{cases} x+\dfrac{5}{2}y=2 \\ 3x+4y=-1 \end{cases}$

(　　　　)　(　　　　)

(3) $\begin{cases} 3x+2y=6 \\ 0.3x-0.2y=-1 \end{cases}$　(4) $x+y=5x+6y=1$

(　　　　)　(　　　　)

目標 ❷❸の計算問題は確実に計算できるようにしよう。❺～❼の文章題では，連立方程式がつくれるようになろう。

自分の得点まで色をぬろう!
がんばろう! もう一歩 合格!
0 60 80 100点

4 連立方程式 $\begin{cases} 2ax+by=8 \\ ax-3by=-10 \end{cases}$ の解が $x=2$，$y=1$ であるとき，a，b の値を求めなさい。
（5点）

（　　　　）

5 りんご2個となし3個を買うと代金の合計は480円，りんご3個となし1個の代金の合計は440円です。
5点×2(10点)

(1) りんご1個の値段を x 円，なし1個の値段を y 円として，連立方程式をつくりなさい。

（　　　　）

(2) りんご1個，なし1個の値段をそれぞれ求めなさい。

（　　　　）

6 ある中学校では，男子の人数は女子の人数より20人少なく，男子の人数の10％と女子の人数の8％の合わせて25人が陸上部に入っています。
5点×2(10点)

(1) 男子の人数を x 人，女子の人数を y 人として，連立方程式をつくりなさい。

（　　　　）

(2) 男子と女子の人数をそれぞれ求めなさい。

（　　　　）

7 Aさんは，家から960m離れた図書館でBさんと待ち合わせをしました。約束の時刻は10分後で，ちょうどその時刻に図書館に着くようにします。Aさんの歩く速さは分速60m，走る速さは分速150mです。今から家を出るとすると，何分歩いて何分走ればよいですか。
（10点）

（　　　　）

アプリ【どこでもワーク計算編】をやって，さらに力をつけよう！

確認のワーク ステージ1 1 1次関数 **1** 1次関数 **2** 1次関数の値の変化

例1 1次関数

教 p.70～72 → 基本問題 1

次のxとyの関係について，yをxの式で表し，yがxの1次関数であるものを選びなさい。

㋐ 1 m の重さが 50 g の針金 x m の重さ y g

㋑ 面積が 20 cm² の長方形の縦の長さ x cm と横の長さ y cm

㋒ 水が 10 L 入っている水そうに毎分 2 L ずつ水を入れていくときの，時間 x 分と水の量 y L

考え方 yをxの式で表し，$y=ax+b$ の形で表すことができるかどうかを調べる。

解き方 ㋐ (全体の重さ)＝(1 m の重さ)×(長さ)

$y = 50 \times x$

$y=50x$ と表されるから，yはxの1次関数で ①[ ]。

↑$y=ax+b$ で $b=0$ の場合。

㋑ (長方形の面積)＝(縦)×(横)

$20 = x \times y$

$y=\dfrac{20}{x}$ と表されるから，yはxの1次関数で ②[ ]。

↑yはxに反比例する。

㋒ (水の量)＝(1分間に入れる水の量)×(時間)＋(はじめの水の量)

$y = 2 \times x + 10$

$y=2x+10$ と表されるから，yはxの1次関数で ③[ ]。

答 ④[ ]

覚えておこう

1次関数…yがxの関数で，yがxの1次式で表されるとき，yはxの1次関数であるという。

1次関数の式…一般(いっぱん)に，1次関数は次のように表される。

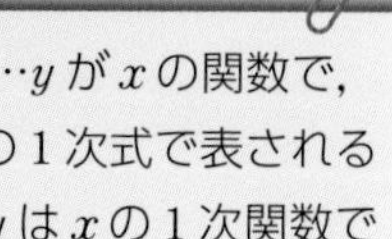

例2 変化の割合

教 p.73, 74 → 基本問題 2 3 4

1次関数 $y=2x-3$ について，xの値が1から4まで増加するときの変化の割合を求めなさい。

考え方 xの増加量に対するyの増加量の割合を変化の割合という。

解き方 $x=1$ のとき $y=2\times1-3=-1$

$x=4$ のとき $y=2\times4-3=$ ⑤[ ]

よって，変化の割合は

$\dfrac{(y\text{の増加量})}{(x\text{の増加量})}=\dfrac{5-(-1)}{4-1}=\dfrac{6}{3}=$ ⑥[ ]

x	1	4
y	−1	5

（xの増加量 3，yの増加量 6）

たいせつ

1次関数 $y=ax+b$ の変化の割合は一定である。その値は，xの係数aに等しい。

$(\text{変化の割合})=\dfrac{(y\text{の増加量})}{(x\text{の増加量})}=a$

基本問題

解答 p.17

1 1次関数　次の㋐～㋒について，下の問いに答えなさい。 教 p.72問5

㋐　水が1000 L入っている水そうから，x Lの水を出すとき，残っている水の量がy L

㋑　50 kmの道のりを時速x kmで走るとき，かかる時間がy時間

㋒　底辺の長さが10 cm，高さがx cmの平行四辺形の面積がy cm^2

(1)　yをxの式で表しなさい。

(2)　㋐～㋒の中から，yがxの1次関数であるものをすべて選び，記号で答えなさい。

知ってると得
1次関数$y=ax+b$で，$b=0$の場合は$y=ax$になるから，比例は1次関数の特別な場合である。

3章

2 変化の割合　1次関数 $y=-4x+1$ で，xの値が次のように増加するときの変化の割合を求めなさい。 教 p.74問1

(1)　3から5　　(2)　-6から-2

3 変化の割合とyの増加量　次の1次関数㋐，㋑があります。 教 p.74問2

㋐　$y=3x+2$　　㋑　$y=-2x+5$

(1)　変化の割合をそれぞれ答えなさい。

(2)　xの増加量が5のときのyの増加量を，それぞれ求めなさい。

覚えておこう

$$(\text{変化の割合})=\frac{(y\text{の増加量})}{(x\text{の増加量})}=a$$

の式から，
$(y$の増加量$)=a\times(x$の増加量$)$
が成り立つ。

4 反比例の変化の割合　反比例 $y=\dfrac{12}{x}$ について，xの値が次のように増加するときの変化の割合を求めなさい。 教 p.74問3

(1)　1から3　　(2)　-6から-4

1次関数の変化の割合は一定だけど，反比例のときはどうなるかな？

左ページの例の答え　①ある　②ない　③ある　④㋐，㋒　⑤5　⑥2

確認のワーク ステージ1 1 1次関数 3 1次関数のグラフ(1)

例1 1次関数のグラフの特徴

教 p.75～80 → 基本問題 1 2

1次関数 $y=2x-3$ について，次の問いに答えなさい。

(1) $y=2x-3$ のグラフは，比例 $y=2x$ のグラフを，y 軸のどちらの方向にどれだけ平行移動したものか答えなさい。

(2) $y=2x-3$ のグラフと y 軸との交点の座標を答えなさい。

(3) $y=2x-3$ のグラフでは，右へ3進むとき上へどれだけ進むか求めなさい。

(4) $y=2x-3$ のグラフの傾き(かたむ)きと切片(せっぺん)を答えなさい。

考え方 (1)(2) 1次関数 $y=2x-3$ のグラフと比例 $y=2x$ のグラフの関係を考える。

(3)(4) $y=2x-3$ のグラフで，右へ1進むとき上へどれだけ進むかを考える。

解き方 (1) $y=2x-3$ について，x の値に対応する y の値を求めると，次のようになる。

x	…	-4	-3	-2	-1	0	1	2	3	4	…
$2x$	…	-8	-6	-4	-2	0	2	4	6	8	…
$2x-3$	…	-11	-9	-7	-5	-3	-1	1	3	5	…

（2倍する／3小さい／-3 をたす）

上の表より，x のどの値についても，対応する $y=2x-3$ の y の値は，$y=2x$ の y の値よりも ① [　] 小さい。

1次関数 $y=2x-3$ のグラフは，比例 $y=2x$ のグラフを y 軸の ② [　] の方向に ③ [　] だけ平行移動した直線である。

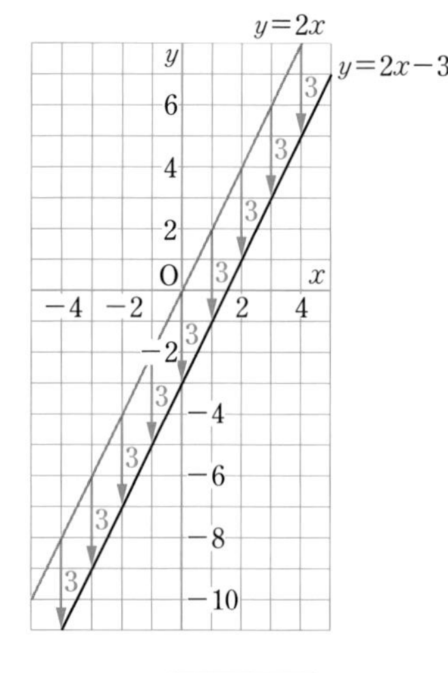

$y=2x-3$ のグラフ上の各点は，$y=2x$ のグラフ上の各点を，3だけ下に移動した点になっているんだ。

(2) $x=0$ のとき，y の値は ④ [　] だから，y 軸との交点の座標は (0, ④ [　])

↑直線 $y=ax+b$ と y 軸との交点 (0, b) の y 座標 b の値を，この直線の「切片」という。

(3) $y=2x-3$ のグラフは，右へ1進むとき上へ2だけ進むので，右へ3進むときには上へ ⑤ [　] だけ進む。

↑ 2×3

(4) $y=2x-3$ のグラフの傾きは ⑥ [　]，切片は ⑦ [　] である。

覚えておこう

1次関数 $y=ax+b$ のグラフは，傾きが a，切片が b の直線である。

傾き a…直線の傾きぐあいを表す。

切片 b…y 軸と交わる点 (0, b) の y 座標である。

基本問題

解答 p.17

1 1次関数のグラフの特徴　次の1次関数について，下の問いに答えなさい。　教 p.76〜79

㋐ $y=3x-5$　　㋑ $y=-2x$　　㋒ $y=3x-9$

㋓ $y=-2x+1$　　㋔ $y=2x$

(1) グラフが，点(4, 3)を通る直線であるものを答えなさい。

(2) グラフが，㋑のグラフと平行な直線であるものを答えなさい。

(3) ㋐について，x の値に対応する y の値を求め，下の□をうめなさい。

x	…	-3	-2	-1	0	1	2	3	…
$3x$	…	-9	-6	-3	0	3	6	9	…
$3x-5$	…	□	□	□	□	□	□	□	…

(4) ㋒のグラフは，$y=3x$ のグラフを，y 軸の正の方向にどれだけ平行移動したものか答えなさい。

(5) ㋐と㋓のグラフの傾きと切片をそれぞれ答えなさい。

(6) ㋐のグラフでは，右へ4進むとき上へどれだけ進むか答えなさい。

1次関数 $y=ax+b$ のグラフは，$y=ax$ のグラフを，y 軸の正の方向に b だけ平行移動した直線である。

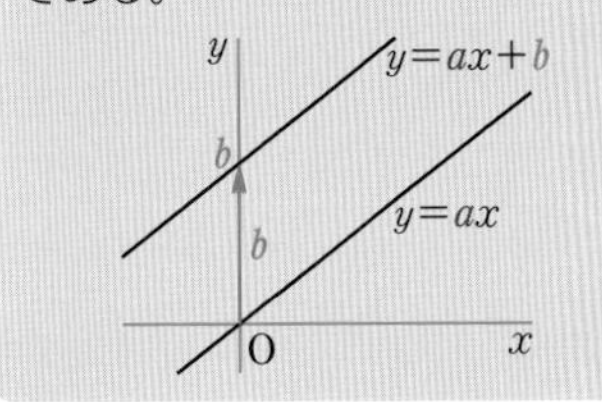

2 傾きが負の直線　1次関数 $y=-3x+4$ のグラフについて，次の問いに答えなさい。

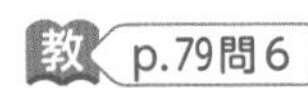

(1) y 軸との交点の座標を答えなさい。

(2) 右へ4進むとき下へどれだけ進みますか。

$y=-3x+4$ のグラフは，$y=-3x$ のグラフをどのように平行移動したものかな？

(3) 傾きと切片を答えなさい。

①3　②負(正)　③3(−3)　④−3　⑤6　⑥2　⑦−3

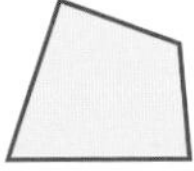

1 1次関数
3 1次関数のグラフ(2)

例1 1次関数のグラフのかき方

教 p.81, 82 → 基本問題 1

次の1次関数のグラフをかきなさい。

(1) $y=2x+3$　　(2) $y=-\frac{1}{3}x+2$

考え方 傾きと切片から，グラフ上にある2点を調べて，その2点を結ぶ直線をひく。

解き方 (1) 切片が3であるから，y軸上の点 ① を通る。
また，傾きが2であるから，点(0, 3)から右へ1，上へ2だけ進んだ点 ② を通る。

(2) 切片が2であるから，y軸上の点 ③ を通る。
また，傾きが $-\frac{1}{3}$ であるから，点(0, 2)から右へ3，下へ1進んだ点 ④ を通る。

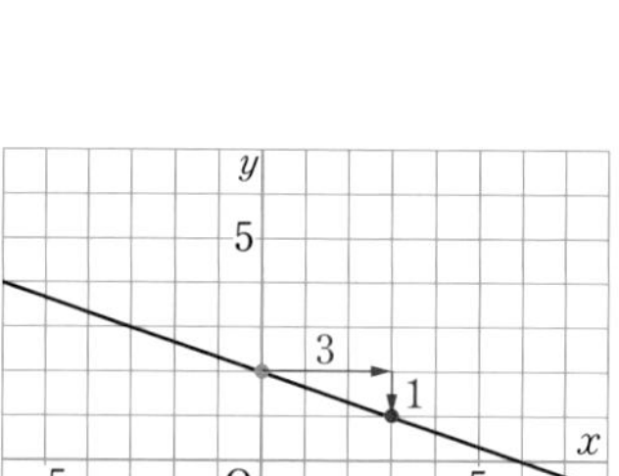

1次関数の増減とグラフ

1 $a>0$ のとき…xの値が増加すると，yの値も増加する。グラフは右上がりの直線となる。

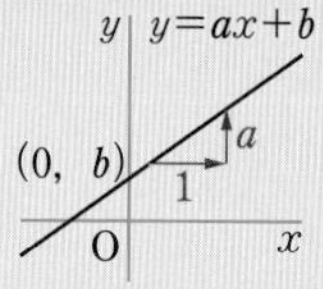

2 $a<0$ のとき…xの値が増加すると，yの値は減少する。グラフは右下がりの直線となる。

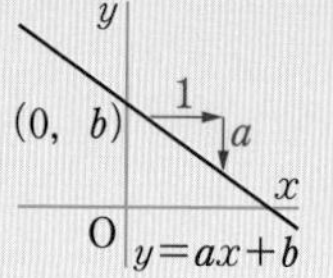

例2 1次関数のグラフと変域

教 p.83 → 基本問題 2 3

1次関数 $y=-2x+7$ について，xの変域が $1\leqq x<3$ のとき，yの変域を求めなさい。

考え方 まず，$x=1$, 3 のときのyの値を求める。傾きが負なので，xの値が増加すると，yの値は減少することに注意する。

解き方 $x=1$ のとき

$y=-2\times1+7=$ ⑤

$x=3$ のとき

$y=-2\times3+7=$ ⑥

$y=-2x+7$ は右下がりの直線だから，yの変域は

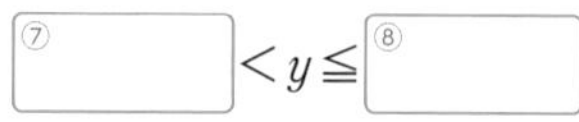
⑦ $<y\leqq$ ⑧

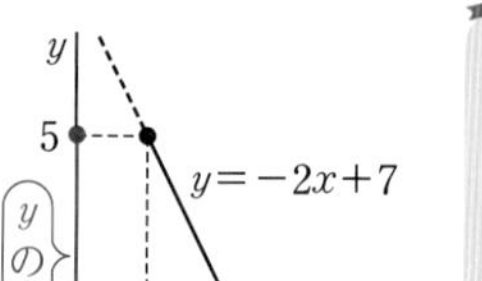

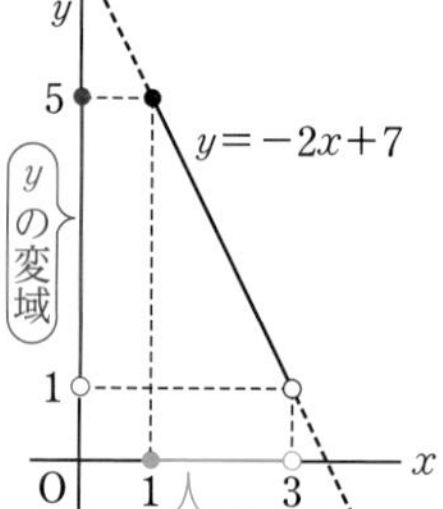

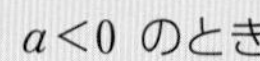

1次関数の変域を調べるときは，xの変域の両端のyの値を調べる。

$a>0$ のとき　　$a<0$ のとき

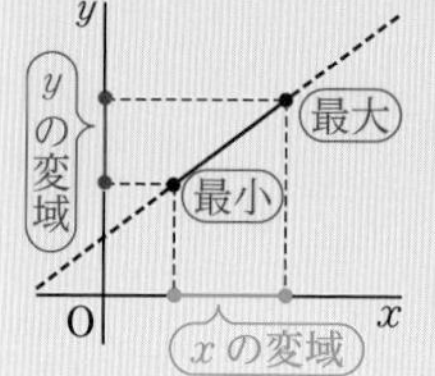

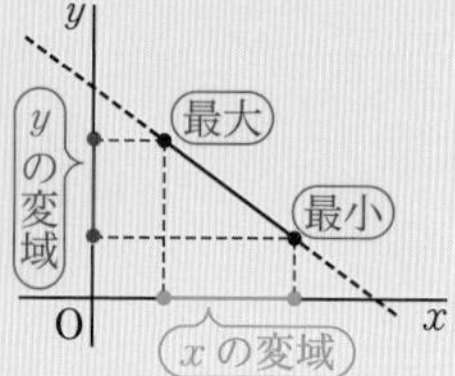

基本問題

解答 p.17

1 1次関数のグラフのかき方 次の1次関数について，下の問いに答えなさい。 教 p.82問7，問8

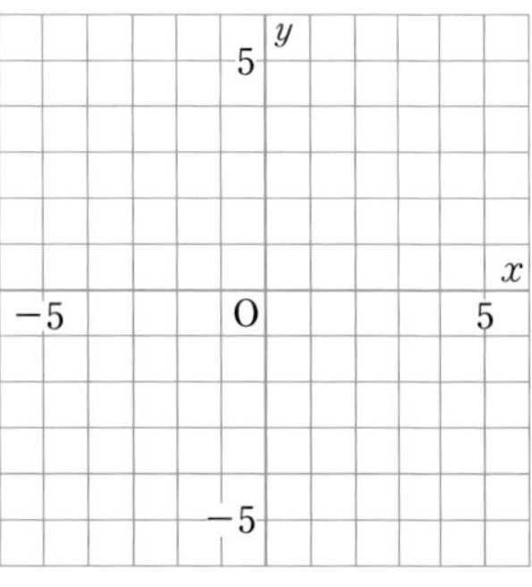

㋐ $y=2x-5$　　㋑ $y=-4x+1$

㋒ $y=-\frac{1}{2}x+4$　　㋓ $y=\frac{3}{4}x-2$

(1) グラフが，右下がりの直線になる1次関数の式を記号で答えなさい。

(2) ㋐～㋓のグラフをかきなさい。

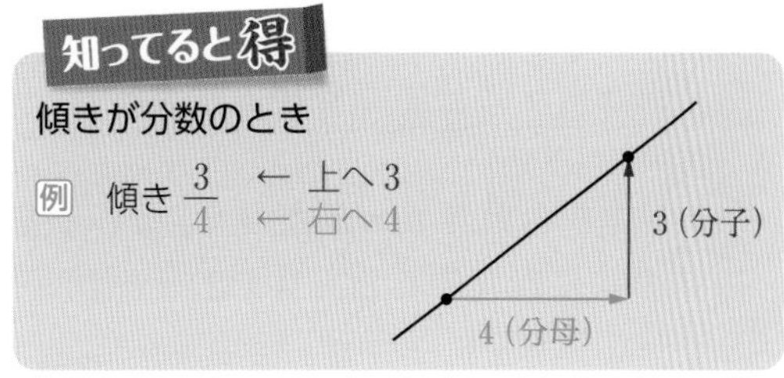

2 1次関数のグラフと変域 1次関数 $y=-3x+2$ について，次の問いに答えなさい。 教 p.83問9

(1) この関数のグラフをかきなさい。

(2) $x=-1$，$x=2$ に対応する y の値をそれぞれ求めなさい。

(3) x の変域が $-1 \leqq x \leqq 2$ のとき，y の変域を求めなさい。

(4) x の変域が $4 < x \leqq 6$ のとき，y の変域を求めなさい。

3 1次関数のグラフと変域 1次関数 $y=3x-4$ について，x の変域が $-2<x<5$ のとき，y の変域を求めなさい。 教 p.83問9

思い出そう

不等号≦，＜のちがい

$a \leqq b$ … $a=b$ のときもふくむ。

$a < b$ … $a=b$ のときをふくまない。

左ページの例の答え ①(0，3) ②(1，5) ③(0，2) ④(3，1) ⑤5 ⑥1 ⑦1 ⑧5

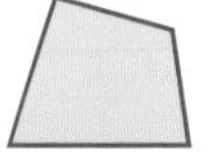

3章

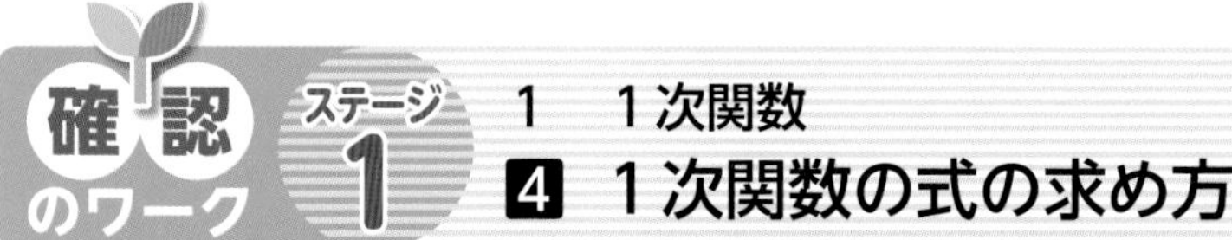

例1 変化の割合と1組の x, y の値から式を求める

教 p.85 → 基本問題 2

次のような1次関数の式を求めなさい。

(1) 変化の割合が2で，$x=-1$ のとき $y=2$

(2) グラフの切片が8で，点 $(3,\ 2)$ を通る

考え方 1次関数は $y=ax+b$ の形に表されるから，a と b の値がわかると，1次関数の式を求めることができる。

解き方 (1) 変化の割合が2だから，1次関数の式を $y=2x+b$ と表すことができる。

切片は b とする。

$x=-1$ のとき $y=2$ だから，$x=-1$，$y=2$ をこの式に代入すると，$2=2\times(-1)+b$ だから，

$b=$ ①

答 $y=$ ②

(2) グラフの切片が8だから，1次関数の式を $y=ax+8$ と表すことができる。

傾きを a とする。

点 $(3,\ 2)$ を通るので，$x=3$，$y=2$ をこの式に代入すると，

$2=a\times3+8$ だから，$a=$ ③

答 $y=$ ④

> **1次関数の求め方①**
>
> 傾き a の値がわかるとき
> 式を $y=ax+b$ と表し，1組の x，y の値を代入して b の値を求める。
>
> 切片 b の値がわかるとき
> 式を $y=ax+b$ と表し，1組の x，y の値を代入して a の値を求める。

例2 直線が通る2点の座標から式を求める

2点 $(2,\ 4)$，$(5,\ 13)$ を通る直線の式を求めなさい。

考え方 直線が通る2点がわかっているので，直線の傾きが求められる。

解き方 2点 $(2,\ 4)$，$(5,\ 13)$ を通る直線の傾きは

$\dfrac{13-4}{5-2}=3$ ← (傾き)＝(変化の割合)＝$\dfrac{(y\text{の増加量})}{(x\text{の増加量})}$

求める直線の式を $y=3x+b$ と表すことができる。

点 $(2,\ 4)$ を通るので，$x=2$，$y=4$ をこの式に代入すると，$4=3\times2+b$ だから，$b=$ ⑤

別解 求める直線の式を $y=ax+b$ とする。

$x=2$ のとき $y=4$ だから，$4=2a+b$ …①

$x=5$ のとき $y=13$ だから，$13=5a+b$ …②

①，②を連立方程式として解くと，

$a=$ ⑥，$b=$ ⑤

答 $y=$ ⑦

> **1次関数の求め方②**
>
> 2点の座標がわかるとき
> 2点の座標から傾き a を求める。$y=ax+b$ と表し，通る点の座標の値を代入して b を求める。

どちらの方法で求めてもいいよ。

基本問題

解答 p.18

1 グラフから1次関数の式を求める　グラフが下の図の(1)〜(4)の直線になる1次関数の式をそれぞれ求めなさい。 教 p.84問1

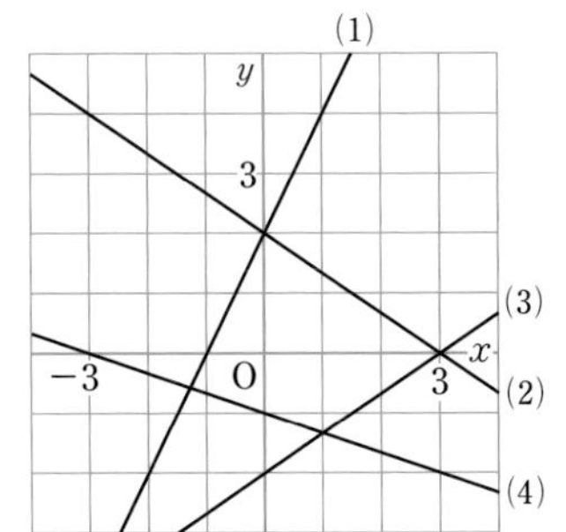

たいせつ

直線の式の求め方

〈1〉切片の座標を求める。

〈2〉傾きを求める。

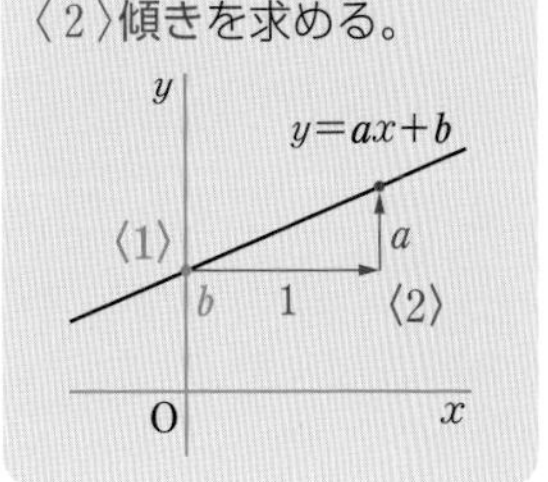

3章

2 1次関数の式を求める　次のような1次関数の式を求めなさい。 教 p.85問2

(1) 変化の割合が2で，$x=3$ のとき $y=7$

(2) グラフの傾きが -4 で，点 $(1,\ 2)$ を通る

(3) グラフの切片が2で，点 $(2,\ 8)$ を通る

(4) グラフが点 $(1,\ -6)$ を通り，直線 $y=-5x$ に平行

3 直線の式を求める　次の2点を通る直線の式を求めなさい。 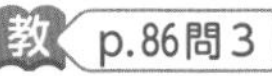 教 p.86問3

(1) $(2,\ -1)$，$(5,\ -7)$　　(2) $(2,\ 21)$，$(-3,\ -4)$

(3) $(1,\ 1)$，$(4,\ 10)$　　(4) $(2,\ 3)$，$(-6,\ 35)$

x，y の増加量に注意して，2点の座標から傾きを求める。

4 直線の式を求める　次のような直線の式を求めなさい。 教 p.86問3

(1) 2点 $(2,\ 7)$，$(-1,\ -8)$ を通る直線

(2) 点 $(-2,\ 10)$ を通り，x 軸と点 $(3,\ 0)$ で交わる直線

解答 p.19

1　1次関数

1 次の㋐〜㋓の中から，y が x の1次関数であるものをすべて選び，記号で答えなさい。

㋐　1辺が x cm の正方形の面積が y cm^2

㋑　底辺が x cm，高さが y cm である三角形の面積が 60 cm^2

㋒　40 L の水が入った水そうから，1分間に 2 L ずつ水をぬくと，x 分後の水の量が y L

㋓　長さ 20 cm で，おもりを 1 g つるすごとに 0.5 cm ずつのびるばねばかりで，x g のおもりをつるしたときの全体の長さが y cm

2 1次関数 $y=-x+2$ について，次の問いに答えなさい。

(1)　変化の割合を答えなさい。

(2)　x の値が -4 から -1 まで増加したときの y の増加量の求め方を説明しなさい。

(3)　x の増加量が 5 のときの y の増加量を求めなさい。

(4)　この1次関数のグラフの傾きと切片を答えなさい。

(5)　x の変域が $-2<x<2$ のときの，y の変域を求めなさい。

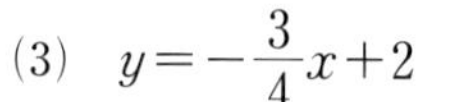

3 次の1次関数のグラフをかきなさい。

(1)　$y=-\frac{1}{2}x-3$　　(2)　$y=\frac{4}{3}x-5$

(3)　$y=-\frac{3}{4}x+2$　　レベルUP (4)　$y=-\frac{2}{5}x+\frac{3}{5}$

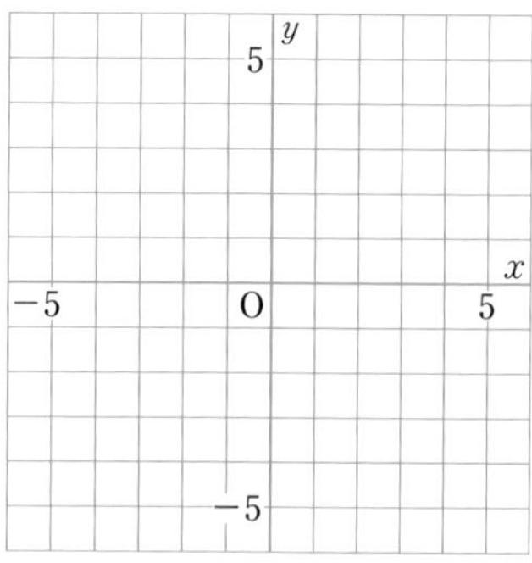

レベルUP **4** グラフが右の図の(1)，(2)の直線になる1次関数の式をそれぞれ求めなさい。

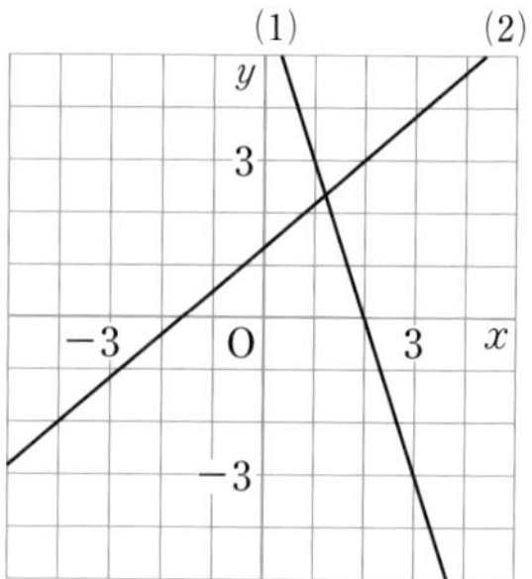

1 $y=ax+b$ の形の式で表されるとき，y は x の1次関数であるといえる。

3 (4)　グラフが通る点の座標を求める。$x=-1$ のとき $y=1$ だから，点 $(-1,\ 1)$ を通る。その点から，右へ5，下へ2だけ進んだ点 $(4,\ -1)$ も通る。

5 次の1次関数や直線の式を求めなさい。

(1) 変化の割合が -4 で，$x=-1$ のとき $y=1$

(2) 直線 $y=\frac{1}{2}x+3$ に平行で，点 $(4,\ 0)$ を通る

(3) x が2だけ増加すると y は3だけ増加し，$x=2$ のとき $y=7$

(4) 2点 $(3,\ -1)$，$(-1,\ 2)$ を通る直線

6 次のような1次関数の式を求めなさい。

(1) 1次関数 $y=5x+2$ と変化の割合が等しく，$x=2$ のとき $y=6$

(2) 原点と点 $(-2,\ 3)$ を通る直線に平行で，点 $(3,\ 2)$ を通る

(3) x の値に対応する y の値が，右の表のようになる

x	…	2	3	4	…
y	…	2	-1	-4	…

7 右の図のように，2つの直線①，②があります。点Aは2つの直線の交点で，その x 座標は2です。

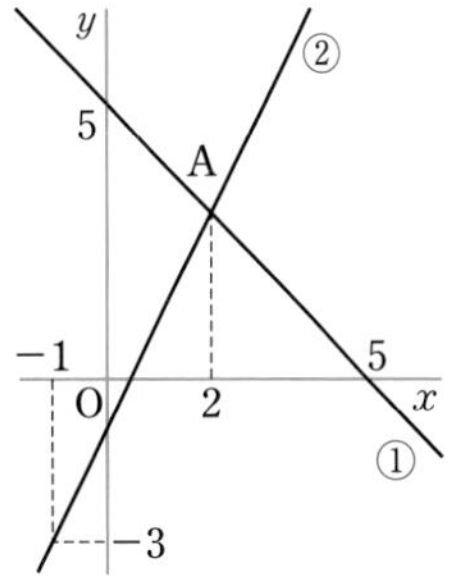

(1) ①の直線の式を求めなさい。

(2) 点Aの座標を求めなさい。

(3) ②の直線の式を求めなさい。

入試問題をやってみよう！

1 関数 $y=4x+5$ について述べた文として正しいものを，次の㋐～㋓の中からすべて選び，記号で答えましょう。 〔岐阜〕

㋐ グラフは点 $(4,\ 5)$ を通る。

㋑ グラフは右上がりの直線である。

㋒ x の値が -2 から1まで増加するときの y の増加量は4である。

㋓ グラフは，$y=4x$ のグラフを，y 軸の正の向きに5だけ平行移動させたものである。

5 (2) 平行な直線は傾きが等しい。

7 (2) 直線①は，x 座標が2である点Aを通る。

(3) 点Aと点 $(-1,\ -3)$ を通る直線の式を求める。

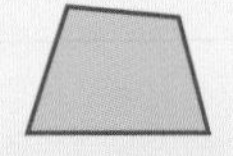

確認のワーク ステージ1
2 1次関数と方程式
1 2元1次方程式のグラフ

例1 2元1次方程式のグラフ

教 p.88～90 → 基本問題 1 3

方程式 $3x+2y=6$ のグラフをかきなさい。

考え方 y について解いて，$y=ax+b$ の形に変形する。

解き方 $3x+2y=6$ を y について解くと，

$$2y=-3x+6$$

$$y=-\frac{3}{2}x+3$$

よって，グラフは

傾きが ①[　　]，切片が ②[　　] の

直線で，右の図のようになる。

別解 方程式の解を，2組見つけて，かくこともできる。

$x=0$ のとき $y=3$ ← $3x+2y=6$ に $x=0$ を代入すると，$2y=6$

$y=0$ のとき $x=2$ ← $3x+2y=6$ に $y=0$ を代入すると，$3x=6$

よって，グラフは2点 $(0,\ 3)$，③[　　] を通る直線になる。

たいせつ

2つの文字 x, y をふくむ方程式 $ax+by=c$ は，x や y の係数が0ではないとき，$y=ax+b$ の形に変形できるので，この方程式のグラフは直線である。

$y=ax+b$ の形に変形すれば，傾きと切片がわかるね。

例2 $ax+by=c$ で，$a=0$ や $b=0$ の場合のグラフ

教 p.90, 91 → 基本問題 2 3

次の方程式のグラフをかきなさい。

(1) $2y-8=0$　　(2) $3x+9=0$

考え方 (1)は $y=p$ の形，(2)は $x=q$ の形に変形する。

解き方 (1) $2y-8=0$ を y について解くと，

$$2y=8$$

$$y=4$$

よって，グラフは

点 $(0,\ 4)$ を通り，④[　　] 軸に平行な直線になる。

(2) $3x+9=0$ を x について解くと，

$$3x=-9$$

$$x=-3$$

よって，グラフは

点 $(-3,\ 0)$ を通り，⑤[　　] 軸に平行な直線になる。

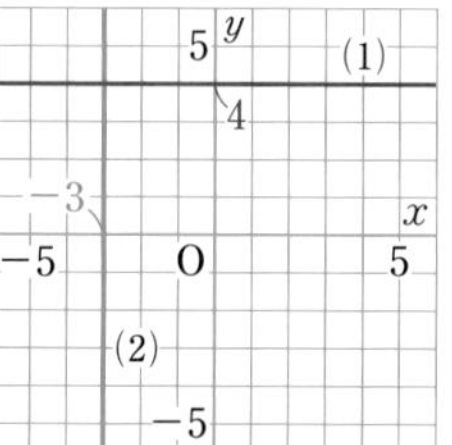

どちらの軸に平行になるのかをまちがえないようにしよう。

x軸，y軸に平行なグラフ

$ax+by=c$ で，

$a=0$ の場合

$y=p$ の形に変形する。
点 $(0,\ p)$ を通り，
x軸に平行な直線

$b=0$ の場合

$x=q$ の形に変形する。
点 $(q,\ 0)$ を通り，
y軸に平行な直線

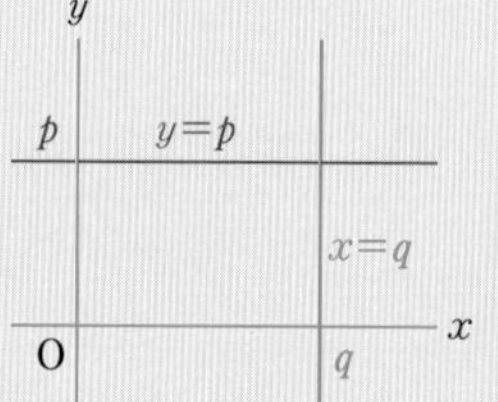

基本問題

解答 p.20

1 2元1次方程式のグラフ　次の2元1次方程式について，下の問いに答えなさい。

教 p.89 問1～問3

㋐ $2x+y=6$　　㋑ $x-2y=-4$　　㋒ $3x+2y=8$

㋓ $x-2y=-2$　　㋔ $\frac{1}{5}x+\frac{1}{3}y=-1$

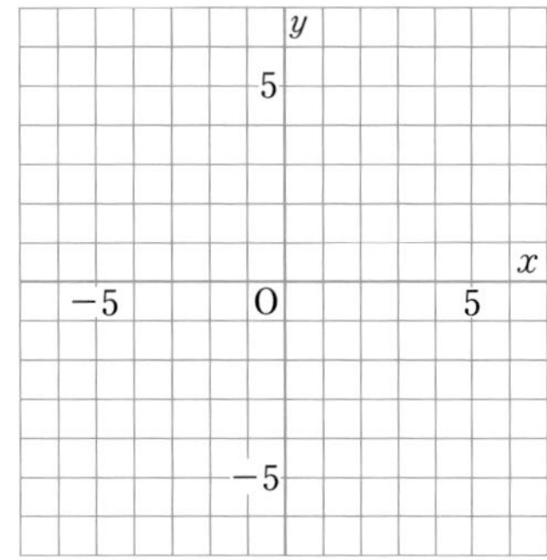

(1) ㋐～㋒のそれぞれの方程式を，y について解きなさい。

(2) (1)を利用して，㋐～㋒の方程式のグラフをかきなさい。

(3) ㋓，㋔のそれぞれの方程式について，$x=0$ のときの y の値，$y=0$ のときの x の値を求めなさい。

(4) (3)を利用して，㋓，㋔の方程式のグラフをかきなさい。

覚えておこう

2元1次方程式のグラフは，2点の座標を決めてかくこともできる。

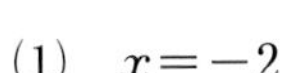

2 $ax+by=c$ で，$a=0$ や $b=0$ の場合のグラフ　次の方程式のグラフをかきなさい。

教 p.91 問4

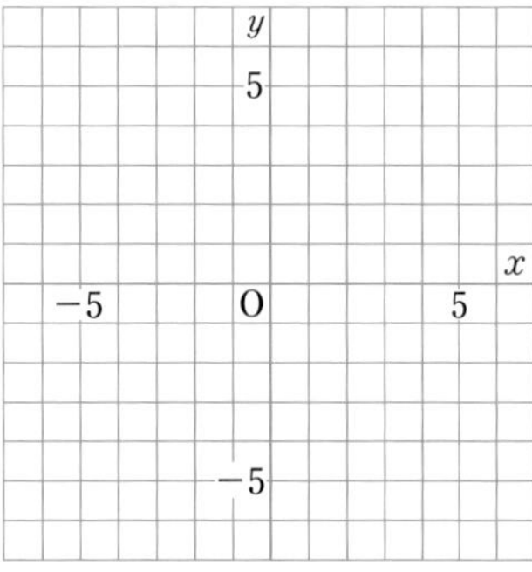

(1) $x=-2$　　(2) $y=4$

(3) $3y+6=0$　　(4) $-2x+5=0$

3 $ax+by=c$ のグラフ　2元1次方程式 $ax+by=c$ について，a，b，c の値が次のときのグラフをかきなさい。

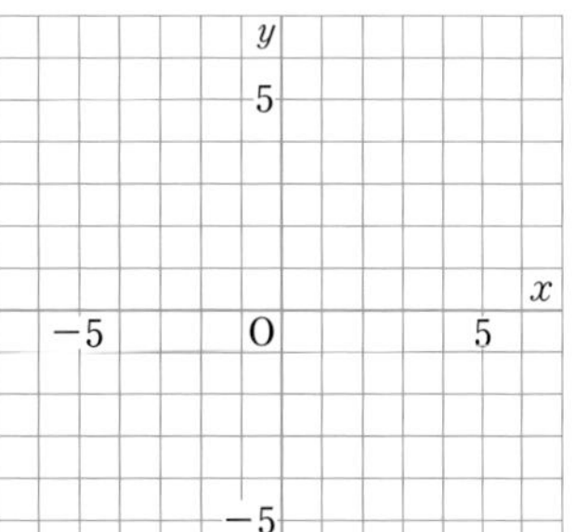

(1) $a=3$，$b=-6$，$c=-9$

(2) $a=2$，$b=0$，$c=3$

左ページの例の答え　① $-\frac{3}{2}$　② 3　③ (2，0)　④ x　⑤ y

3章

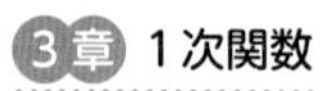

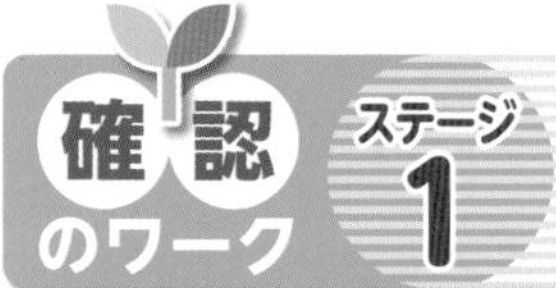

確認のワーク ステージ1　2 1次関数と方程式
2 連立方程式とグラフ

例1 連立方程式の解とグラフ
教 p.92 → 基本問題 1

連立方程式 $\begin{cases} 2x-y=3 & \cdots① \\ 3x+y=2 & \cdots② \end{cases}$ の解を，グラフを利用して求めなさい。

考え方 解を表す点は，2 直線の交点である。

解き方 ①を y について解くと，

$y=2x-3$ ← 傾き 2，切片 −3 の直線

②を y について解くと，

$y=-3x+2$ ← 傾き −3，切片 2 の直線

これら 2 つの直線のグラフをかくと，右の図のようになる。交点の座標を読みとると，①［　　］であるから，

連立方程式の解は

$x=$ ②［　　］，$y=$ ③［　　］

y
2
①
O
2
x
②
−2

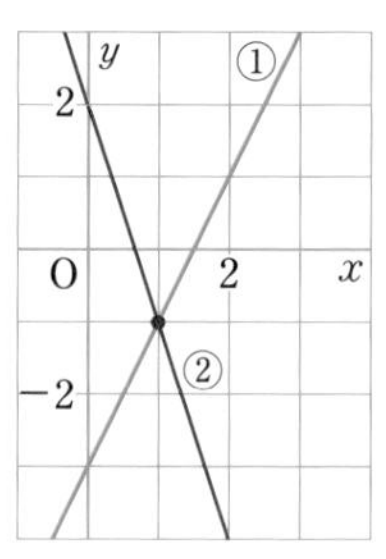

たいせつ
x，y についての連立方程式の解は，それぞれの方程式のグラフの交点の x 座標，y 座標の組で表される。

$y=ax+b$ の形に変形して，グラフをかけばいいね。

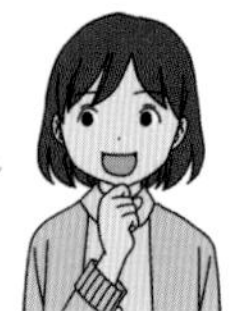

例2 2 直線の交点の座標
教 p.93 → 基本問題 2 3 4

2 直線 $y=2x-2$ …①，$y=-4x+1$ …② について，次の問いに答えなさい。

(1) ①と②の交点の座標を求めなさい。　(2) ②と x 軸との交点の座標を求めなさい。

考え方 交点の座標は，連立方程式を解くことによって求められる。

解き方 (1) 連立方程式 $\begin{cases} y=2x-2 & \cdots① \\ y=-4x+1 & \cdots② \end{cases}$ を解く。

②を①に代入すると，$-4x+1=2x-2$ より $x=$ ④［　　］

（代入法で y を消去）

これを①に代入すると，$y=2\times\frac{1}{2}-2=$ ⑤［　　］

答 ⑥［　　］

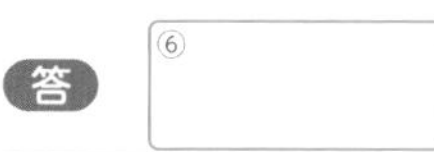

(2) x 軸の式は $y=0$ と表すことができるので，

（x がどんな値をとっても常に y の値は 0）

$\begin{cases} y=-4x+1 & \cdots② \\ y=0 & \cdots③ \end{cases}$ を解けばよい。②を③に代入すると，

$-4x+1=0$ より $x=$ ⑦［　　］　　答 ⑧［　　］

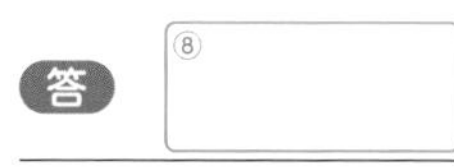

2 直線の交点
2 直線の交点の座標は，2 つの直線の式を組にした連立方程式を解いて求める。
連立方程式の解
↕
2 直線の交点の座標

x 軸は，$y=0$
y 軸は，$x=0$
と表すことができるよ。

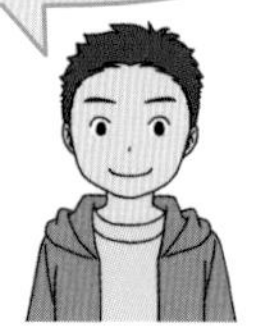

基本問題

解答 p.20

1 連立方程式の解とグラフ　次の連立方程式の解を，グラフを利用して求めなさい。

教 p.92問1

(1) $\begin{cases} 3x-2y=12 \\ x-2y=8 \end{cases}$　　(2) $\begin{cases} x-2y=1 \\ 2x+y=7 \end{cases}$

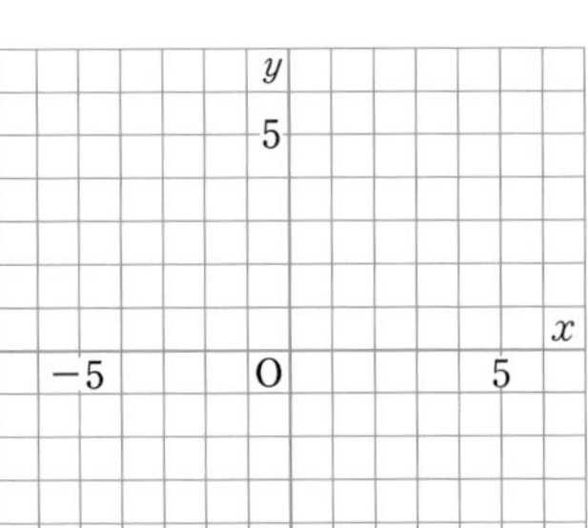

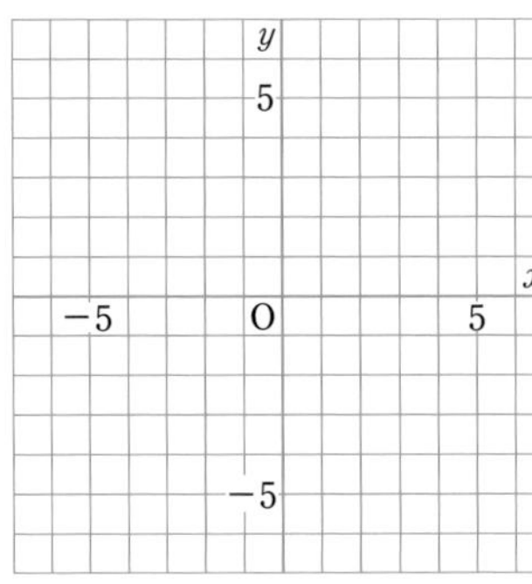

連立方程式の解
→ 2直線の交点の座標

$y=ax+b$ の形に
変形して，
グラフをかこう。

2 2直線の交点の座標　右の図の2直線の交点の座標を，次の(1)，(2)の順に求めなさい。

教 p.93問2

(1)　①，②の直線の式を求めなさい。

(2)　(1)で求めた2つの式を組にした連立方程式を解き，交点の座標を求めなさい。

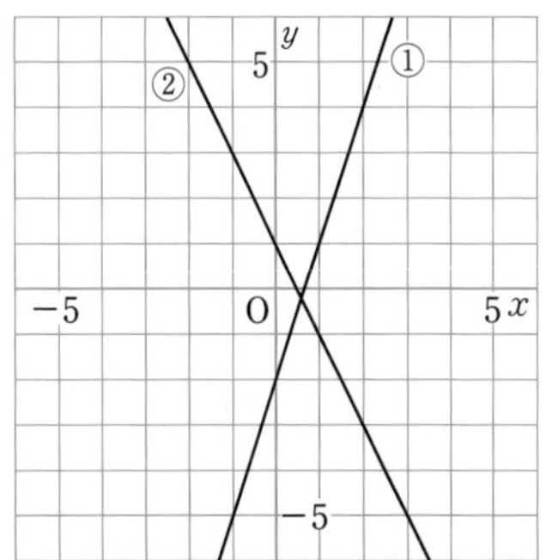

3 2直線の交点の座標　次の2直線 ℓ，m の交点の座標をそれぞれ求めなさい。

教 p.93問2

(1)　$\ell : y=4x-7$　　$m : y=-x-2$

(2)　$\ell : y=-3x+1$　　$m : y=4x-8$

(3)　$\ell : 2x+5y-1=0$　　$m : x-2y-5=0$

4 2直線の交点の座標　直線 $y=3x-2$ と y 軸との交点をA，x 軸との交点をBとします。

教 p.93

(1)　点Aの座標を求めなさい。

(2)　点Bの座標を求めなさい。

ここがポイント
y 軸 … 直線 $x=0$
x 軸 … 直線 $y=0$

左ページの例の答え　①$(1,\ -1)$　②1　③-1　④$\frac{1}{2}$　⑤-1　⑥$\left(\frac{1}{2},\ -1\right)$　⑦$\frac{1}{4}$　⑧$\left(\frac{1}{4},\ 0\right)$

例1 1次関数のグラフの利用

教 p.95〜97 →基本問題1

兄と弟が同時に家を出発し，1200 m 離(はな)れた公園まで行きました。兄は公園に着くと 10 分間休み，弟は，兄より 10 分遅れて公園に着きました。右のグラフは，そのときの兄の進み方のようすを表したものです。弟の速さは，分速何 m ですか。

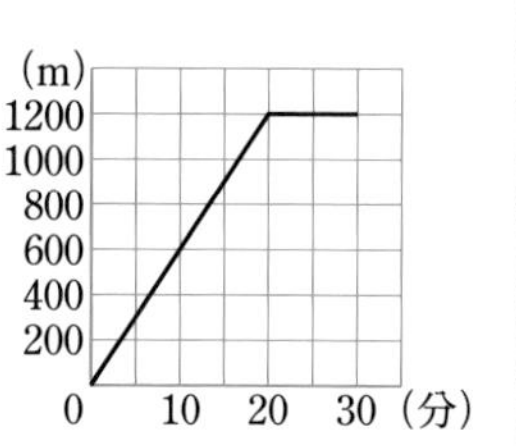

考え方 弟の進むようすをグラフに表し，弟のかかった時間を調べる。

解き方 弟は兄と同時に出発し，兄より10分遅れて公園に着いたので，弟の進み方のようすを表すグラフは点(0, 0)，(30, 1200)を通る直線になる。

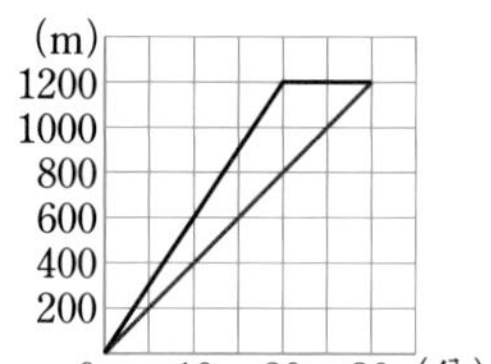

公園までの道のりは 1200 m で，弟は公園まで ① [ ] 分かかったので，

弟の速さは 1200÷ ① [ ] = ② [ ]

知ってると得
速さや水量の変化のような，身のまわりのことがらについての問題を考えるとき，グラフを利用すると解きやすくなることがある。

例2 辺上を動く点

教 p.98 →基本問題2

右の図の長方形 ABCD において，点Pは点Bを出発して，辺上を点C，Dを通って点Aまで動きます。点Pが点Bから x cm 動いたときの △ABP の面積を y cm^2 とします。点Pが次の辺上を動くとき，x の変域を求め，y を x の式で表しなさい。

(1) 辺 BC 上　(2) 辺 CD 上　(3) 辺 DA 上

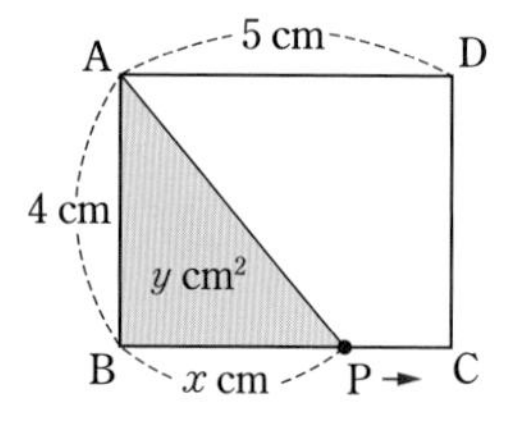

考え方 △ABP の底辺と高さを考える。

解き方 (1) 点Pが辺 BC 上を動くとき，変域は $0 \leqq x \leqq$ ③ [ ]

$y=\frac{1}{2}\times AB\times BP=\frac{1}{2}\times 4\times x=$ ④ [ ]

(2) 点Pが辺 CD 上を動くとき，変域は ③ [ ] $\leqq x \leqq$ ⑤ [ ]

$y=\frac{1}{2}\times AB\times AD=\frac{1}{2}\times 4\times 5=$ ⑥ [ ] ← 面積は一定

(3) 点Pが辺 DA 上を動くとき，変域は ⑤ [ ] $\leqq x \leqq 14$

$y=\frac{1}{2}\times AB\times AP=\frac{1}{2}\times 4\times (14-x)=$ ⑦ [ ]

$BC+CD+DA-x=5+4+5-x=14-x$

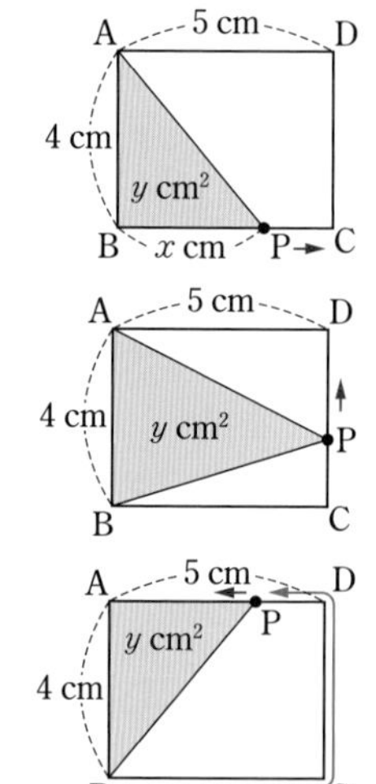

基本問題

解答 p.21

1 1次関数のグラフの利用 だいさんは8時に家を出発し，自転車で6 km離れた東町まで行き，東町からは走って，家から9 km離れた西町に行きました。右のグラフは，だいさんが家を出発してからの時間と道のりの関係を表しています。

教 p.97 問2

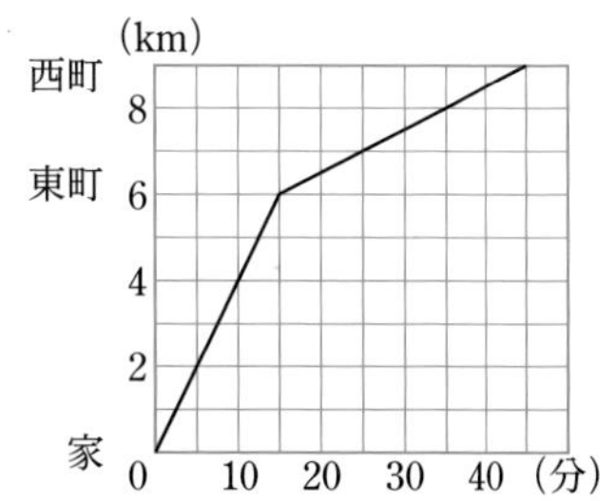

(1) だいさんが東町から西町まで走ったときの速さは，分速何 m ですか。

(2) まいさんは，8時20分に西町を出発して，分速400 m の自転車でだいさんの家に向かったところ，2 km進んだところでだいさんとすれちがいました。まいさんがだいさんの家に着く時刻を，グラフを利用して求めなさい。

知ってると得

速さと1次関数のグラフ

速さが変わるとき
傾き＝速さ
休けい
往復
追いこし
すれちがい

2 辺上を動く点 右の図の長方形 ABCD において，点Pは点Aを出発して，辺上を点Bを通って点Cまで動きます。点Pが点Aから x cm動いたときの△PCD の面積を y cm² とします。

教 p.98 問3

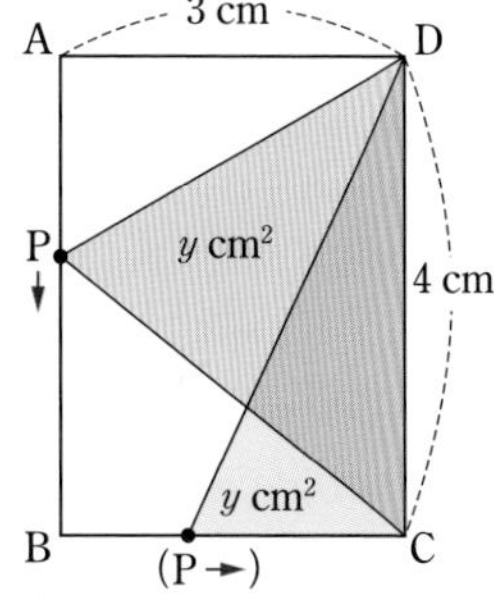

(1) 点Pが辺 AB 上を動くとき，x の変域を求め，y を x の式で表しなさい。

(2) 点Pが辺 BC 上を動くとき，x の変域を求め，y を x の式で表しなさい。

(3) x と y の関係を表すグラフを，右の図にかきなさい。

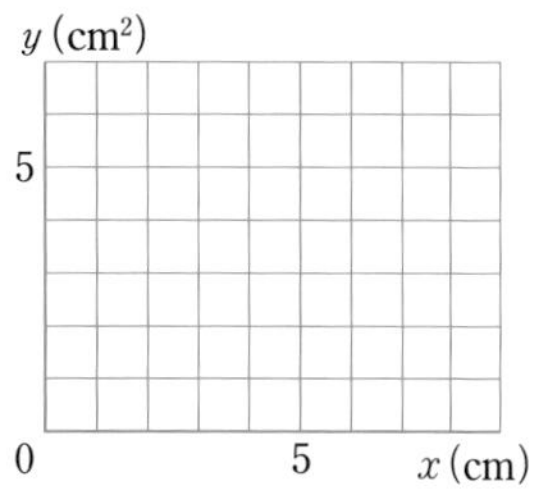

(4) △PCD の面積が 4 cm² になるときの，x の値を求めなさい。

ここがポイント

辺上を動く点がつくる図形を考える問題では，動く点がどの辺上にあるかで場合分けする。

左ページの例の答え ① 30 ② 40 ③ 5 ④ $2x$ ⑤ 9 ⑥ 10 ⑦ $-2x+28$

解答 p.21

2 1次関数と方程式　3 1次関数の利用

1 次の方程式のグラフをかきなさい。

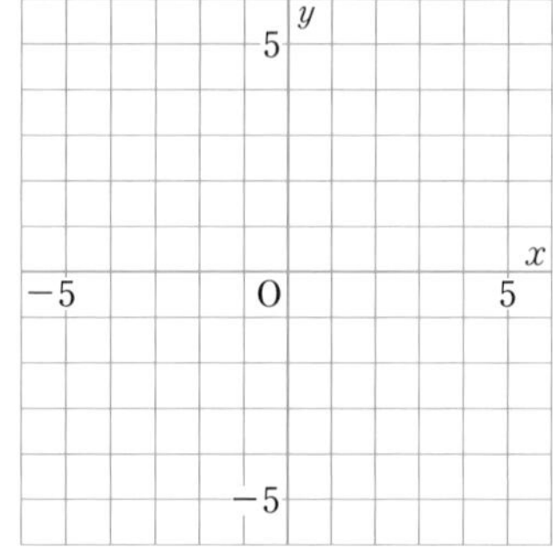

(1) $x+2y=-6$　(2) $2x-3y-6=0$

(3) $\dfrac{x}{3}+\dfrac{y}{6}=1$　(4) $-4y+8=0$

(5) $2x+4=0$

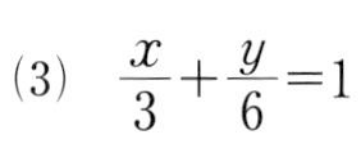

2 右の図について，次の問いに答えなさい。

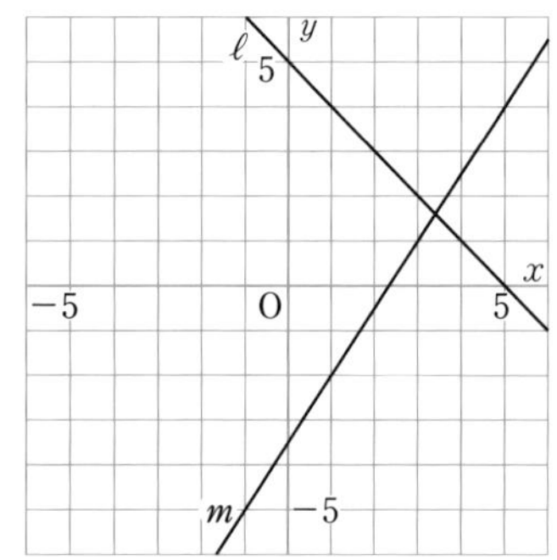

(1) 2直線 ℓ，m の式を求めなさい。

(2) 2直線 ℓ，m の交点の座標を求めなさい。

(3) 直線 m と x 軸との交点の座標を求めなさい。

3 兄は9時に家を出て，歩いて2400 m離れた駅まで，途中の公園で20分休けいをしてから，行きました。弟は9時30分に家を出て，兄と同じ道を自転車で駅まで行きました。右のグラフは，9時 x 分における家からの道のりを y mとして，兄と弟の進み方のようすを表したものです。

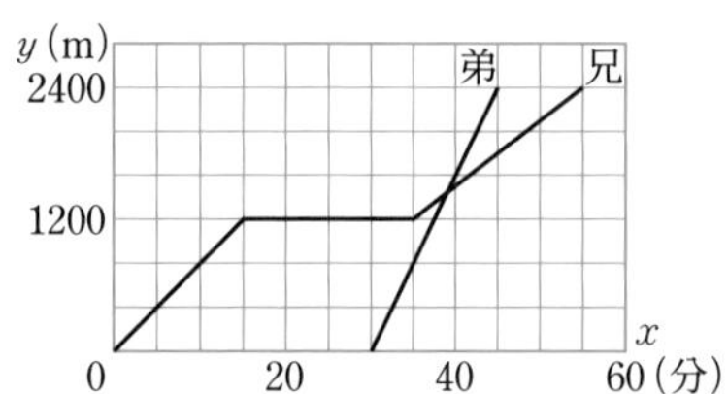

(1) 兄が家から公園まで歩いたときの速さは，分速何mか求めなさい。

(2) 弟が兄に追いついた時刻を求めなさい。

2 (3) x 軸との交点の座標は，直線 m の式に $y=0$ を代入して求める。

3 (2) 弟の進み方を表す式と，$35\leqq x\leqq 55$ での兄の進み方を表す式をそれぞれ求める。弟が兄に追いつく時刻は，グラフの交点の座標から求める。

4 次の問いに答えなさい。

(1) 2 直線 $2x-y=3$, $3x+2y=8$ の交点の座標の求め方を説明しなさい。

(2) 2 直線 $x-2y=3$, $3x+y=-5$ の交点を通り，傾きが -2 の直線の式を求めなさい。

(3) 2 直線 $2x-y=2$, $ax-y=-3$ が x 軸上の点で交わるとき，a の値を求めなさい。

5 **右の図の長方形 ABCD において，点Pは点Aを出発して，辺上を点Bを通って点Cまで，秒速 1 cm で動きます。このとき，点Pが動き始めてから x 秒後における △APC の面積を y cm² とします。**

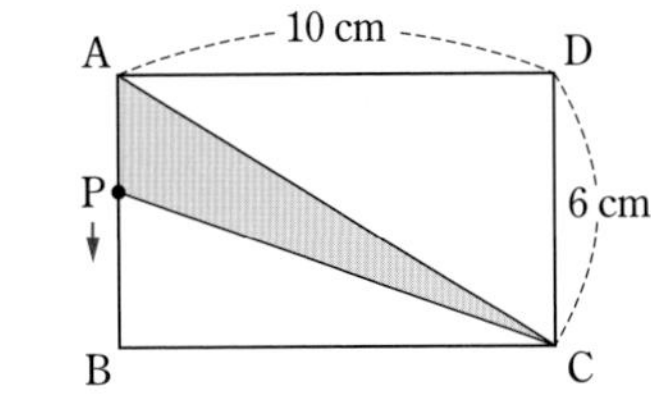

(1) 点Pが辺 AB 上を動くとき，x の変域を求め，y を x の式で表しなさい。

(2) 点Pが辺 BC 上を動くとき，x の変域を求め，y を x の式で表しなさい。

レベルUP **6** **右の図で，2 直線 $y=x+3$ …①，$y=-2x+6$ …② の交点をA，直線①と y 軸との交点をB，直線②と x 軸との交点をCとします。**

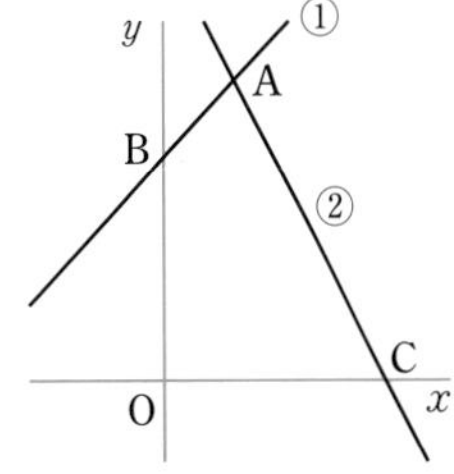

(1) 点Aの座標を求めなさい。

(2) 四角形 ABOC の面積を求めなさい。

入試問題をやってみよう！

1 まっすぐな道路上の 2 地点 P，Q 間を，A さんとBさんは同時に地点Pを出発し，休まずに一定の速さでくり返し往復します。右のグラフは，A さんとBさんが地点Pを出発してからの時間と地点Pからの距離（きょり）の関係を，それぞれ表したものです。2 人が出発してから 5 分後までの間に，A さんがBさんを追いこした回数は何回か，答えなさい。ただし，出発時は数えないものとします。〔福島〕

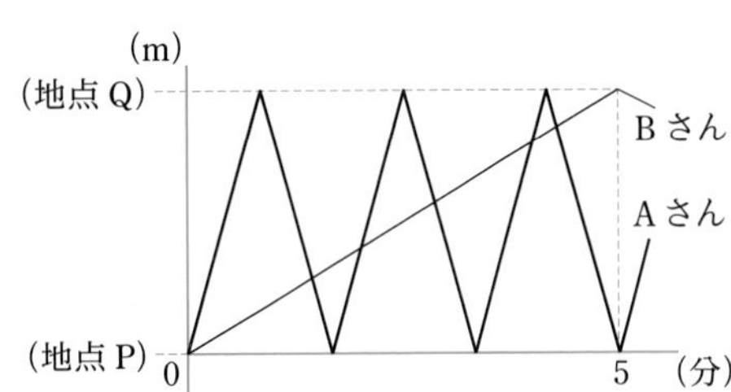

4 (3) $ax-y=-3$ は，$2x-y=2$ と x 軸との交点を通る。

5 (2) 点Pが辺 BC 上にあるとき，△APC の底辺は PC，高さは AB になる。

6 (2) 四角形 ABOC の面積は，△ABO と △AOC の面積の和で考える。

解答 p.22

1次関数

/100

1 次の㋐〜㋒について，下の問いに答えなさい。 4点×4（16点）

㋐ 水が 5000 L 入っている水そうから毎分 15 L ずつ水を抜いていく。x 分後に水そうに残っている水の量は y L である。

㋑ 縦 x cm，横 y cm の長方形の面積は 30 cm^2 である。

㋒ 底辺が x cm，高さが 8 cm の三角形の面積は y cm^2 である。

(1) y を x の式で表しなさい。

㋐（　　　　）　㋑（　　　　）　㋒（　　　　）

(2) y が x の1次関数であるものをすべて選び，記号で答えなさい。

（　　　　）

よく出る **2** 1次関数 $y=-5x-2$ について，次の問いに答えなさい。 4点×5（20点）

(1) この1次関数のグラフの傾きと切片を答えなさい。

傾き（　　　　）　切片（　　　　）

(2) $x=-2$ に対応する y の値を求めなさい。

（　　　　）

(3) x の値が4だけ増加したときの，y の増加量を求めなさい。

（　　　　）

(4) x の変域が $-3 \leqq x \leqq 1$ のときの，y の変域を求めなさい。

（　　　　）

3 次の1次関数や直線の式を求めなさい。 4点×4（16点）

(1) 変化の割合が3で，$x=-2$ のとき $y=4$

（　　　　）

(2) 2点 $(4,\ -2)$，$(-2,\ 7)$ を通る直線

（　　　　）

(3) 直線 $y=-2x+4$ に平行で，x 軸と点 $(3,\ 0)$ で交わる直線

（　　　　）

(4) 切片が1で，点 $(2,\ 5)$ を通る直線

（　　　　）

目標 ❶〜❹は確実に解けるようにしよう。❺❻の文章題は問題文をきちんと読みとろう。

自分の得点まで色をぬろう!

がんばろう! | もう一歩 | 合格!

0 60 80 100点

4 次の方程式のグラフをかきなさい。 3点×5(15点)

(1) $y=x-4$ (2) $x+2y=6$

(3) $2x-5y-5=0$ (4) $2y+12=0$

(5) $3x+18=0$

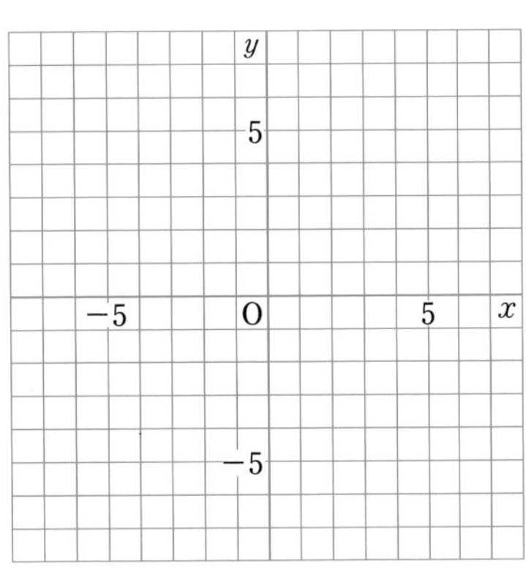

5 右の図において，直線 ℓ は 2 点 $(1,\ 0)$，$(0,\ -2)$ を通る直線で，直線 m は方程式 $2x+3y=10$ のグラフです。 5点×3(15点)

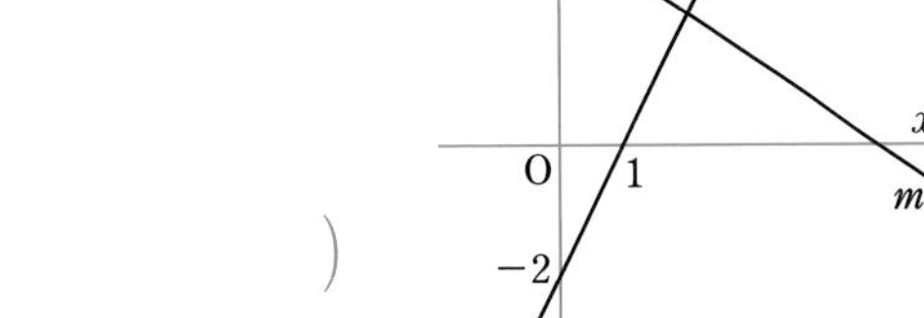

(1) 直線 ℓ の式を求めなさい。

(　　　　　)

(2) 直線 ℓ，m の交点の座標を求めなさい。

(　　　　　)

(3) 直線 m と y 軸との交点の座標を求めなさい。

(　　　　　)

6 水そうに 100 m³ の水が入っています。この水そうから毎分 2 m³ の割合で，水そうの中の水がなくなるまで水を出します。水を出し始めてから x 分後の水そうの中の水の量を y m³ とします。 6点×3(18点)

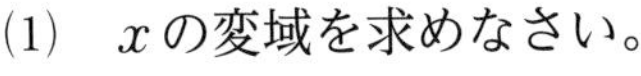

(1) x の変域を求めなさい。

(　　　　　)

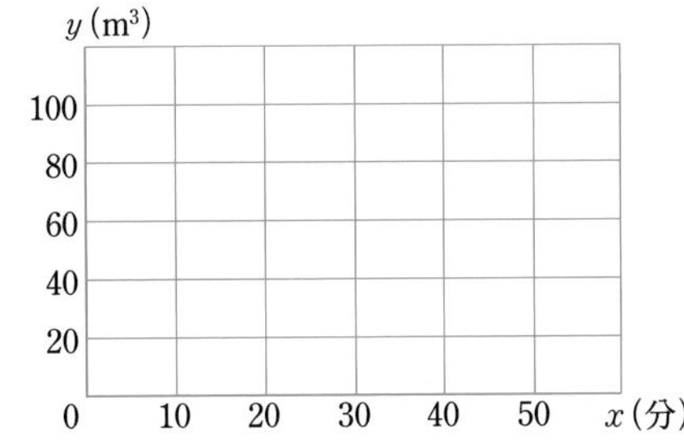

(2) y を x の式で表しなさい。

(　　　　　)

(3) 水そうの中の水を出し始めてから水がなくなるまでの，x と y の関係を表すグラフをかきなさい。

3章

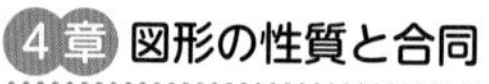

1 平行線と角
1 直線と角

例1 対頂角

教 p.106, 107 → 基本問題 1

右の図のように，3 直線が 1 点で交わっています。このとき，$\angle a$，$\angle b$，$\angle c$，$\angle d$ の大きさを求めなさい。

考え方 対頂角は等しいという性質を利用する。

解き方 対頂角は等しいから，

$\angle a=$ ①＿＿，$\angle c=$ ②＿＿，$\angle b=\angle d$

また，$30°+\angle d+45°=$ ③＿＿ だから，

（一直線の角になる。）

$\angle b=\angle d$

$=180°-(30°+45°)$

$=$ ④＿＿

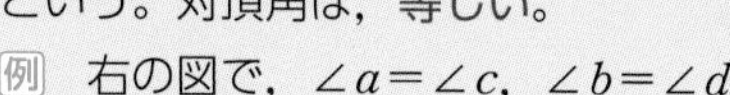

2 直線が交わってできる角のうち，向かい合っている 2 つの角を対頂角（たいちょうかく）という。対頂角は，等しい。

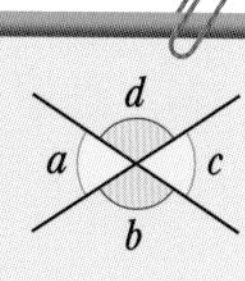

例 右の図で，$\angle a=\angle c$，$\angle b=\angle d$

例2 同位角，錯角

教 p.108〜111 → 基本問題 2 3

次の図において，$\ell /\!/ m$ のとき，$\angle x$ の大きさを求めなさい。

(1)

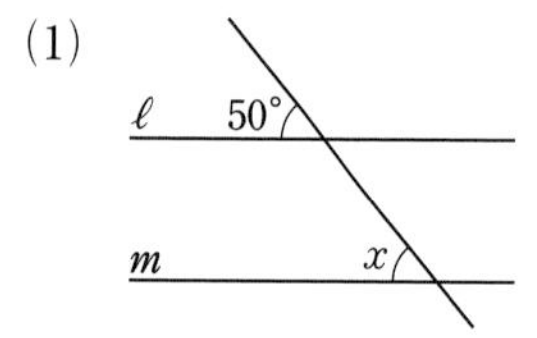

(2)

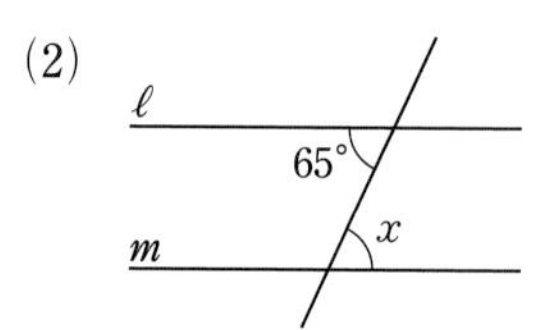

考え方 2 直線に 1 つの直線が交わってできる 8 個の角のうち，右のような位置関係にある角を，同位角（どういかく），錯角（さっかく）という。

2 直線が平行ならば，同位角，錯角は等しいという性質を利用する。

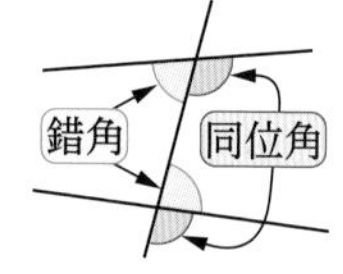

解き方 (1) $\ell /\!/ m$ のとき，⑤＿＿ は等しいから，

（同位角？錯角？）

$\angle x=$ ⑥＿＿

(2) $\ell /\!/ m$ のとき，⑦＿＿ は等しいから，

（同位角？錯角？）

$\angle x=$ ⑧＿＿

たいせつ

2 直線に 1 つの直線が交わるとき，2 直線が平行ならば，同位角，錯角は等しい。

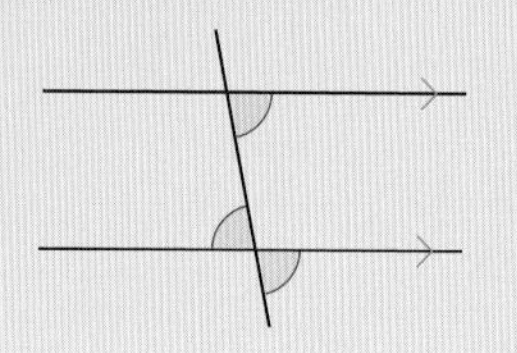

基本問題

解答 p.23

1 対頂角 右の図のように，3 直線が 1 つの点で交わっています。

教 p.107問 2

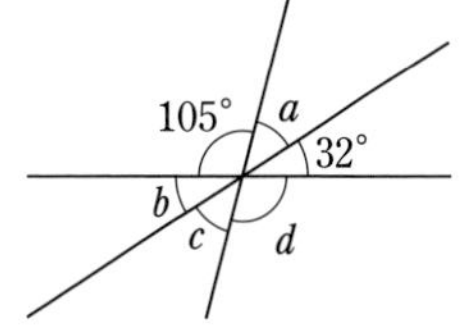

(1)　$\angle a$ の対頂角を答えなさい。

(2)　$\angle b+\angle c+\angle d$ の大きさは何度ですか。

(3)　$\angle a$，$\angle b$，$\angle c$，$\angle d$ の大きさをそれぞれ求めなさい。

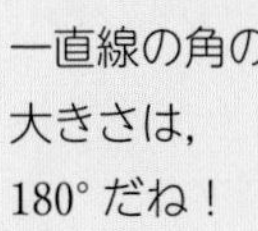

2 同位角，錯角 右の図において，次の角を答えなさい。

教 p.108問 3

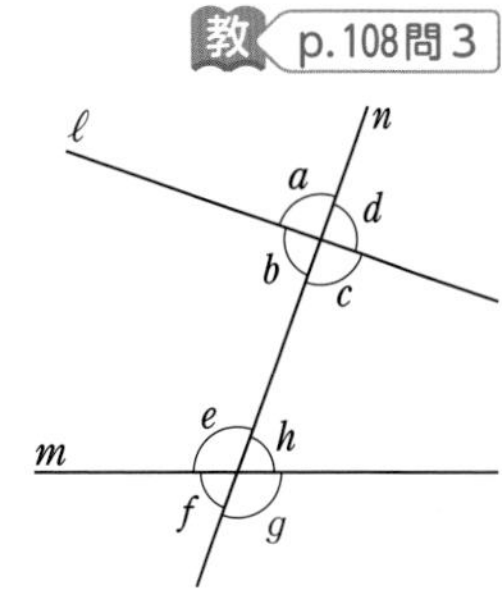

(1)　$\angle a$ の同位角

(2)　$\angle c$ の同位角

(3)　$\angle b$ の錯角

(4)　$\angle e$ の錯角

3 平行線の性質 次の問いに答えなさい。

教 p.110, 111

(1)　右の図において，$\ell \parallel m$ のとき，$\angle x$，$\angle y$ の大きさを求めなさい。

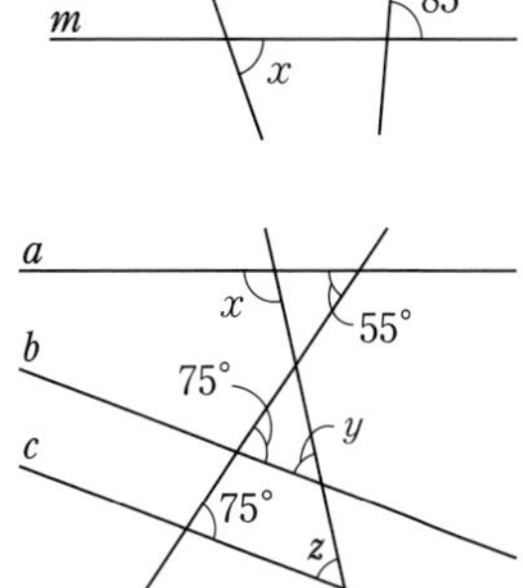

(2)　右の図について答えなさい。

㋐　直線 a，b，c，d の中で，平行である直線の組を，記号 $\parallel$ を使って示しなさい。

㋑　$\angle x$，$\angle y$，$\angle z$，$\angle w$ のうち，等しい角の組を答えなさい。

ここがポイント

2 直線に 1 つの直線が交わるとき，
同位角または錯角が等しければ，2 直線は平行である。

左ページの例の答え　① 45°　② 30°　③ 180°　④ 105°　⑤ 同位角　⑥ 50°　⑦ 錯角　⑧ 65°

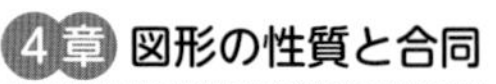

1 平行線と角
2 三角形の角

例1 三角形の内角の和

教 p.112, 113 → 基本問題 1 2

右の図のように，△ABC の頂点 C を通り，辺 AB に平行な直線 DE をひきます。この図を利用して，
「△ABC の内角の和は 180° である。」
ことを説明しなさい。

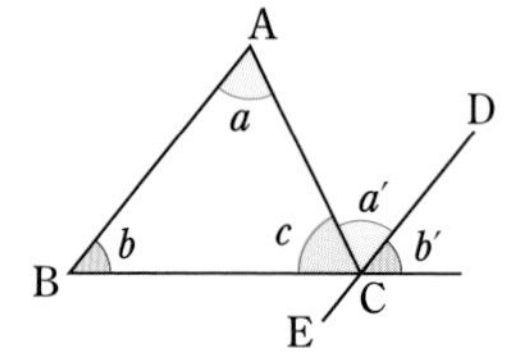

考え方 平行線の性質を利用する。

解き方 AB∥DE より，錯角や同位角は等しいから，$\angle a=$ ①☐，$\angle b=$ ②☐

よって，$\angle a+\angle b+\angle c=\angle a'+\angle b'+\angle c=$ ③☐

$\angle a'+\angle b'+\angle c$ は一直線に並ぶ。

例2 三角形の内角と外角

教 p.113〜115 → 基本問題 3

右の図において，$\angle x$ の大きさを求めなさい。

(1) 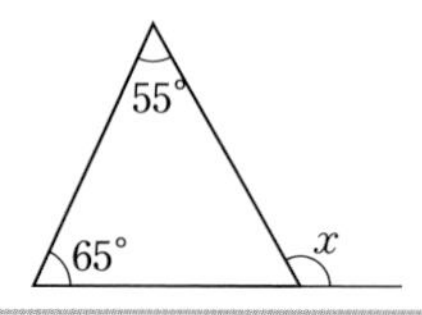

(2)

考え方 三角形の内角と外角の性質を利用する。

解き方 (1) 三角形の 3 つの内角の和は ④☐ だから，

$\angle x=180°-(72°+46°)$ ← $\angle x+72°+46°=180°$

$=$ ⑤☐

(2) 三角形の 1 つの外角は，それととなり合わない 2 つの内角の和に等しいから，

$\angle x=55°+65°=$ ⑥☐

三角形の内角と外角の性質

1 三角形の 3 つの内角の和は 180° である。

2 三角形の 1 つの外角は，それととなり合わない 2 つの内角の和に等しい。

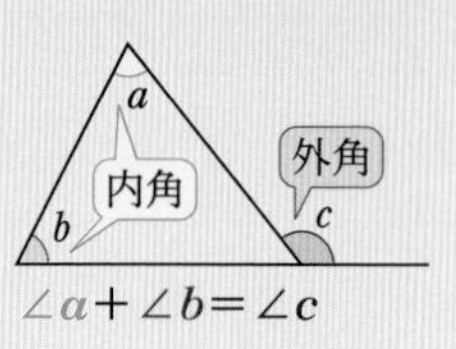

例3 鋭角三角形，鈍角三角形

教 p.115 → 基本問題 4

2 つの内角の大きさが 20°, 40° である三角形は，鋭角三角形，直角三角形，鈍角三角形のどれですか。

考え方 0° より大きく 90° より小さい角を鋭角（えいかく），90° より大きく 180° より小さい角を鈍角（どんかく）という。三角形の残りの角の大きさを求める。

解き方 残りの角の大きさは，

$180°-(20°+40°)=$ ⑦☐

よって，⑧☐ 三角形 ← 1 つの内角が鈍角になっている。

たいせつ

鋭角三角形…3 つの内角がすべて鋭角である三角形
直角三角形…1 つの内角が直角である三角形
鈍角三角形…1 つの内角が鈍角である三角形

基本問題

解答 p.23

1 三角形の内角と外角　右の図において，$AB /\!/ DC$ のとき，$\angle a+\angle b=\angle c$ であることを，次のように説明しました。□をうめなさい。 教 p.113

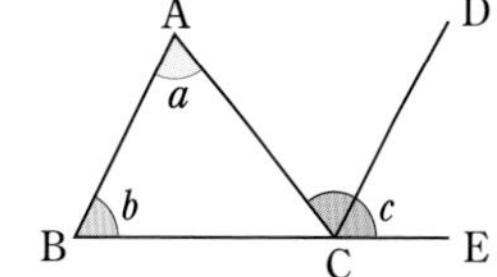

［説明］　平行線の①[　　]は等しいから，

$\angle a=\angle$②[　　]

平行線の③[　　]は等しいから，$\angle b=\angle$④[　　]

ここで，$\angle ACD+\angle$⑤[　　]$=\angle ACE=\angle c$

よって，$\angle a+\angle b=\angle c$

2 三角形の内角と外角　右の図において，$\angle BDC=\angle A+\angle B+\angle C$ であることを，次のように説明しました。□をうめなさい。 教 p.113

［説明］　右の図のように，A と D を通る直線をひき，点 E をとる。

$\angle A=\angle BAD+\angle$①[　　]

また，三角形の 1 つの外角は，それととなり合わない 2 つの内角の和に等しいから，

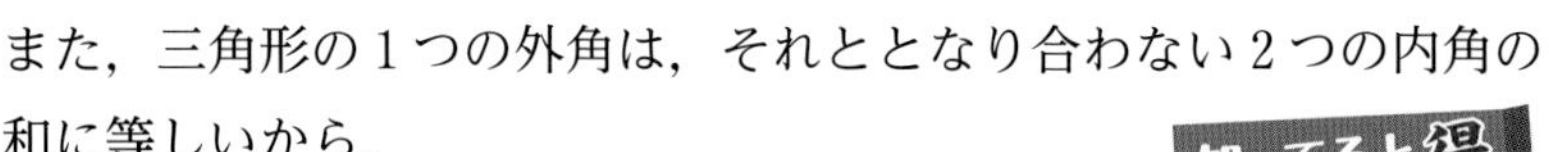

$\angle BAD+\angle B=\angle BDE$

$\angle$②[　　]$+\angle C=\angle$③[　　]

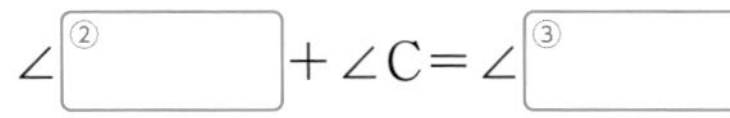

ここで，$\angle BDE+\angle$④[　　]$=\angle BDC$

よって，$\angle BDC=\angle A+\angle B+\angle C$

右のような形（くさび形）の 4 つの角 $\angle a$，$\angle b$，$\angle c$，$\angle d$ の大きさについて，$\angle a+\angle b+\angle c=\angle d$ が成り立つ。

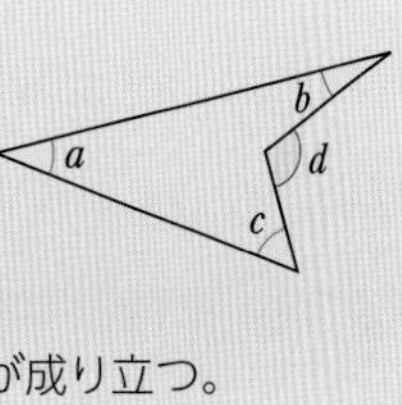

3 三角形の内角と外角　次の図において，$\angle x$ の大きさを求めなさい。 教 p.113問2

(1)

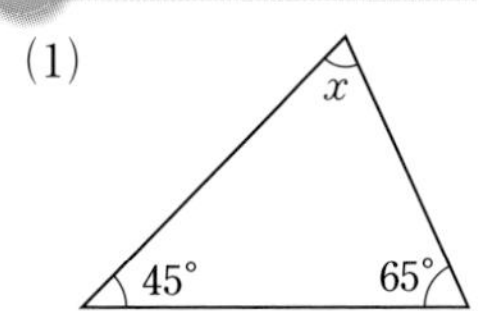

(2)

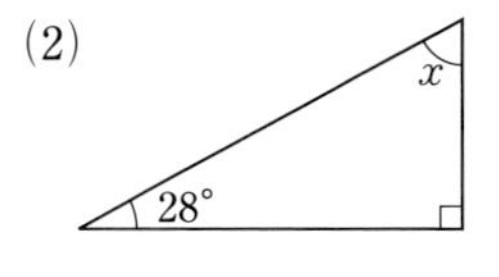

(3)

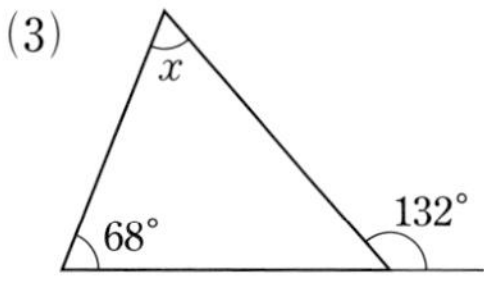

(4)

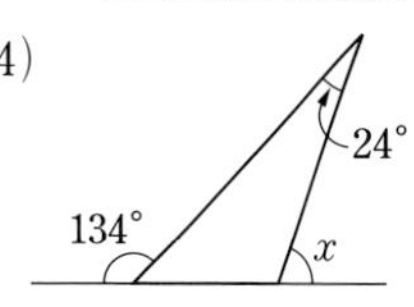

4 三角形の分類　鋭角三角形，直角三角形，鈍角三角形であるものを，次の三角形㋐～㋕の中から選びなさい。 教 p.115問5

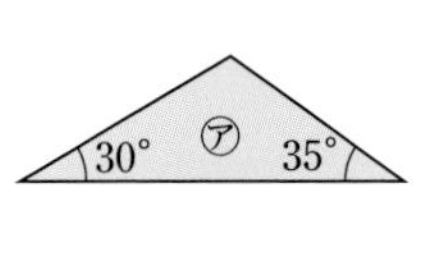

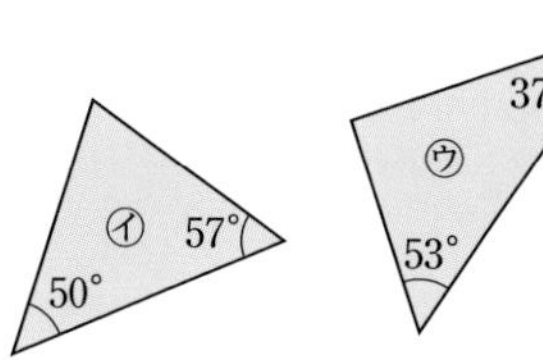

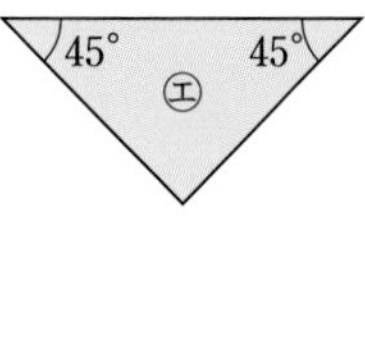

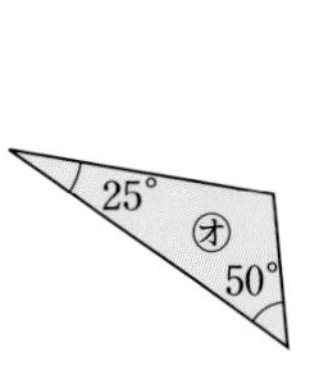

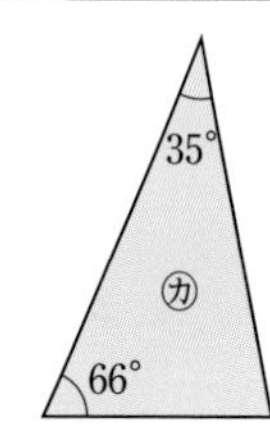

左ページの例の答え　① $\angle a'$　② $\angle b'$　③ 180°　④ 180°　⑤ 62°　⑥ 120°　⑦ 120°　⑧ 鈍角

確認のワーク ステージ1 1 平行線と角
3 多角形の内角と外角

例1 多角形の内角

教 p.117, 118 → 基本問題 1 2

次の問いに答えなさい。

(1) 六角形の内角の和を求めなさい。

(2) 正六角形の1つの内角の大きさを求めなさい。

考え方 (1) 六角形を三角形に分けて考える。

(2) 正多角形の内角の大きさはすべて等しいことを利用する。

解き方 (1) 六角形は1つの頂点からひいた3本の対角線によって，① [　　] 個の三角形に分けられる。三角形の内角の和は ② [　　] だから，六角形の内角の和は $180° \times 4 =$ ③ [　　]

（3本：(6−3) 本　①：(6−2) 個）

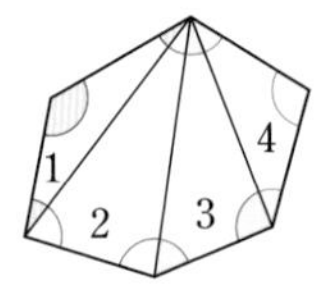

別解 n 角形の内角の和を求める式は $180° \times (n-2)$ だから，

$180° \times (6-2) = 180° \times 4 =$ ③ [　　]

たいせつ

n 角形の内角の和

$180° \times (n-2)$

(2) (1)より，正六角形の内角の和は 720° だから，

1つの内角の大きさは $720° \div 6 =$ ④ [　　]

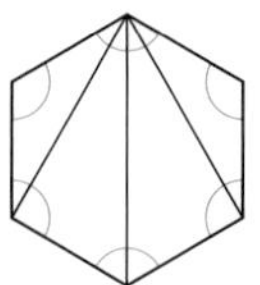

例2 多角形の外角

教 p.119〜121 → 基本問題 3 4

次の問いに答えなさい。

(1) 五角形の外角の和を求めなさい。

(2) 右の図において，$\angle x$ の大きさを求めなさい。

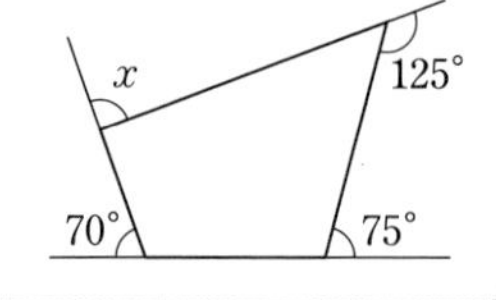

考え方 (2) 多角形の外角の和は 360° であることを利用する。

解き方 (1) 五角形のどの頂点においても，内角とその外角の和は 180° だから，全体では $180° \times 5 = 900°$

また，内角の和は $180° \times (5-2) =$ ⑤ [　　]

よって，外角の和は $900° -$ ⑤ [　　] $=$ ⑥ [　　] である。

(2) 多角形の外角の和は 360° だから，← どの多角形でも 360°

$\angle x = 360° - (70° + 75° + 125°)$ ← 360° から，∠x 以外の外角をすべてひいて求める。

$= 360° - 270°$

$=$ ⑦ [　　]

覚えておこう

多角形の内角と外角

下の図の ∠BAP のような角を，その頂点における外角（がいかく）という。また，∠BAE や ∠ABC などを内角（ないかく）という。

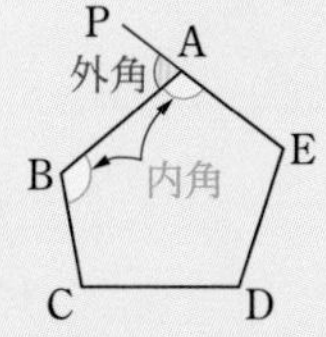

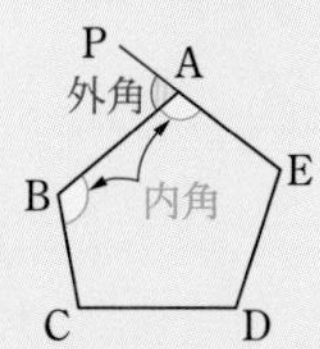

多角形の外角の和 → 360°

基本問題

解答 p.23

1 多角形の内角　次の問いに答えなさい。 教 p.117 TRY 1

(1)　右の図のように，多角形は1つの頂点からひいた対角線によっていくつかの三角形に分けられます。この分け方から，いろいろな多角形の内角の和を求めます。下の表の空らんをうめなさい。

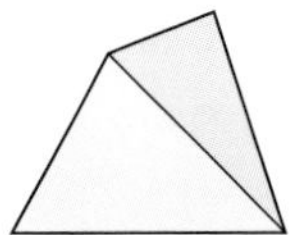

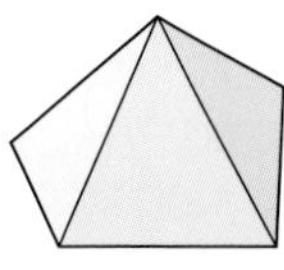

	四角形	五角形	六角形	七角形	…	n 角形
三角形の数	2				…	
内角の和を求める式	180°×2				…	

(2)　十一角形の内角の和を求めなさい。

思い出そう
三角形の内角の和は 180°

2 多角形の内角　次の問いに答えなさい。 教 p.118 問2

(1)　十五角形の内角の和を求めなさい。

(2)　正十二角形の1つの内角の大きさを求めなさい。

(3)　内角の和が 1080° である多角形は何角形ですか。

3 多角形の外角　次の問いに答えなさい。 教 p.119～121

(1)　十角形の外角の和を求めなさい。

(2)　正五角形の1つの外角の大きさを求めなさい。

4 多角形の外角　次の図において，$\angle x$ の大きさを求めなさい。 教 p.120 問3

(1)

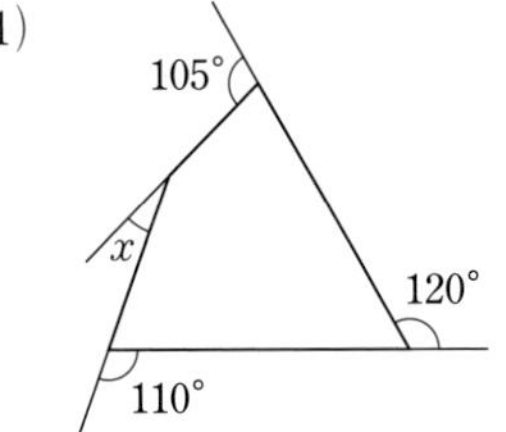

(2)

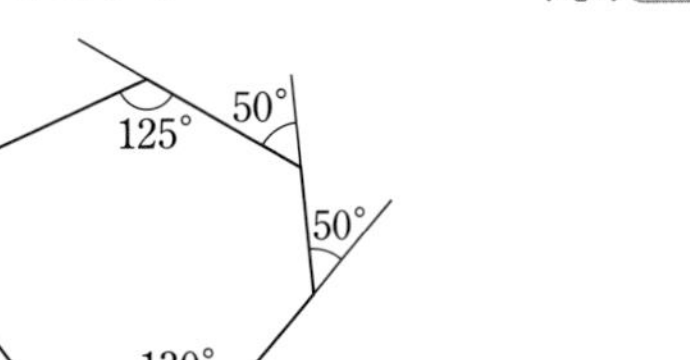

左ページの例の答え　① 4　② 180°　③ 720°　④ 120°　⑤ 540°　⑥ 360°　⑦ 90°

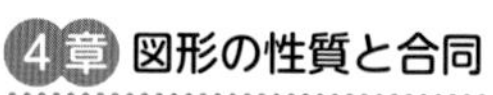

1 平行線と角

1 次の問いに答えなさい。

(1) 十七角形の内角の和を求めなさい。

(2) 内角の和が 2160° である多角形は何角形ですか。

(3) 正十二角形の 1 つの外角の大きさを求めなさい。

(4) 正八角形の 1 つの内角の大きさを求めなさい。

2 右の図において，$\ell \parallel m$ のとき，次の問いに答えなさい。

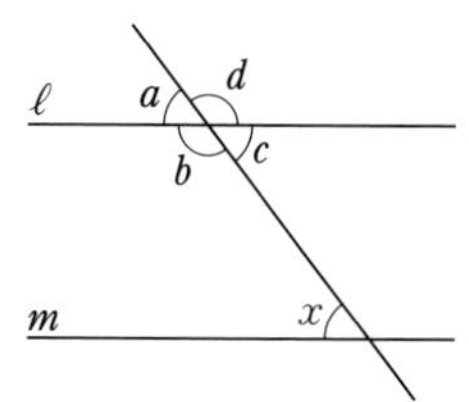

(1) $\angle x + \angle b$ の大きさを求めなさい。

(2) $\angle x = 52°$ のとき，$\angle a$，$\angle b$，$\angle c$，$\angle d$ の大きさをそれぞれ求めなさい。

よく出る **3** 次の図において，$\angle x$ の大きさを求めなさい。

(1) $\ell \parallel m$

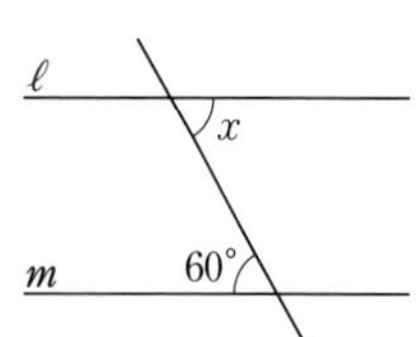

(2)

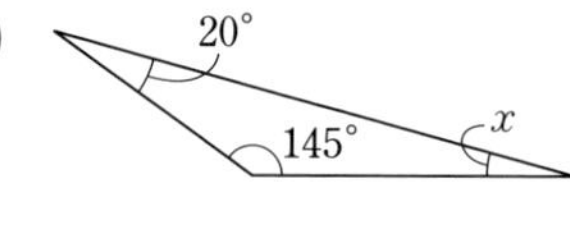

(3)

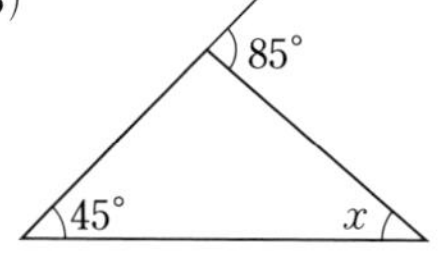

(4) $\ell \parallel m$

25°
ℓ x
m 45°

(5)

30°
55°
x
50°

(6)

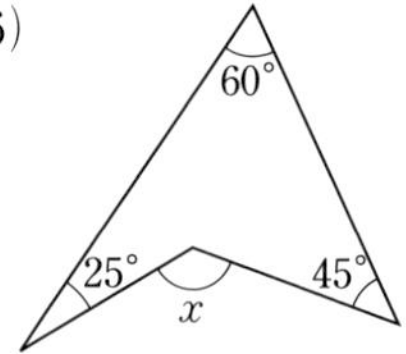

(7)

x
125°
70° 80°

(8)

x
88°
102° 75°

(9)

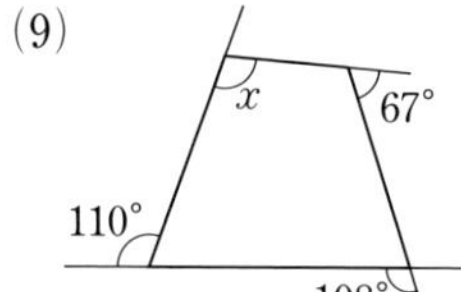

1 (2) 求める多角形を n 角形として，方程式をつくる。
(4) 180° から，正八角形の 1 つの外角の大きさをひいて求める。

3 (3)(4) 三角形の内角と外角の性質を使って考える。

4 右の図において，$\ell /\!/ m$ のとき，$\angle x$ の大きさを次のようにして求めました。□をうめて，求め方を説明しなさい。

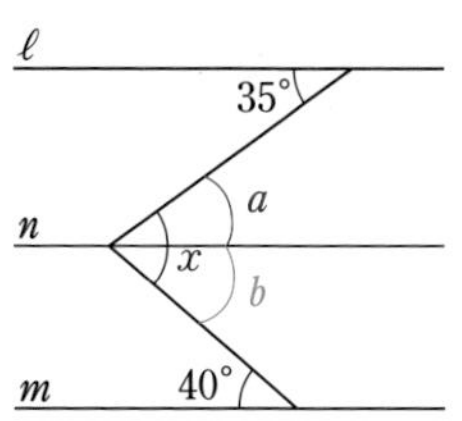

右の図のように，ℓ，m に平行な直線 n をひくと，

錯角は等しいから，$\angle a=$ ①□，$\angle b=$ ②□

よって，$\angle x=\angle a+\angle b=$ ③□

よく出る **5** 次の図において，$\ell /\!/ m$ のとき，$\angle x$ の大きさを求めなさい。

(1)

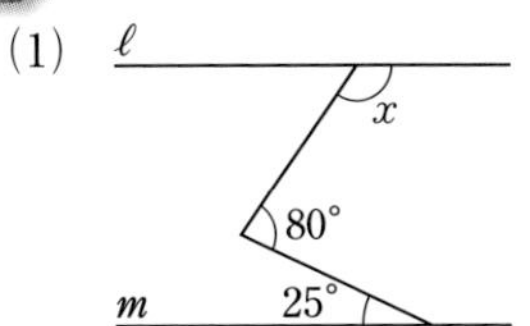

(2)

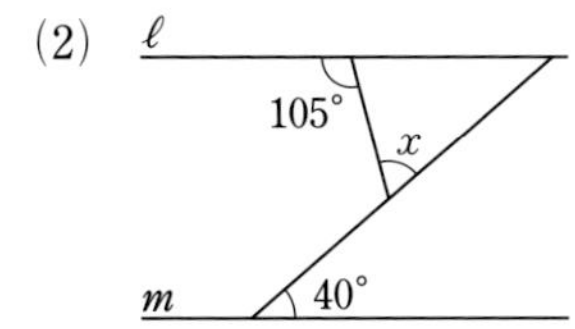

レベルUP **6** 次の問いに答えなさい。

(1)　1つの外角が 24° の正多角形の内角の和を求めなさい。

(2)　1つの内角が 160° の正多角形は正何角形か答えなさい。

(3)　1つの内角の大きさが，1つの外角の大きさの4倍である正多角形は正何角形か答えなさい。

入試問題をやってみよう！

1 次の図において，$\ell /\!/ m$ のとき，$\angle x$ の大きさを求めなさい。

(1)　〔兵庫〕

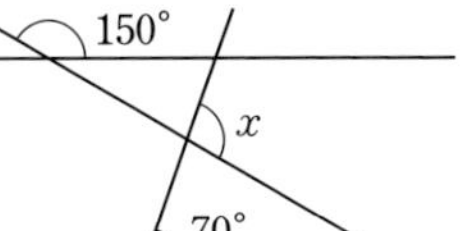

(2)　〔富山〕

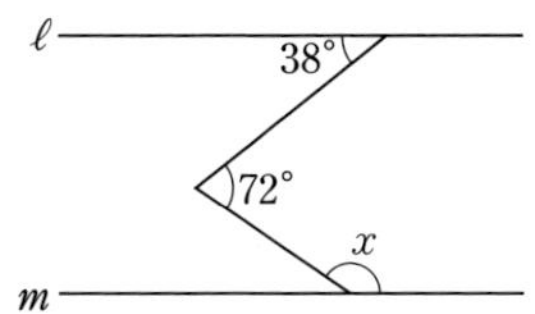

(3)　〔山口〕

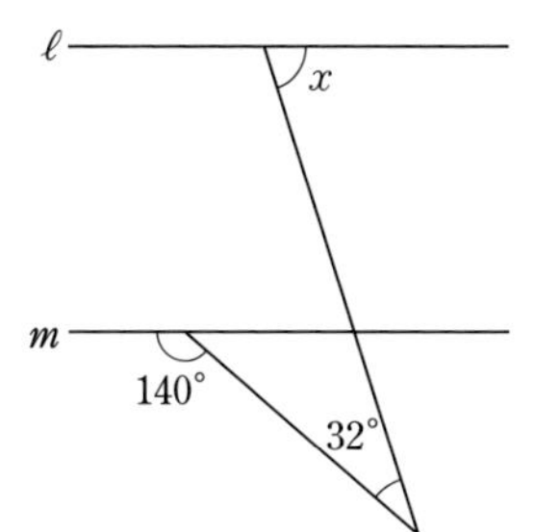

2 右の図で，2直線 ℓ，m は平行であり，点Dは $\angle$BAC の二等分線と直線 m との交点です。このとき，$\angle x$ の大きさを求めなさい。　〔京都〕

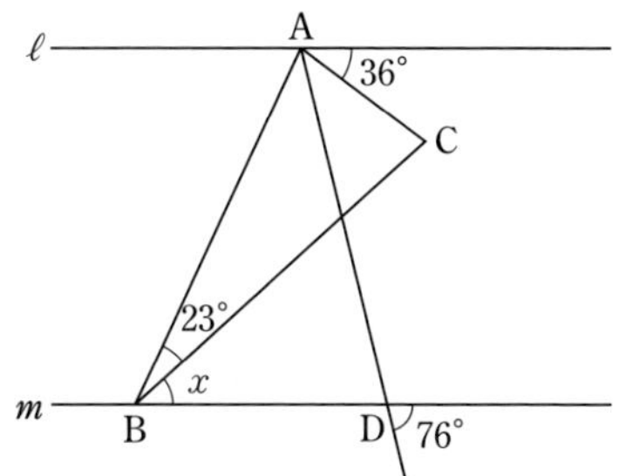

5 (1)　**4** と同じように，ℓ に平行な直線 n をひいて，錯角を考える。

6 (3)　まず，1つの外角を $\angle x$ として，方程式をつくる。

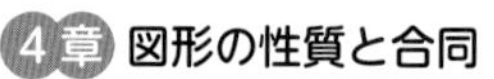

確認のワーク ステージ1 2 三角形の合同 1 合同な図形 2 三角形の合同条件

例1 合同な図形

教 p.122, 123 → 基本問題 1

右の図の2つの四角形は合同です。

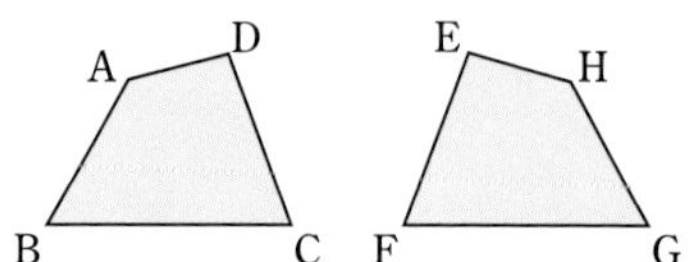

(1) 2つの四角形が合同であることを，記号 ≡ を使って表しなさい。

(2) 辺 AB に対応する辺を答えなさい。

(3) ∠C に対応する角を答えなさい。

考え方 四角形 EFGH を裏返すと，四角形 ABCD にぴったり重なる。

解き方 (1) 頂点 A，B，C，D に対応する頂点は，それぞれ頂点 H，G，F，E であるから，

四角形 ABCD≡四角形 ① ← 対応する順に書く。

(2)

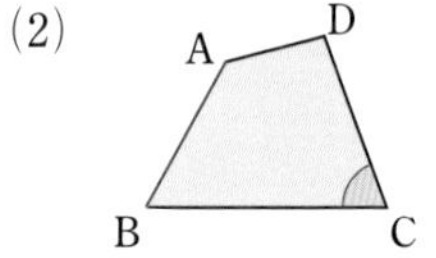

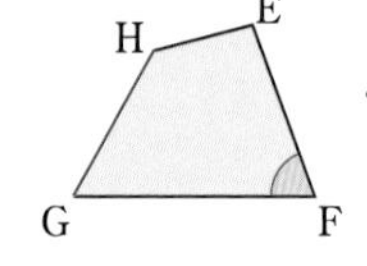

← 四角形 EFGH を裏返して，四角形 ABCD と同じ向きにして考えるとわかりやすい。

上の図より，辺 AB に対応する辺は辺 ②

(3) (2)の図より，∠C に対応する角は ∠ ③

覚えておこう

合同(ごうどう)… 2つの図形の一方を移動して，他方にぴったり重ねることができるとき，この2つの図形は合同であるという。合同な図形では，対応する線分の長さや，対応する角の大きさはそれぞれ等しい。

合同の記号…≡

一方の図形をまわしたり裏返したりしても，ぴったり重なれば合同だよ。

例2 三角形の合同条件

教 p.124〜127 → 基本問題 2 3

次の図において，合同な三角形の組を見つけ出し，記号 ≡ を使って表しなさい。

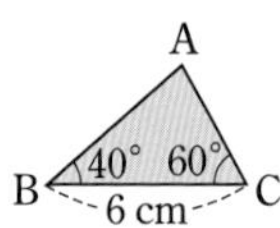

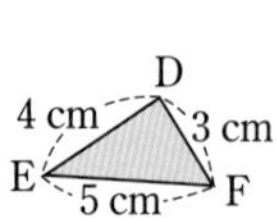

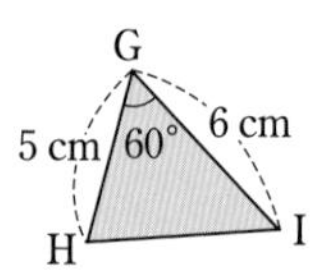

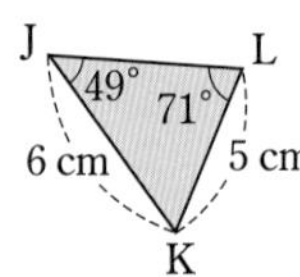

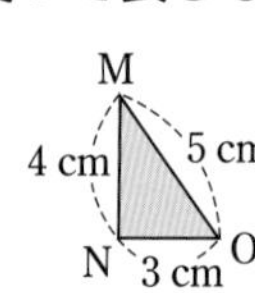

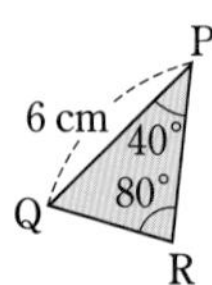

考え方 等しい辺や角に着目する。

解き方 BC＝PQ，∠B＝∠P，∠C＝∠Q より

∠Q＝180°−(40°＋80°)＝60°

△ABC≡ ④ ← 1組の辺とその両端の角がそれぞれ等しい。

DE＝NM，EF＝MO，DF＝NO より

△DEF≡ ⑤ ← 3組の辺がそれぞれ等しい。

GH＝KL，GI＝KJ，∠G＝∠K より

∠K＝180°−(49°＋71°)＝60°

△GHI≡ ⑥ ← 2組の辺とその間の角がそれぞれ等しい。

三角形の合同条件

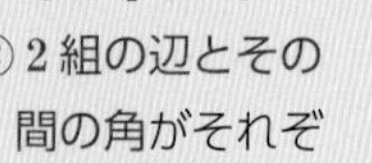

① 3組の辺がそれぞれ等しい。

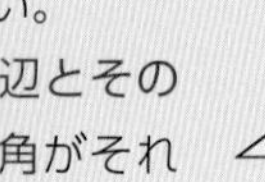

② 2組の辺とその間の角がそれぞれ等しい。

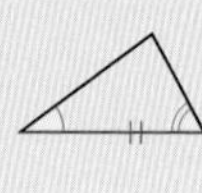

③ 1組の辺とその両端(りょうたん)の角がそれぞれ等しい。

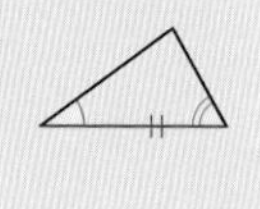

基本問題

1 合同な図形 右の図の 2 つの四角形は合同です。 教 p.123問1, 問2, 問3

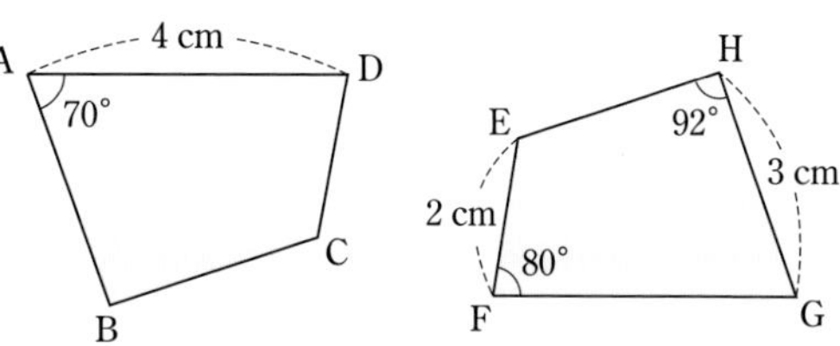

(1) 頂点Bに対応する頂点を答えなさい。

(2) 辺 BC に対応する辺を答えなさい。

(3) 2 つの四角形が合同であることを，記号 ≡ を使って表しなさい。

(4) 次の辺の長さを求めなさい。

㋐ 辺 AB　㋑ 辺 CD　㋒ 辺 FG

(5) 次の角の大きさを求めなさい。

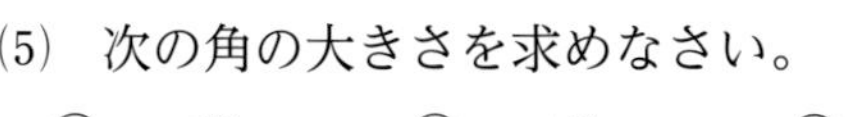

㋐ ∠D　㋑ ∠G　㋒ ∠C

ミス注意

記号 ≡ を使って合同の関係を表すときは，**対応する頂点**を周にそって順に並べて書く。

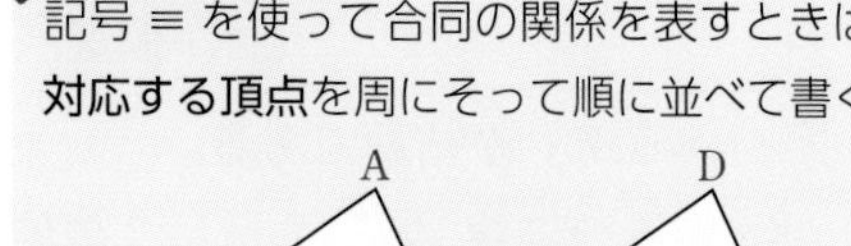

△ABC≡△DEF

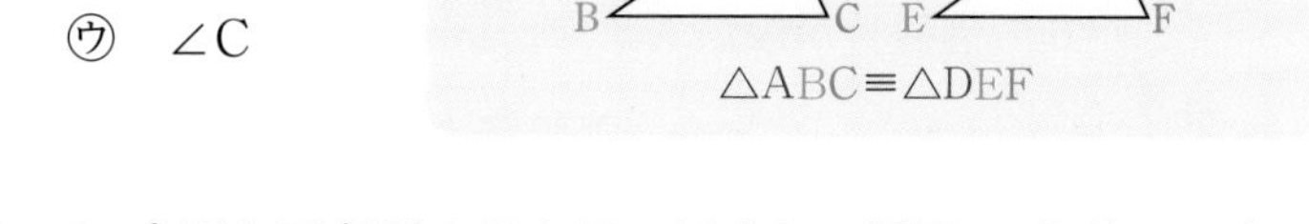

2 三角形の合同条件 次の図において，合同な三角形の組を見つけ出し，記号 ≡ を使って表しなさい。また，そのとき使った合同条件を答えなさい。 教 p.127問2

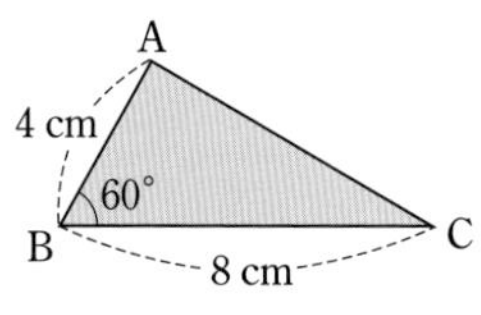

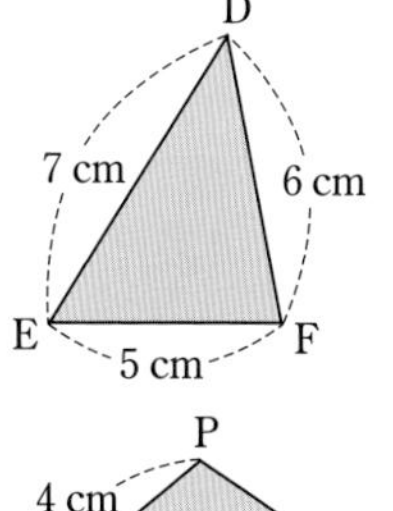

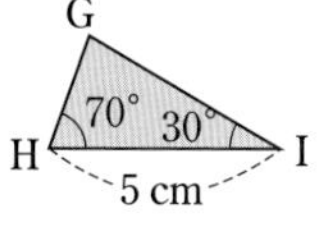

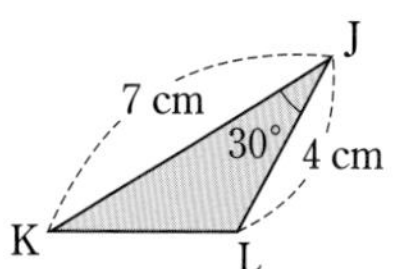

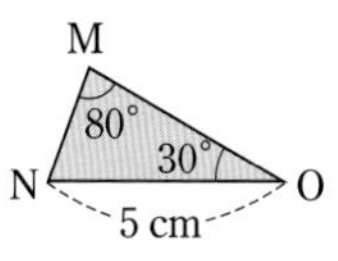

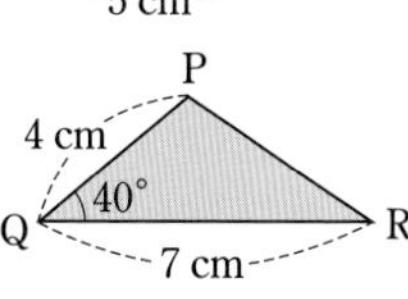

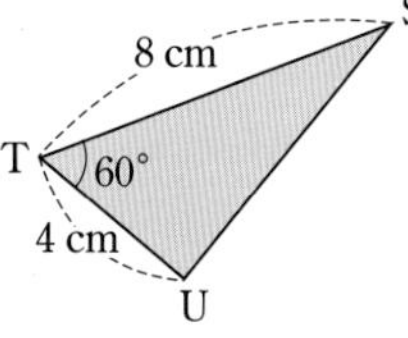

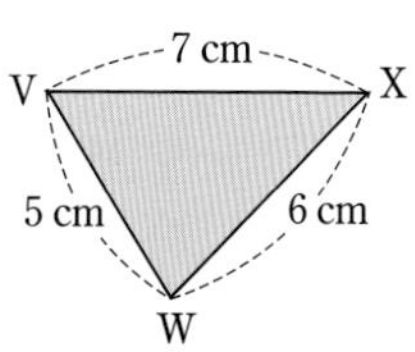

3 三角形の合同条件 次の図において，合同な三角形の組を見つけ出し，記号 ≡ を使って表しなさい。また，そのとき使った合同条件を答えなさい。ただし，それぞれの図で，同じ印をつけた辺や角は等しいものとします。 教 p.127問3

(1)

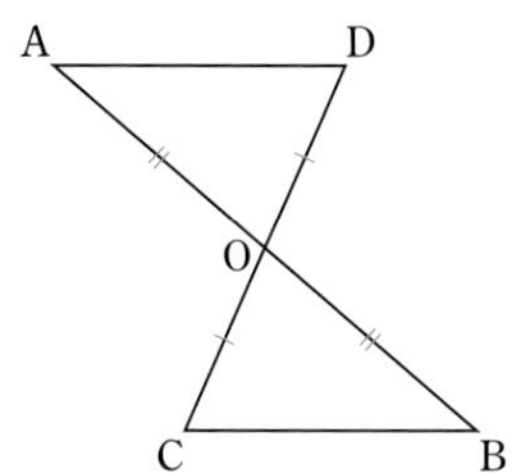

(2)

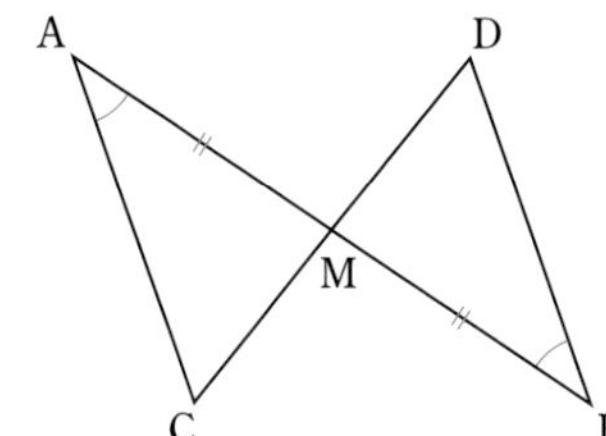

左ページの例の答え　① HGFE　② HG　③ F　④ △RPQ　⑤ △NMO　⑥ △KLJ

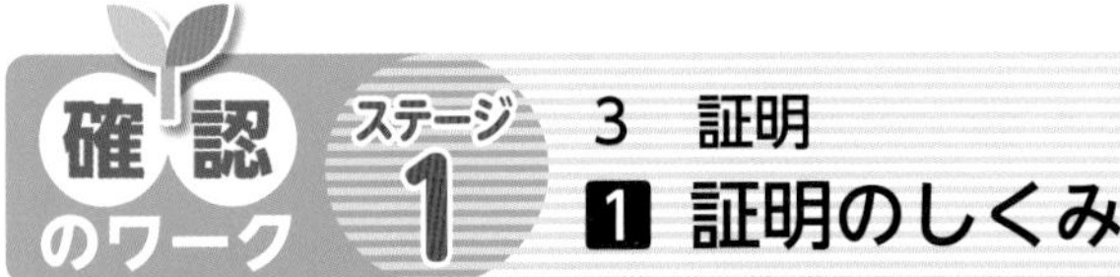

3 証明
1 証明のしくみ

例1 仮定と結論
教 p.128 → 基本問題 1

次のことがらの仮定と結論をそれぞれ答えなさい。

(1) △ABC≡△DEF ならば ∠B＝∠E

(2) x が 6 の倍数 ならば x は 3 の倍数である。

考え方 「ならば」の前の部分が仮定，あとの部分が結論である。

解き方 (1) 「△ABC≡△DEF ならば ∠B＝∠E」なので，

「① ＿＿＿＿」が仮定，

「∠B＝∠E」が結論である。

(2) 「x が 6 の倍数 ならば x は 3 の倍数」なので，

「x が 6 の倍数」が仮定，

「② ＿＿＿＿」が結論である。

たいせつ

「○○○ならば△△△」という形の文では，○○○の部分を仮定（かてい），△△△部分 を結論（けつろん）という。

例2 証明の根拠となることがら
教 p.129〜134 → 基本問題 2

線分 AB の中点 M を通る直線 ℓ があります。直線 ℓ 上に，CM＝DM となる 2 点 C，D をとると，AC＝BD となることを次のように証明しました。ア，イ，ウに，根拠となることがらを書いて，証明を完成させなさい。

証明 △AMC と △BMD において，

仮定から，　AM＝BM　… ①

CM＝DM　… ②

［ア］から，∠AMC＝∠BMD … ③

①，②，③より，［イ］から，

△AMC≡△BMD

合同な図形では，［ウ］から，AC＝BD

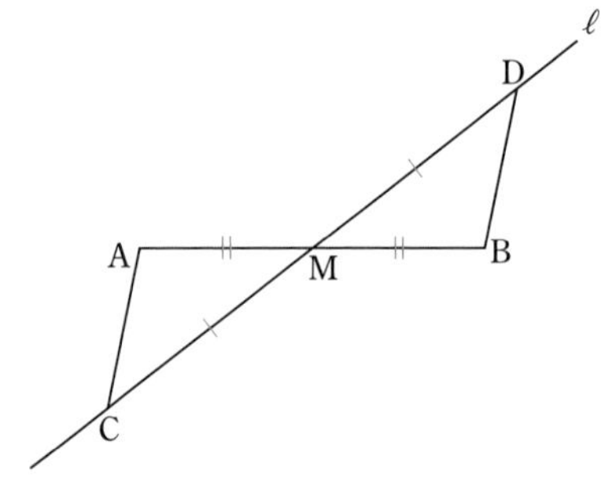

考え方 わかっている 2 組の辺以外に，等しい辺や角がないか考える。

解き方 ア 「③ ＿＿＿＿ は等しい」から， ← 対頂角の性質

∠AMC＝∠BMD がいえる。

①，②で 2 組の辺，③でその間の角についてわかったので，

イ 「④ ＿＿＿＿ が ← 三角形の合同条件

それぞれ等しい」から，△AMC≡△BMD がいえる。

ウ 合同な図形では，「対応する ⑤ ＿＿＿＿ ← 合同な図形の性質

は等しい」から，AC＝BD がいえる。

覚えておこう

証明…あることがらが正しいことを，正しいことがすでに認められたことがらを根拠にして，すじ道をたてて説明していくこと。

基本問題

解答 p.25

1 仮定と結論 次のことがらの仮定と結論をそれぞれ答えなさい。 教 p.128問1

(1) △ABC≡△DEF ならば AC＝DF である。

(2) xが4の倍数 ならば xは2の倍数である。

(3) $\ell /\!/ m$，$m /\!/ n$ のとき，$\ell /\!/ n$ となる。

(4) 2直線が平行 ならば 錯角は等しい。

仮定と結論は，「ならば」をキーワードにして見つけるよ。「ならば」がないときは，「ならば」を使って書きかえて考えてみよう。

2 証明の根拠となることがら 右の図において，AB＝DC，AC＝DB ならば，∠BAC＝∠CDB となります。 教 p.129〜134

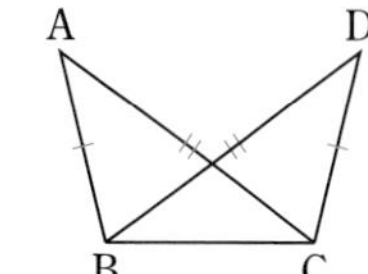

(1) 仮定と結論を答えなさい。

(2) 仮定から結論を導くには，どの三角形の合同をいえばよいですか。

(3) 次の空らんをうめて証明を完成させなさい。

証明 △ABC と △① [　　] において，

仮定から　AB＝② [　　] …㋐

AC＝③ [　　] …㋑

共通な辺だから，

BC＝CB …㋒

㋐，㋑，㋒より，

△ABC≡△① [　　] …㋓

これより，

∠BAC＝∠④ [　　] …㋔

(4) (3)の証明で，㋓，㋔の根拠をそれぞれ答えなさい。

証明でよく使う性質

① 対頂角は等しい。
② 平行線の同位角，錯角は等しい。
③ 同位角または錯角が等しいならば，2直線は平行である。
④ 三角形の3つの内角の和は180°
⑤ 三角形の1つの外角は，それととなり合わない2つの内角の和に等しい。
⑥ n角形の内角の和は，$180° \times (n-2)$
⑦ 多角形の外角の和は360°。
⑧ 合同な図形では，対応する線分の長さや角の大きさは等しい。
⑨ 三角形の合同条件

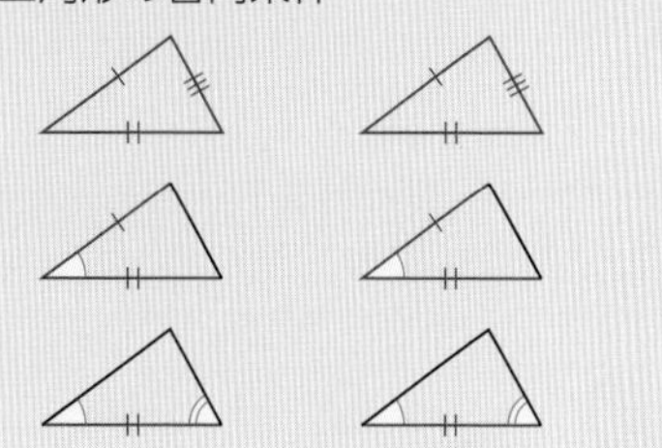

左ページの例の答え　① △ABC≡△DEF　② xは3の倍数　③ 対頂角　④ 2組の辺とその間の角　⑤ 辺の長さ

解答 p.26

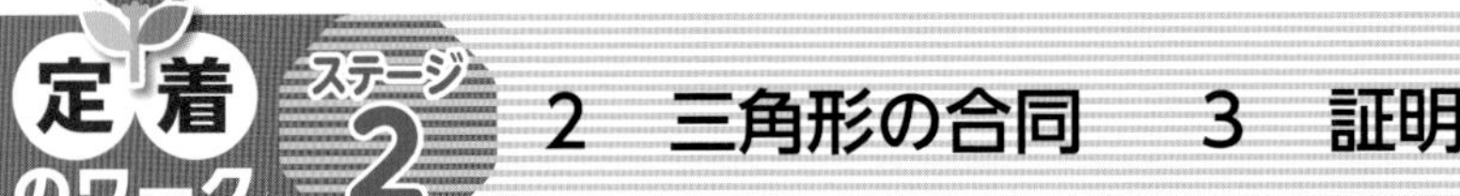

2 三角形の合同　3 証明

1 右の図の 2 つの四角形は合同です。

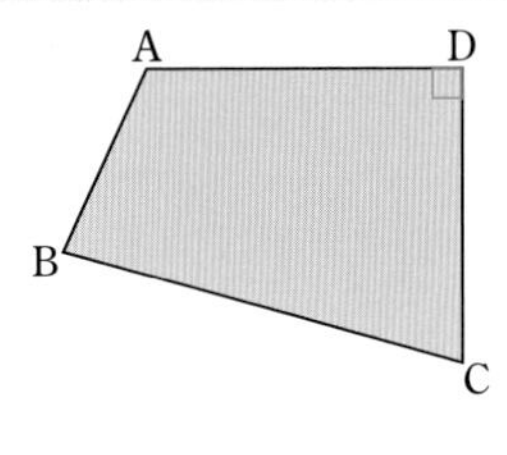

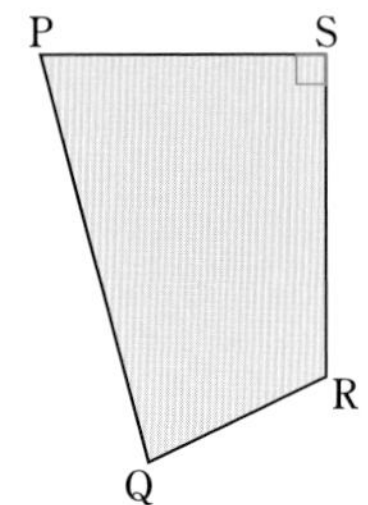

(1) ∠C に対応する角をいいなさい。

(2) 辺 AD に対応する辺をいいなさい。

(3) 2 つの四角形が合同であることを，記号 ≡ を使って表しなさい。

2 次の問いに答えなさい。

(1) 右の図の △ABC と △DEF において，AB＝DE です。このとき，どんな条件をつけ加えれば，△ABC と △DEF は合同になりますか。4 通り答えなさい。

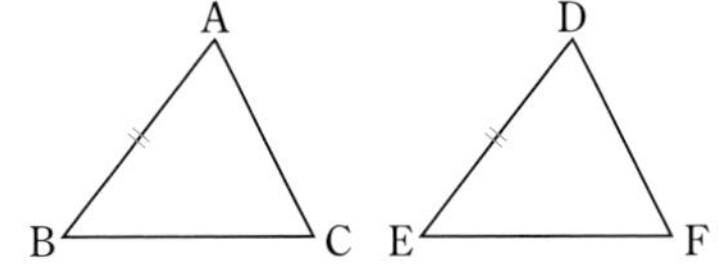

(2) 右の図において，合同な三角形を見つけ出し，記号 ≡ を使って表しなさい。また，そのとき使った合同条件を答えなさい。ただし，それぞれの図で，同じ記号がついた辺や角は等しいものとします。

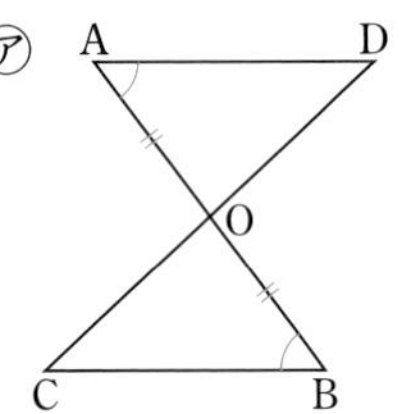

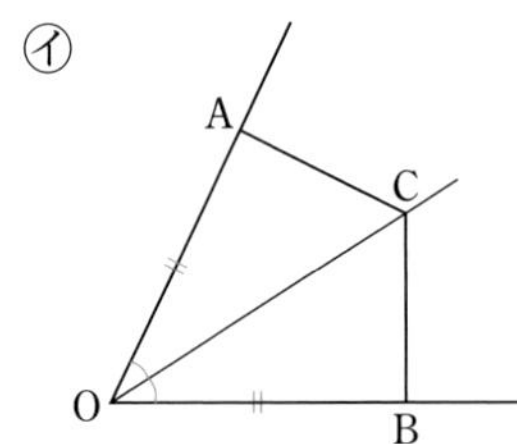

よく出る **3** 右の図において，BC＝DA，∠ACB＝∠CAD ならば AB∥CD となります。このことの証明を，次の順序で考えました。

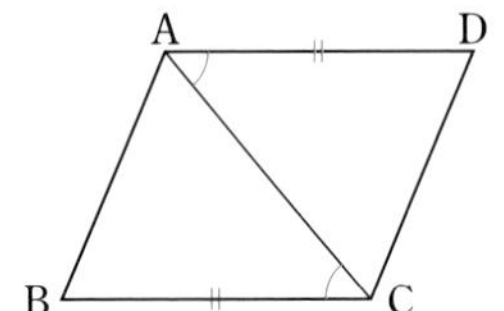

(1) 仮定と結論を答えなさい。

(2) 右の□にあてはまる三角形を答えなさい。

(3) ㋐，㋑，㋒の根拠をそれぞれ答えなさい。

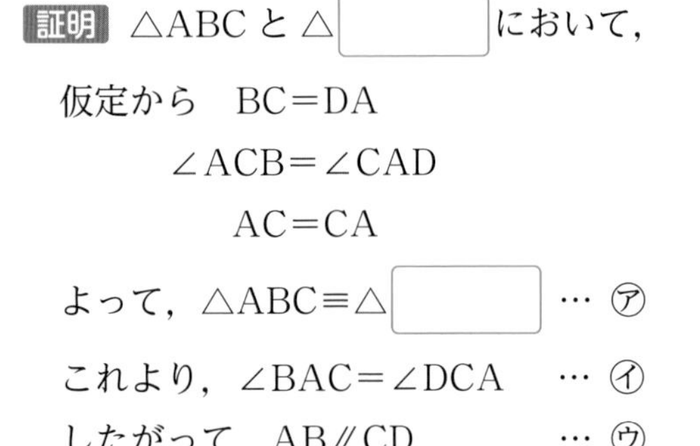

証明 △ABC と △□ において，
仮定から　BC＝DA
∠ACB＝∠CAD
AC＝CA
よって，△ABC≡△□ …㋐
これより，∠BAC＝∠DCA …㋑
したがって，AB∥CD …㋒

2 (1) 三角形の 3 つの合同条件にあてはめて考える。
(2) 対頂角や共通な辺に注目する。

3 (3) ㋒ 平行線と角の関係を根拠として使う。

4 右の図の四角形 ABCD で，AB∥DC です。辺 AD の中点を E，線分 BE と CD を延長した直線の交点を F とします。このとき，AB=DF であることを次のように証明しました。
空らんをうめて証明を完成させなさい。

証明 △ABE と △[①　　] において，

仮定から　AE=[②　　]

[③　　] は等しいから，∠AEB=∠[④　　]

平行線の[⑤　　] は等しいから，∠BAE=∠[⑥　　]

[⑦　　　　　　] がそれぞれ等しいから，

△ABE≡△[①　　]

合同な図形では，対応する[⑧　　] の長さは等しいから，AB=DF

入試問題をやってみよう！

1 図で，四角形 ABCD は正方形であり，E は対角線 AC 上の点で，AE>EC です。また，F，G は四角形 DEFG が正方形となる点です。ただし，辺 EF と DC は交わるものとします。
このとき，∠DCG の大きさを次のように求めました。[Ⅰ]，[Ⅱ] にあてはまる数を書きなさい。また，(a) にあてはまることばを書きなさい。なお，2 か所の [Ⅰ] には，同じ数があてはまります。〔愛知〕

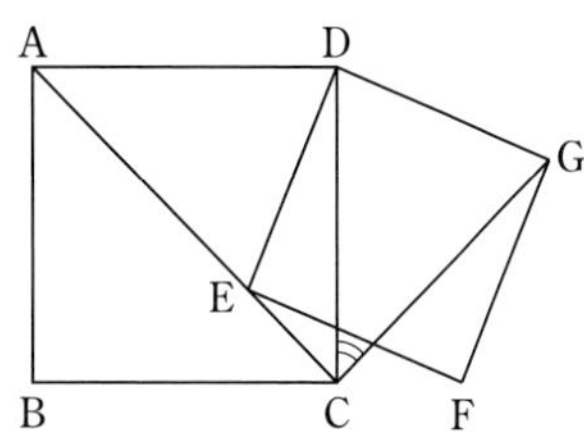

△AED と △CGD で，
四角形 ABCD は正方形だから，AD=CD … ①
四角形 DEFG は正方形だから，ED=GD … ②
また，∠ADE=[Ⅰ]°−∠EDC，∠CDG=[Ⅰ]°−∠EDC より，
∠ADE=∠CDG … ③
①，②，③から，(a) がそれぞれ等しいので，
△AED≡△CGD
合同な図形では，対応する角は，それぞれ等しいので，
∠DAE=∠DCG
したがって，∠DCG=[Ⅱ]°

4 AB=DF を証明するためには，AB と DF が対応する辺になる △ABE と △DEF の合同を示せばよい。
AB∥DC から，平行線の性質が利用できる。

解答 p.27

実力判定テスト ステージ3 図形の性質と合同

40分 /100

1 右の図において，$\ell /\!/ m$ であるとき，$\angle x$，$\angle y$ の大きさを求めなさい。 4点×2(8点)

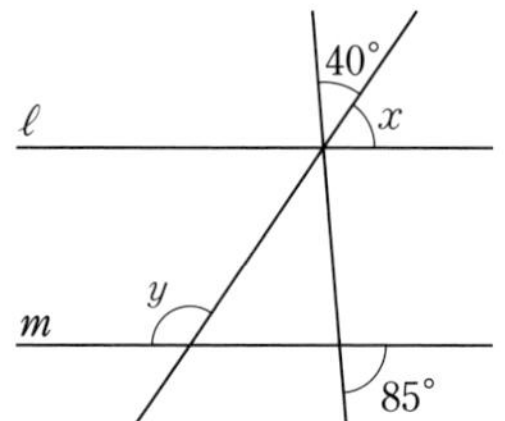

$\angle x$(　　　　) $\angle y$(　　　　)

2 次の問いに答えなさい。 4点×3(12点)

(1) 正十角形の1つの内角の大きさを求めなさい。

(　　　　)

(2) 内角の和が2880°である多角形は何角形ですか。

(　　　　)

(3) 1つの外角が18°である正多角形は正何角形ですか。

(　　　　)

3 次の図において，$\angle x$ の大きさを求めなさい。 5点×6(30点)

(1)

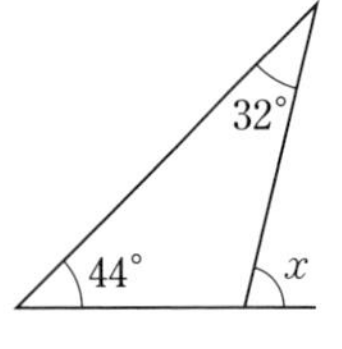

(2)

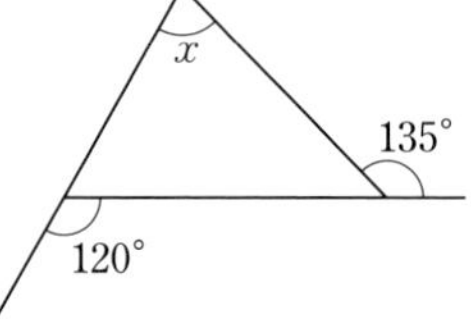

(3)

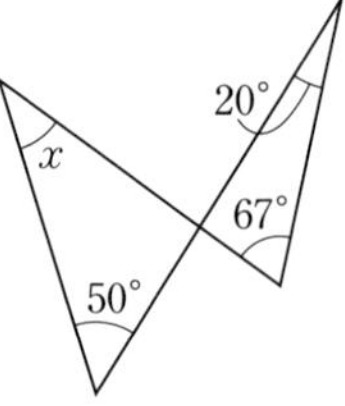

(　　　　) (　　　　) (　　　　)

(4)

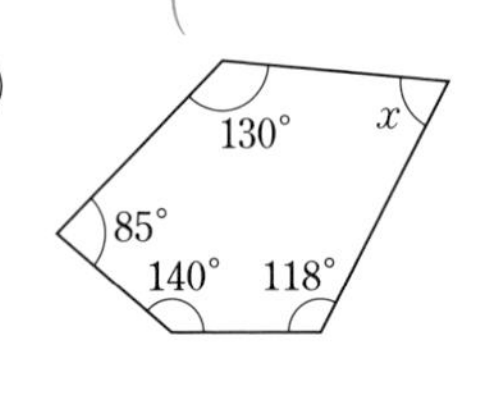

(5)

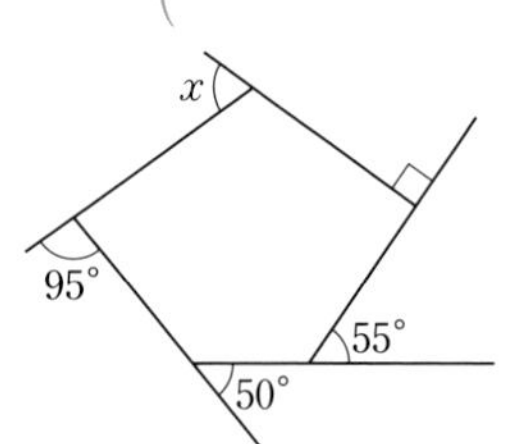

(6) $\ell /\!/ m$

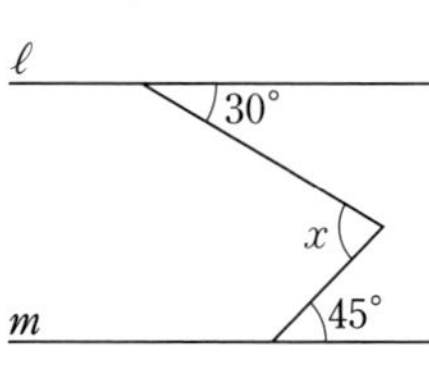

(　　　　) (　　　　) (　　　　)

目標　❶❷❸は確実に解けるようにしよう。❹の三角形の合同条件を理解し，❺の証明で使えるようになろう。

自分の得点まで色をぬろう!
がんばろう!　もう一歩　合格!
0　60　80　100点

4 次のとき，それぞれどんな条件を加えれば，△ABC と △DEF は合同になりますか。　5点×5（25点）

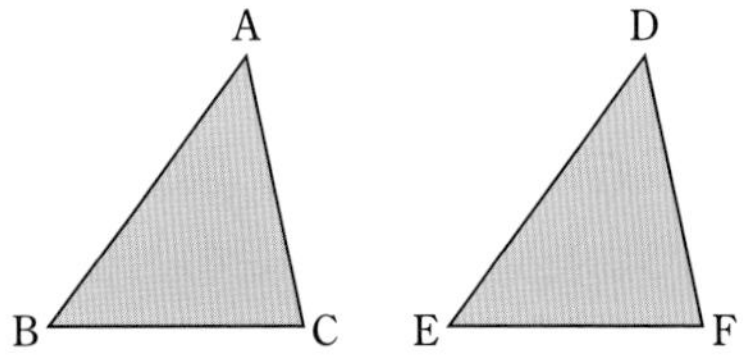

A　D
B　C　E　F

(1)　∠A＝∠D，∠B＝∠E

（　　　　　）

(2)　AB＝DE，AC＝DF

（　　　　　）または（　　　　　）

(3)　BC＝EF，∠B＝∠E

（　　　　　）または（　　　　　）

5 右の図の四角形 ABCD において，∠ABD＝∠CBD，∠ADB＝∠CDB ならば，AB＝CB となります。　5点×5（25点）

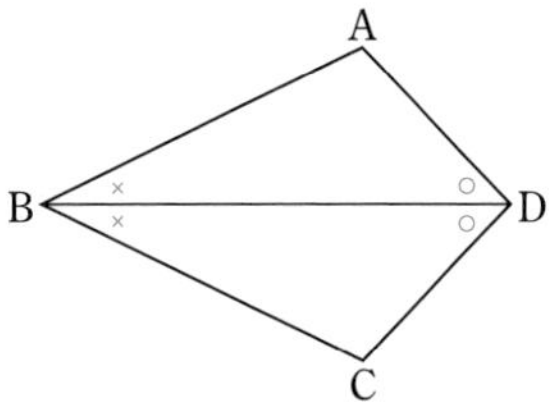

A
B　D
C

(1)　仮定と結論を答えなさい。

仮定（　　　　　）

結論（　　　　　）

(2)　このことを証明するとき，どの三角形とどの三角形の合同を示せばよいですか。

（　　　　　）

(3)　(2)の証明をするときに使う三角形の合同条件をいいなさい。

（　　　　　）

(4)　根拠となることがらを明らかにしながら証明しなさい。

（　　　　　）

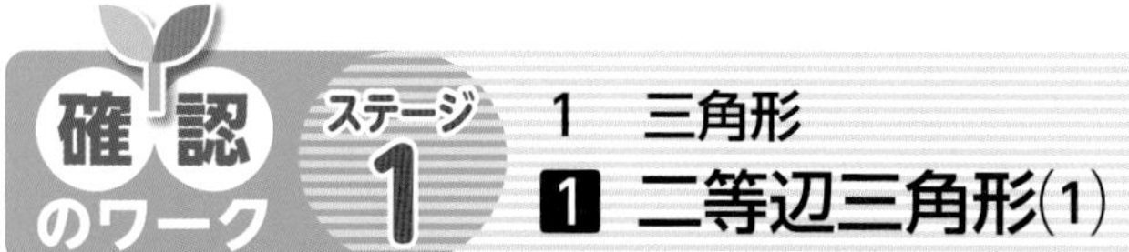

1 三角形

1 二等辺三角形(1)

例1 二等辺三角形の性質の利用

教 p.140〜142 → 基本問題 1 2

右の図において，同じ記号がついた辺は等しいものとして，$\angle x$ の大きさを求めなさい。

(1)

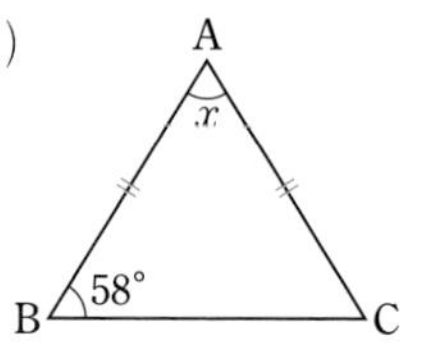

(2)

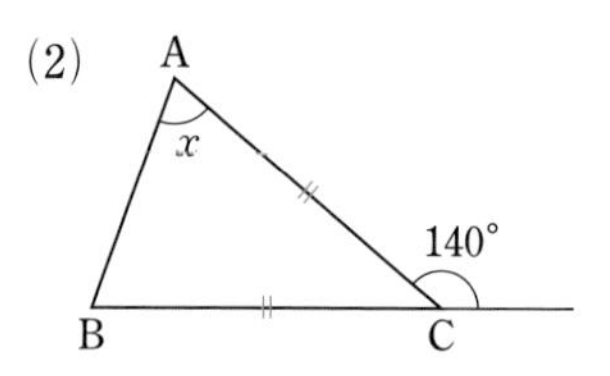

考え方 二等辺三角形の 2 つの底角は等しいことを利用する。

解き方 (1) 二等辺三角形の 2 つの底角は等しいから，$\angle C=\angle B=58°$

三角形の内角の和は 180° だから，

$\angle x=180°-58°\times 2=$ ①［　　］

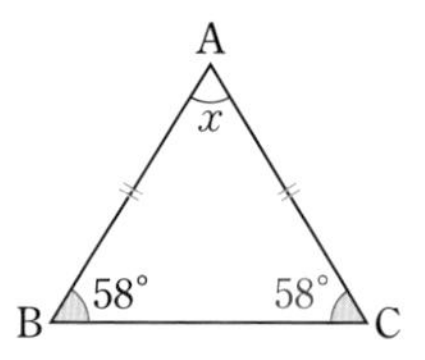

(2) (1)と同様に，$\angle B=\angle A=\angle x$

三角形の 1 つの外角は，それととなり合わない 2 つの内角の和に等しいから，$\angle x+\angle x=140°$

よって，$\angle x=$ ②［　　］

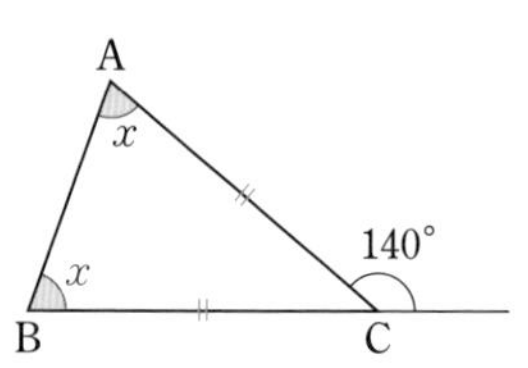

二等辺三角形の定義

2 辺が等しい三角形を二等辺三角形という。

定義 … 用語や記号の意味をはっきり述べたもの。

二等辺三角形の性質

二等辺三角形の 2 つの底角は等しい。

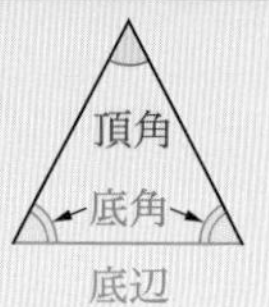

例2 二等辺三角形の性質の証明

教 p.143 → 基本問題 3

右の図のような BA＝BC である二等辺三角形 ABC で，頂角 ∠B の二等分線と辺 AC との交点を D とします。この図を利用して，「二等辺三角形の頂角の二等分線は，底辺を垂直に 2 等分する」ことを証明しなさい。

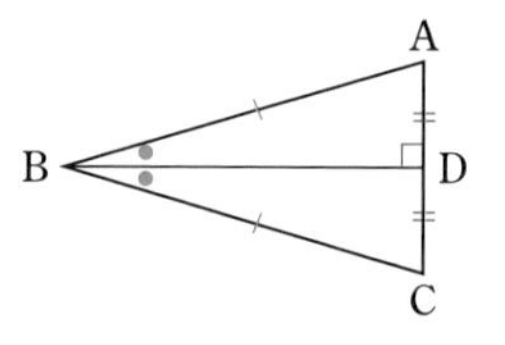

考え方 仮定 BA＝BC，∠ABD＝∠CBD から，結論 BD⊥AC，AD＝CD を導く。

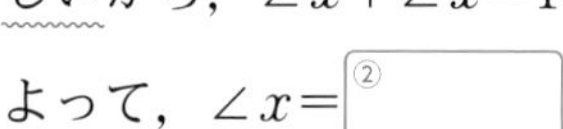

証明 △ABD と △CBD において，

仮定から，　BA＝BC　… ①

∠ABD＝∠CBD　… ②

共通な辺であるから，BD＝BD　… ③

①，②，③より，③［　　］がそれぞれ等しいから，△ABD≡△④［　　］

合同な図形では対応する辺の長さや角の大きさは等しいから，

AD＝CD，∠ADB＝∠CDB　… ④

また，∠ADB＋∠CDB＝180°　… ⑤

④，⑤より，2∠ADB＝180° だから，∠ADB＝90°　すなわち，BD ⑤［　　］ AC

二等辺三角形の性質

二等辺三角形の頂角の二等分線は，底辺を垂直に 2 等分する。

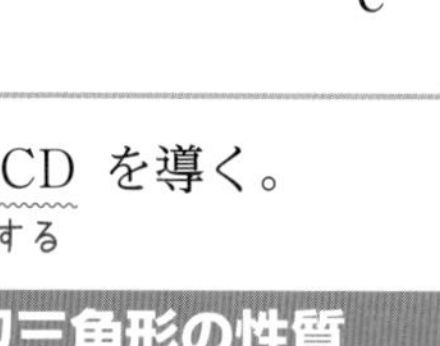

基本問題

解答 p.28

1 二等辺三角形の性質の利用　右の図の △ABC の辺 AB の中点を D とすると，AD＝BD＝CD となります。このとき，$\angle a + \angle b$ の大きさを求めなさい。

教 p.140, 141

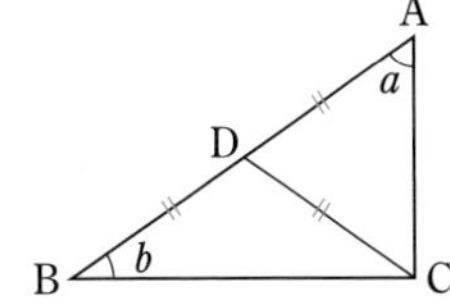

2 二等辺三角形の性質の利用　次の △ABC は，AB＝AC の二等辺三角形です。$\angle x$ の大きさを求めなさい。

教 p.142 問 1

(1)

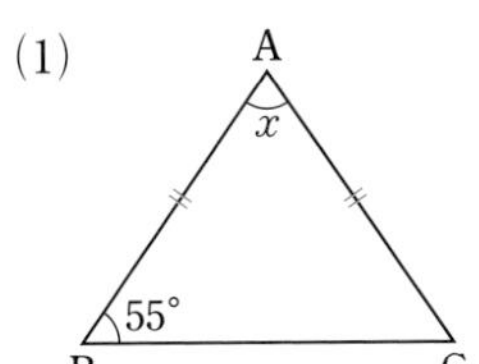

(2)

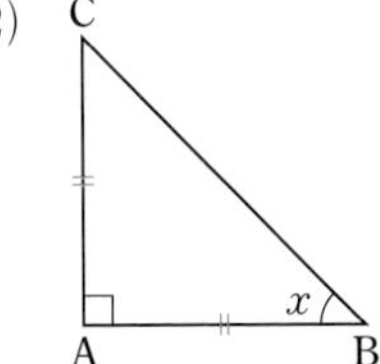

(3)

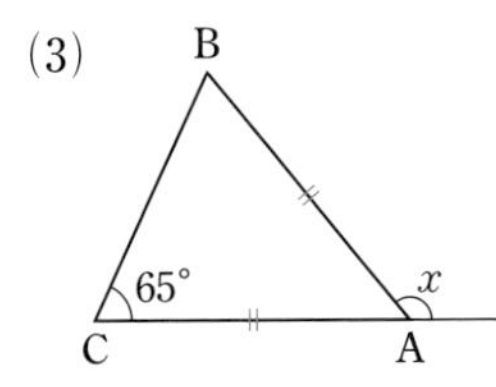

(4)

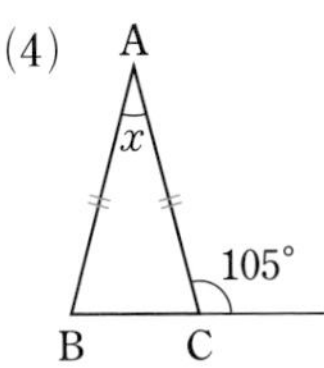

3 二等辺三角形の性質の証明　右の図のように，AB＝AC である二等辺三角形 ABC で，底辺 BC の中点を D とします。この図を利用して，「二等辺三角形の底角は等しい」ことを次のように証明しました。空らんをうめて証明を完成させなさい。

教 p.143 問 2

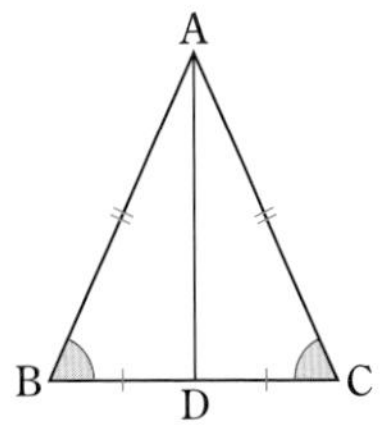

仮定　AB＝AC，BD＝[①]　　結論　∠B＝∠[②]

証明　△ABD と △ACD において，

仮定から，AB＝AC　　… ①

BD＝[①]　　… ②

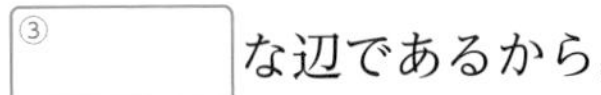

[③] な辺であるから，

AD＝AD　　… ③

①，②，③より，[④] がそれぞれ等しいから，

△ABD≡△[⑤]

合同な図形では対応する角の大きさは等しいから，

∠B＝∠[②]

たいせつ

証明されたことがらのうち，よく使われるものを定理（ていり）という。

③と例2から，二等辺三角形について，次の定理が成り立つ。

①二等辺三角形の 2 つの底角は等しい。

②二等辺三角形の頂角の二等分線は，底辺を垂直に 2 等分する。

左ページの例の答え　① 64°　② 70°　③ 2 組の辺とその間の角　④ CBD　⑤ ⊥

確認のワーク ステージ1 1 三角形 1 二等辺三角形(2) 2 正三角形

例1 二等辺三角形になるための条件

教 p.144 →基本問題 1 2

△ABC において，∠B＝∠C とし，点Aを通り辺 BC に垂直な直線と辺 BC との交点をDとします。この図を利用して，「2 つの角が等しい三角形は二等辺三角形である」ことを証明しなさい。

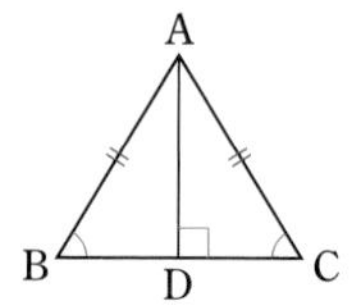

考え方 仮定 ∠B＝∠C，AD⊥BCから，結論 AB＝AC を導く。
（∠B＝∠C：2 つの角は等しい　AD⊥BC：AD は BC に垂直　AB＝AC：2 つの辺が等しい）

証明 △ABD と △ACD において，　←AB と AC が対応する辺になる三角形の合同を示す。

仮定から　∠B＝∠C　… ①

∠ADB＝∠ADC＝90°　… ②　←AD⊥BC

①，②より，　∠BAD＝∠CAD　… ③　←三角形の内角の和は 180° だから，2 組の角の大きさが等しければ，残りの角の大きさも等しい。

共通な辺であるから，AD＝AD　… ④

②，③，④より，[①　　　　]がそれぞれ等しいから，

△ABD≡△[②　　]

合同な図形では対応する辺の長さは等しいから，

AB＝[③　　]

よって，△ABC は二等辺三角形である。

覚えておこう
二等辺三角形になるための条件
2 つの角が等しい三角形は，二等辺三角形である。

例2 正三角形の性質の証明

教 p.145 →基本問題 3

△ABC において，「∠A＝∠B＝∠C ならば，AB＝BC＝CA」であることを証明しなさい。

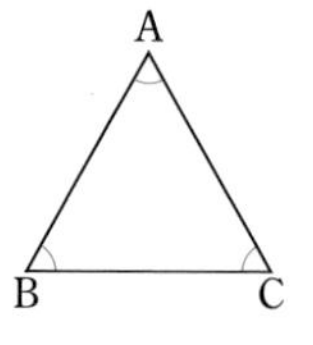

考え方 仮定 ∠A＝∠B＝∠C から，結論 AB＝BC＝CA を導く。
（∠A＝∠B＝∠C：3 つの角は等しい　AB＝BC＝CA：3 つの辺が等しい）

証明 △ABC において，∠B＝∠C だから，

△ABC は AB＝[④　　] の二等辺三角形である。　… ①

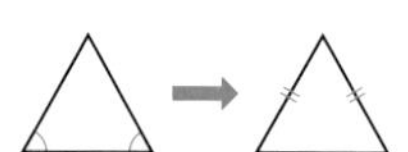

また，△ABC において，∠A＝∠B だから，

△ABC は CA＝[⑤　　] の二等辺三角形である。　… ②

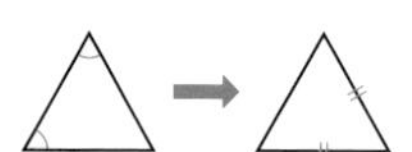

①，②より，AB＝CA＝[⑤　　]

よって，△ABC は正三角形である。

正三角形の定義
3 辺が等しい三角形を正三角形という。

基本問題

解答 p.28

1 二等辺三角形になるための条件　右の図のように，AB＝AC である二等辺三角形 ABC において，∠ABD＝∠ACE となるような線分 BD，CE をひき，交点を P とします。このとき，PB＝PC であることを次のように証明しました。空らんをうめて証明を完成させなさい。

教 p.144

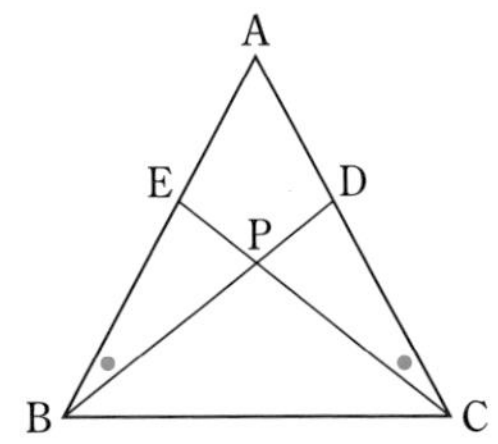

証明　仮定から　△ABC は二等辺三角形だから，2 つの ① [　　　] は等しいので，

∠ABC＝∠ACB

また，仮定から　∠ABD＝∠ACE だから，

∠PBC＝∠ABC－∠ABD

＝∠ACB－∠ ② [　　　]

＝∠ ③ [　　　]

よって， ④ [　　　] が等しいから，

△PBC は二等辺三角形である。

したがって，PB＝PC

覚えておこう

三角形が二等辺三角形であることを証明するには，次のどちらかがいえればよい。

1 2 辺が等しい。　（定義）

2 2 つの角が等しい。（定理）

2 二等辺三角形になるための条件　右の図のように，AB＝AC である二等辺三角形 ABC の ∠ABC の二等分線が辺 AC と交わる点を D とします。∠BAC の大きさを $a°$ として，次の問いに答えなさい。

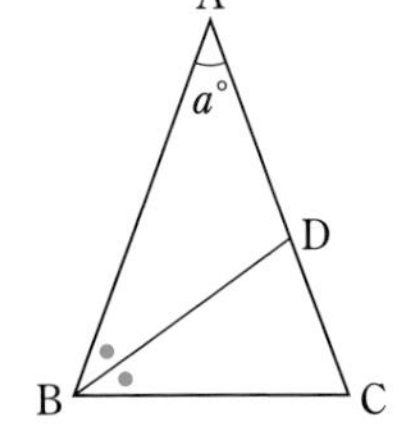

(1)　次の角の大きさを表す式を答えなさい。

㋐　∠ABC　　㋑　∠DBC　　㋒　∠BDC

(2)　AD＝BD となるとき，a の値を求めなさい。

3 正三角形　右の図で，△ABC は正三角形です。また，∠A の二等分線と辺 BC との交点を D，∠B の二等分線と辺 AC との交点を E，線分 AD と BE の交点を F とします。

教 p.145

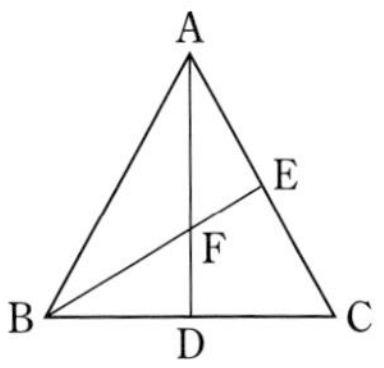

(1)　∠BAD の大きさを求めなさい。

(2)　∠EFD の大きさを求めなさい。

知ってると得

3 辺が等しい三角形を正三角形という。
正三角形は，二等辺三角形の特別な場合で，
二等辺三角形の頂角が 60° のとき，
その二等辺三角形は正三角形となる。

左ページの例の答え　①1 組の辺とその両端の角　② ACD　③ AC　④ AC　⑤ CB (BC)

確認のワーク ステージ1　1 三角形

3 直角三角形(1)

例1 直角三角形の合同

教 p.146, 147 → 基本問題 1

右の図のような ∠A＝∠D＝90° の直角三角形 ABC と DEF において，BC＝EF，AC＝DF ならば △ABC≡△DEF であることを証明しなさい。

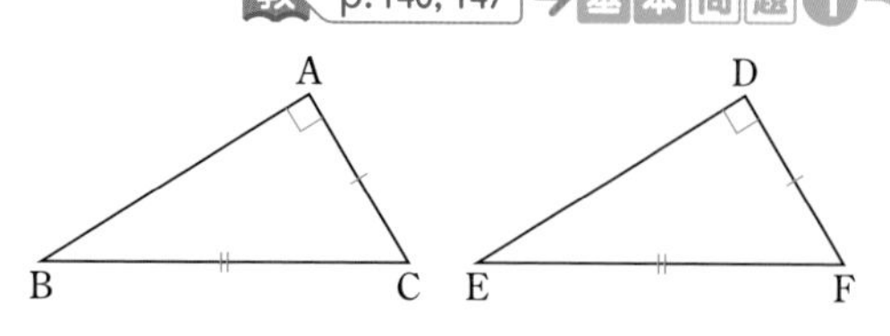

考え方 AC＝DF だから，△DEF を裏返して，AC と DF を重ねることができる。

A(D)
E
B
C(F)

証明 △ABC と，△DEF を裏返した三角形を，AC と DF で重ねると，

∠A＝∠D＝90° より ∠BAE＝∠A＋∠D＝①[　　] となるから，

3 点 B，A，E は一直線上にあり，右のような △CBE ができる。

△CBE は，仮定から BC＝EF＝EC（… ①）の二等辺三角形だから，2 つの②[　　]は等しいので，∠B＝∠E　… ②　　よって，∠BCA＝∠EFD　… ③

三角形の内角の 3 つの和は 180° だから，残りの角の大きさは等しい。

①，②，③より，③[　　　　]がそれぞれ等しいから，△ABC≡△DEF

例2 直角三角形の合同条件

教 p.148 → 基本問題 2 3

右の図において，合同な三角形を見つけ出し，記号 ≡ を使って表しなさい。また，そのとき使った合同条件を答えなさい。

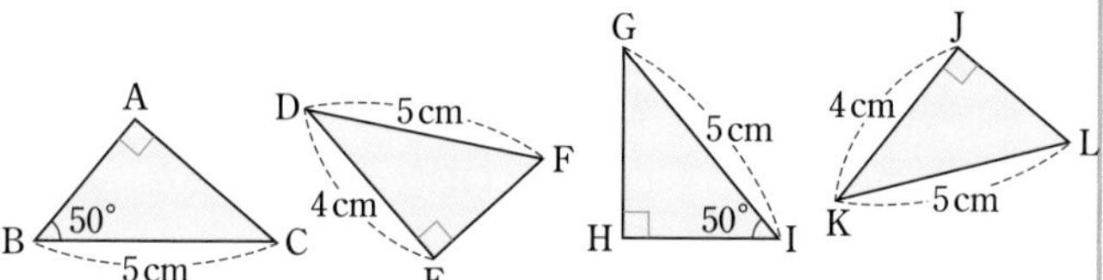

考え方 直角三角形において，直角に対する辺を斜辺（しゃへん）という。直角三角形の合同条件を使って，合同な直角三角形を見つける。

解き方 ∠BAC＝∠IHG＝90°（直角三角形），BC＝IG（斜辺が等しい），

∠ABC＝∠HIG＝50°（1 つの鋭角が等しい） だから，△ABC≡△HIG

合同条件 → 直角三角形の

斜辺と④[　　　　]がそれぞれ等しい。

∠DEF＝∠KJL＝90°（直角三角形），DF＝KL（斜辺が等しい），DE＝KJ（他の 1 辺が等しい） だから，

△DEF≡△KJL

合同条件 → 直角三角形の

斜辺と⑤[　　　　]がそれぞれ等しい。

直角三角形の合同条件

2 つの直角三角形は，次のどちらかが成り立つとき合同である。

1 斜辺と 1 つの鋭角がそれぞれ等しい。

2 斜辺と他の 1 辺がそれぞれ等しい。

基本問題

解答 p.28

1 直角三角形の合同 右の図のような $\angle A = \angle D = 90^\circ$ の直角三角形 ABC と DEF において，「$BC = EF$，$\angle C = \angle F$ ならば $\triangle ABC \equiv \triangle DEF$」であることを次のように証明しました。空らんをうめて証明を完成させなさい。 教 p.147, 148

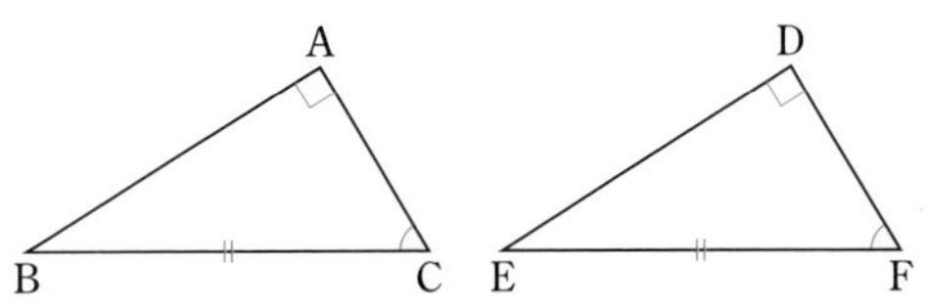

直角三角形 ABC と DEF において，「BC＝EF」と「∠C＝∠F」が等しいことを使って，△ABC≡△DEF を証明するんだね。

証明 △ABC と △DEF において，

仮定から　BC＝EF　… ①

∠C＝∠F　… ②

三角形の内角の和は ①[　　] だから，

$\angle B = 180^\circ - (90^\circ + \angle C)$，$\angle E = 180^\circ - (90^\circ + \angle F)$ であることと

②より，　∠B＝∠E　… ③

①，②，③より，②[　　　　] がそれぞれ等しいから，

△ABC≡△DEF

2 直角三角形の合同条件 右の図のように，$\angle CAB = 90^\circ$ の直角二等辺三角形 ABC の点Aを通る直線に，点 B，C から垂線をひき，直線との交点をそれぞれ D，E とします。このとき，△ABD≡△CAE であることを証明しなさい。 教 p.148 問 2

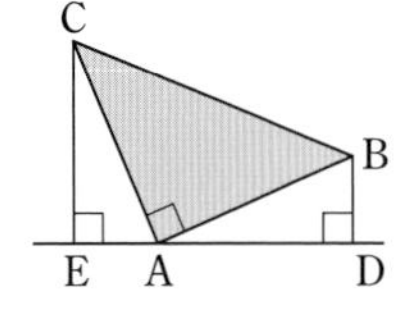

3 直角三角形の合同条件 次の図から，右の㋐，㋑の直角三角形と合同な三角形をそれぞれ見つけ出し，記号 ≡ を使って表しなさい。また，そのとき使った合同条件を答えなさい。 教 p.148 問 3

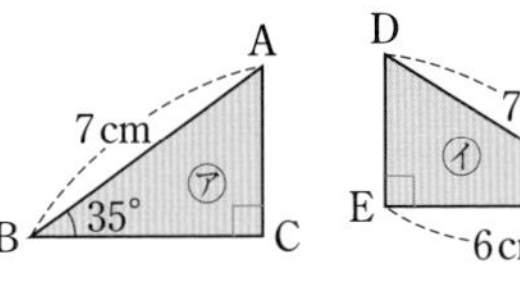

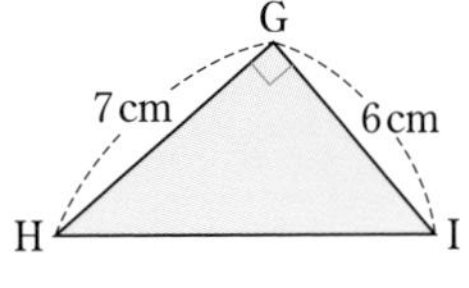

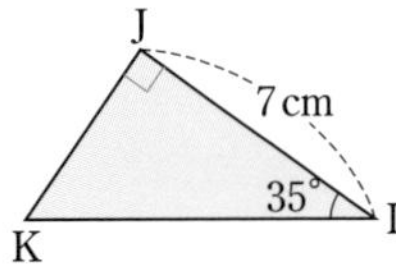

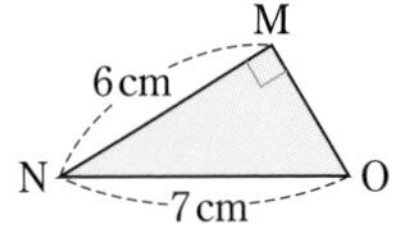

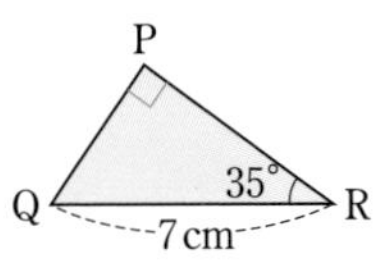

㋐　△ABC≡△[　　]　　合同条件（　　　　　　）

㋑　△DEF≡△[　　]　　合同条件（　　　　　　）

左ページの例の答え　① 180°　② 底角　③ 1 組の辺とその両端の角　④ 1 つの鋭角　⑤ 他の 1 辺

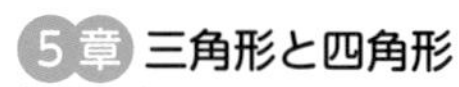

確認のワーク ステージ1 1 三角形 3 直角三角形(2) 4 ことがらの逆と反例

例1 直角三角形の合同の利用

教 p.149 → 基本問題 1 2

右の図のように，∠XOY の内部の点Pから，2 辺 OX，OY に垂線 PA，PB をひくとき，PA＝PB ならば OP は ∠XOY の二等分線であることを証明しなさい。

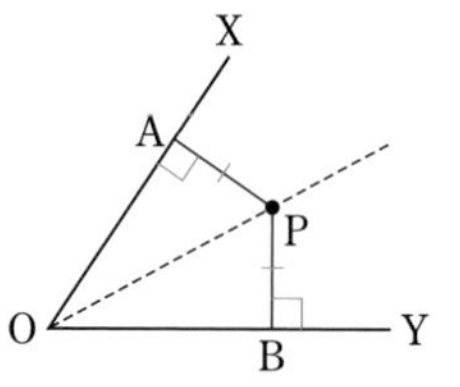

考え方 直角三角形の合同を証明して，∠POA＝∠POB を導く。

証明 △POA と △①[　　　] において，

仮定から，　∠PAO＝∠PBO＝90°　… ①　← 直角であることを示す。

PA＝PB　… ②

共通な辺であるから，　PO＝PO　… ③

①，②，③より，直角三角形の②[　　　　　　]がそれぞれ等しいから，

↑直角三角形の合同条件を使うときは，必ず直角三角形であることを明記する。

△POA≡△①[　　　]

合同な図形では対応する角の大きさは等しいから，∠POA＝∠POB

よって，OP は ∠XOY の二等分線である。

直角三角形のときは，直角三角形の合同条件が使えるか考えてみよう。

例2 ことがらの逆

教 p.150, 151 → 基本問題 3

△ABC≡△DEF ならば AC＝DF である。

このことがらの逆を答えなさい。また，それが正しいかどうか答えなさい。

考え方 「逆」は，あることがらの仮定と結論を入れかえたものである。また，逆が正しくないことをいうときには，成り立たないという例（反例（はんれい））を1つ示せばよい。

解き方 「△ABC≡△DEF（仮定） ならば AC＝DF（結論）である」の逆は，

△ABC と △DEF において，

③[　　　　　　]ならば④[　　　　　　]である。

これを，図に表してみると，右のような反例があるので，このことがらの逆は⑤[　　　　　]とわかる。

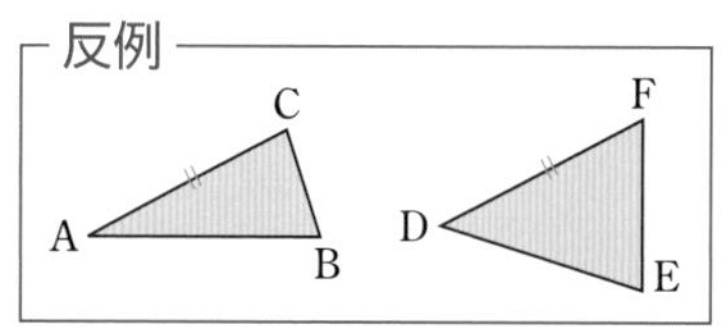

逆

あることがらの仮定と結論を入れかえたものを，そのことがらの逆（ぎゃく）という。

「○○○ならば△△△」

↕逆

「△△△ならば○○○」

正しいことがらの逆がいつでも正しいとは限らないんだね。

基本問題

解答 p.29

1 直角三角形の合同の利用　右の図のように，線分 AB の中点 M を通る直線に，点 A，B から垂線をひき，その交点をそれぞれ C，D とします。このとき，AC＝BD であることを次のように証明しました。空らんをうめて証明を完成させなさい。 教 p.149

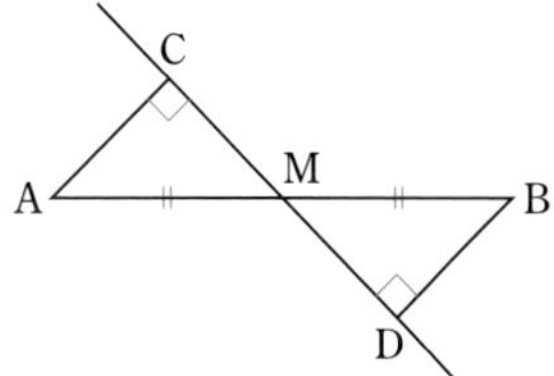

証明　△AMC と △①［　　］において，

仮定から，∠ACM＝∠②［　　］＝90°　… ①

AM＝BM　… ②

③［　　］は等しいから，

∠AMC＝∠④［　　］　… ③

①，②，③より，直角三角形の⑤［　　］がそれぞれ等しいから，

△AMC≡△①［　　］

合同な図形では対応する辺の長さは等しいから，

AC＝BD

2 直角三角形の合同の利用　右の図のように，∠A＝90° の直角三角形 ABC において，辺 BC 上に点Dを CD＝CA となるようにとり，D を通る辺 BC の垂線と辺 AB との交点をEとする。このとき，AE＝DE であることを証明しなさい。 教 p.149

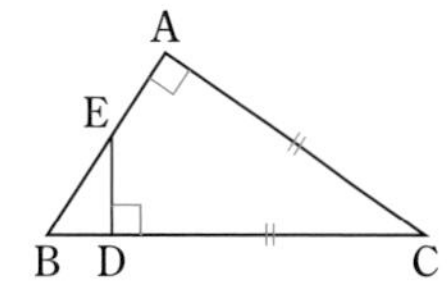

3 ことがらの逆　次のことがらの逆を答えなさい。また，それが正しいかどうか答えなさい。 教 p.151 問 2

(1)　△ABC≡△DEF ならば ∠A＝∠D

(2)　2 つの平行四辺形が合同ならば，面積は等しい。

(3)　2 つの角の大きさが等しい三角形は，二等辺三角形である。

(4)　$a>0$，$b>0$ ならば $ab>0$

正しいことの逆はいつでも正しいとは限らない。
反例が 1 つでもあると，正しいとはいえない。
また，正しいことをいうためには，あらためて，そのことを証明する必要がある。

左ページの例の答え　① POB　② 斜辺と他の 1 辺　③ AC＝DF　④ △ABC≡△DEF　⑤ 正しくない

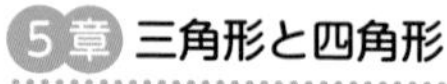

解答 p.29

1 三角形

よく出る **1** 次の図において，同じ記号がついた辺や角は等しいものとして，$\angle x$ の大きさを求めなさい。

(1)

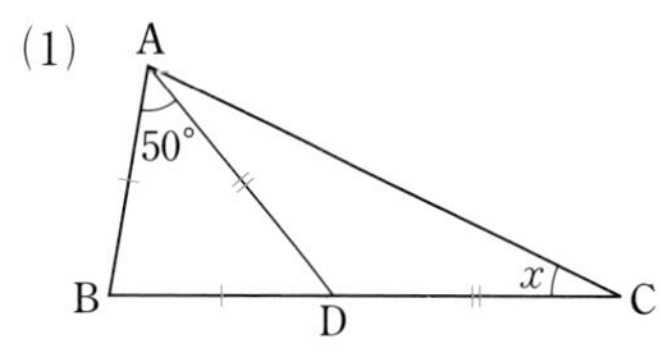

(2)

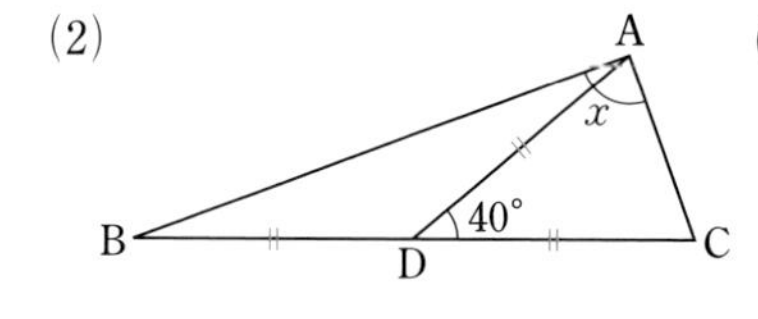

(3) AB＝AC

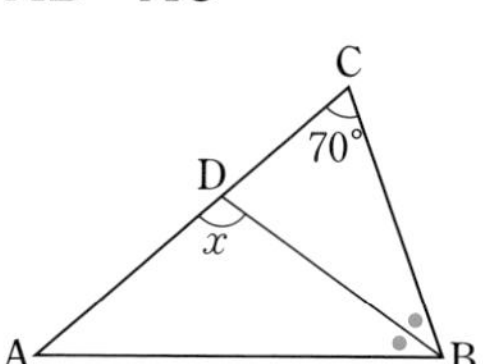

2 次のことがらの逆を答えなさい。また，それが正しいかどうか答えなさい。

(1) $x=3$ ならば $x+2=5$

(2) △ABC が正三角形ならば，$\angle \mathrm{A}=60°$ である。

(3) a と b が偶数ならば，$a+b$ は偶数である。

3 次の図において，△ABC は正三角形です。$\angle x$ の大きさを求めなさい。

(1)

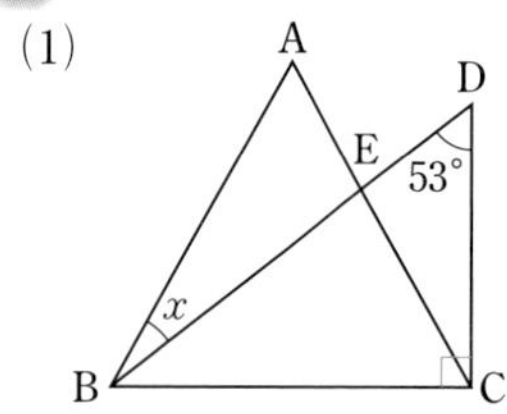

(2) $\ell \parallel m$

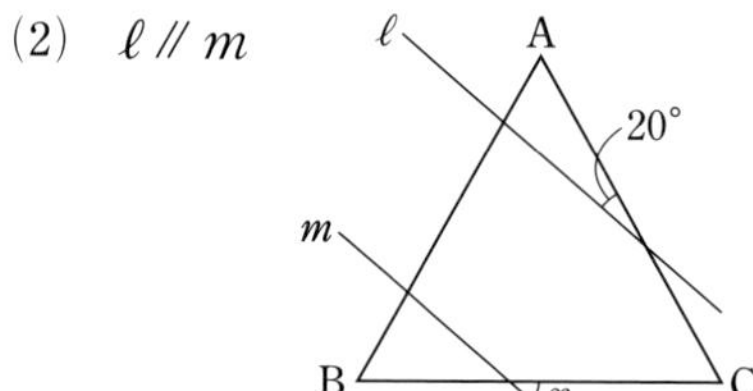

よく出る **4** 右の図のように，△ABC の点 B，C から辺 AC，AB に垂線をひき，その交点をそれぞれ D，E とします。このとき，BE＝CD ならば，△ABC は二等辺三角形であることを証明しなさい。

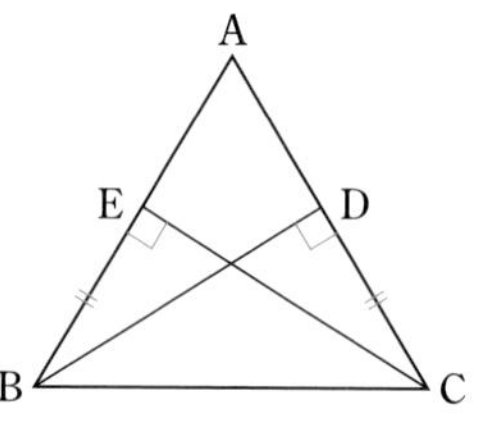

2 まず，逆を正しく答えることが大切である。

3 正三角形の内角はすべて 60° である。

4 $\angle \mathrm{EBC}=\angle \mathrm{DCB}$ であることを示す。直角三角形の合同条件を考える。

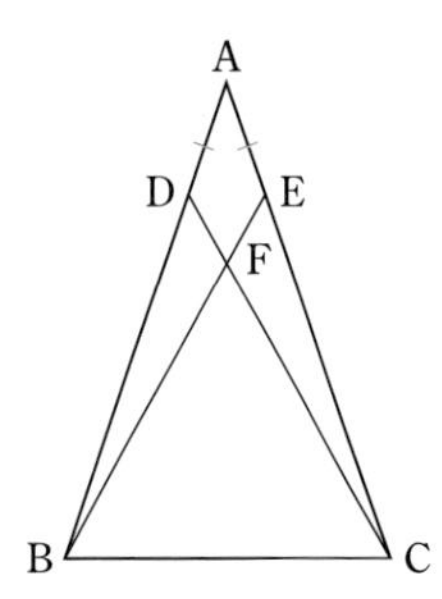

5 右の図のように，**AB＝AC** の二等辺三角形 **ABC** があります。**2** 辺 **AB，AC** 上に **AD＝AE** となるように点 **D，E** をとり，線分 **BE** と **CD** の交点を **F** とします。

(1) △EBC≡△DCB であることを証明しなさい。

(2) ∠BFC＝60° のとき，△FBC は正三角形であることを証明しなさい。

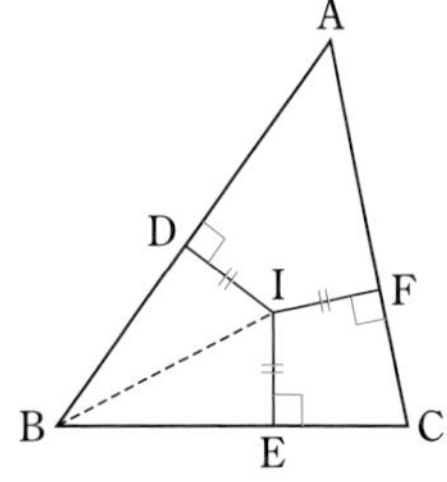

6 右の図のように，**△ABC** の内部に点 **I** があります。**I** から **3** 辺 **AB，BC，CA** に垂線をひき，その交点をそれぞれ **D，E，F** とします。**ID＝IE＝IF** が成り立つとき，次の問いに答えなさい。

(1) △IBD≡△IBE であることを証明しなさい。

レベルUP (2) 点 I は ∠A，∠B，∠C の二等分線の交点であることを証明しなさい。

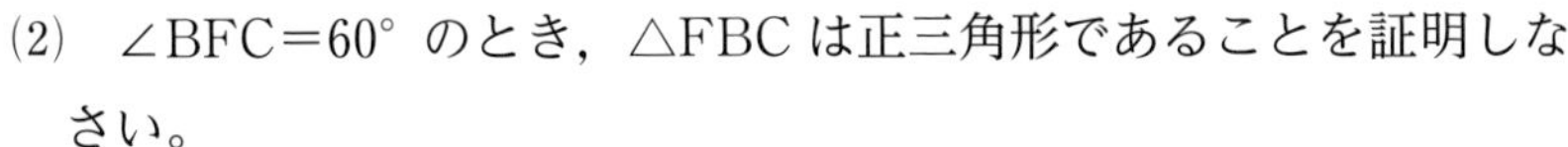

5章

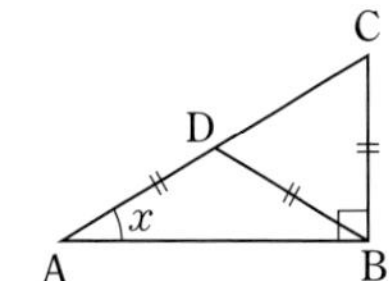

1 右の図のように ∠B＝90° である直角三角形 ABC があります。DA＝DB＝BC となるような点 D が辺 AC 上にあるとき，∠x の大きさを求めなさい。〔富山〕

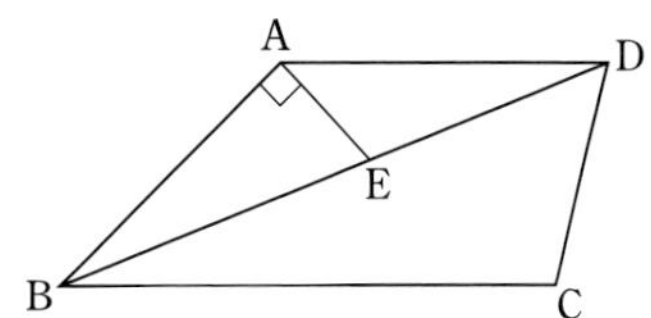

2 右の図のように，**AB＝AD，AD∥BC，∠ABC** が鋭角である台形 **ABCD** があります。対角線 **BD** 上に点 **E** を，**∠BAE＝90°** となるようにとります。〔北海道〕

(1) ∠ADB＝20°，∠BCD＝100° のとき，∠BDC の大きさを求めなさい。

(2) 頂点 A から辺 BC に垂線をひき，対角線 BD，辺 BC との交点をそれぞれ F，G とします。このとき，△ABF≡△ADE を証明しなさい。

5 (2) △FBC が二等辺三角形であることが示せれば，△FBC が正三角形であることを導くことができる。
6 (1) 直角三角形の合同条件を考える。
(2) BI は ∠B の二等分線である。同様にして，AI，CI について考える。

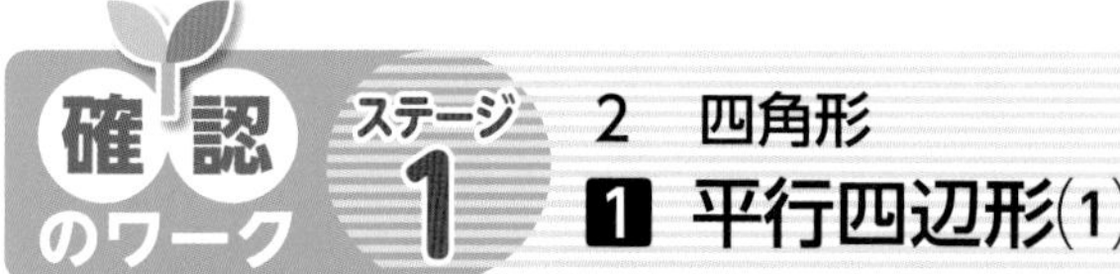

確認のワーク ステージ1　2 四角形

1 平行四辺形(1)

例1 平行四辺形の性質

教 p.153～155 → 基本問題 1 2

右の図の ▱ABCD で，x，y の値をそれぞれ求めなさい。

(1)

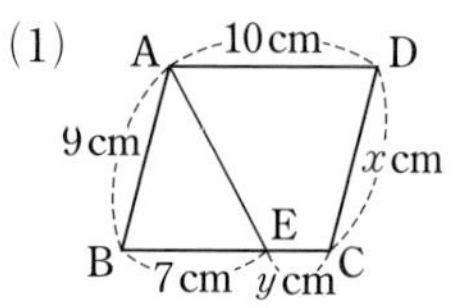

(2)

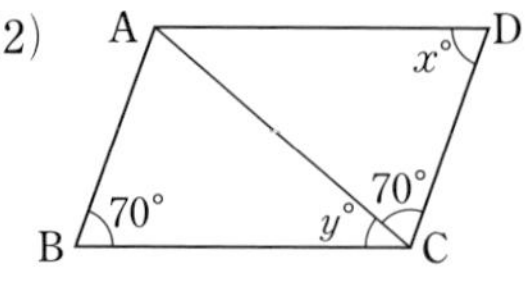

考え方 四角形の向かい合う辺を対辺(たいへん)，向かい合う角を対角(たいかく)という。
平行四辺形 ABCD を「▱ABCD」と表すことがある。

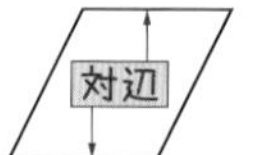

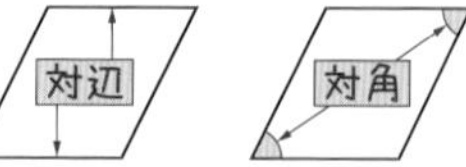

解き方 (1)　平行四辺形では，2 組の対辺はそれぞれ等しいから，$x=$ ① ______ ← AB＝DC

また，$7+y=$ ② ______ より，← AD＝BC

$y=3$

(2)　平行四辺形では，2 組の ③ ______ はそれぞれ等しいから，$x=$ ④ ______ ← ∠B＝∠D

また，∠BAC＝70° ← AB∥DC で錯角が等しい。

$y=180-70\times2=$ ⑤ ______ ← △ABC の内角の和は 180°

たいせつ

平行四辺形の定義

2 組の対辺がそれぞれ平行な四角形を平行四辺形という。

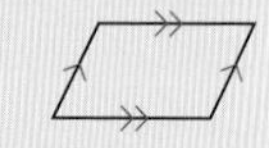

平行四辺形の性質

1　2 組の対辺はそれぞれ等しい。

2　2 組の対角はそれぞれ等しい。

3　対角線はそれぞれの中点で交わる。

1　2　3

例2 平行四辺形の性質の利用

教 p.156 → 基本問題 3

右の図のように，▱ABCD の対角線 BD に，頂点 A，C から垂線をひき，その交点をそれぞれ P，Q とします。このとき，AP＝CQ であることを証明しなさい。

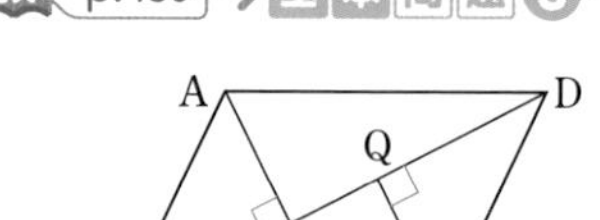

考え方 平行四辺形の性質を使って，△ABP≡△CDQ を示す。

証明 △ABP と △CDQ において，

仮定から，∠APB＝∠CQD＝90°　… ①

平行四辺形の ⑥ ______ は等しいから，← 平行四辺形の性質を証明の根拠に使う。

AB＝CD　… ②

平行線の錯角は等しいから，AB∥DC より，

∠ABP＝∠CDQ　… ③

①，②，③より，直角三角形の ⑦ ______ がそれぞれ等しいから，△ABP≡△CDQ

合同な図形では対応する辺の長さは等しいから，AP＝CQ

平行四辺形の性質や，平行線の性質を使うことができるよ。

基本問題

解答 p.31

1 平行四辺形の性質　右の図の ▱ABCD について，次の問いに答えなさい。 教 p.153〜155

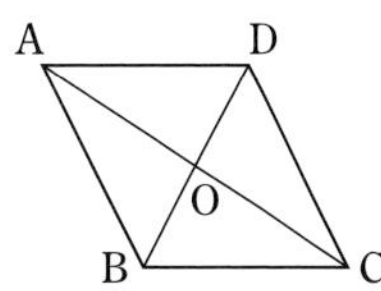

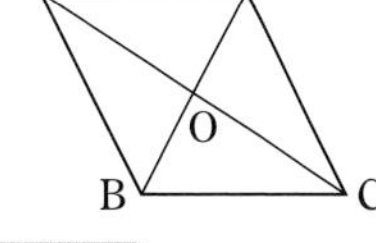

(1) AD が 5 cm のとき，BC の長さを求めなさい。また，そのときに使った平行四辺形の性質を答えなさい。

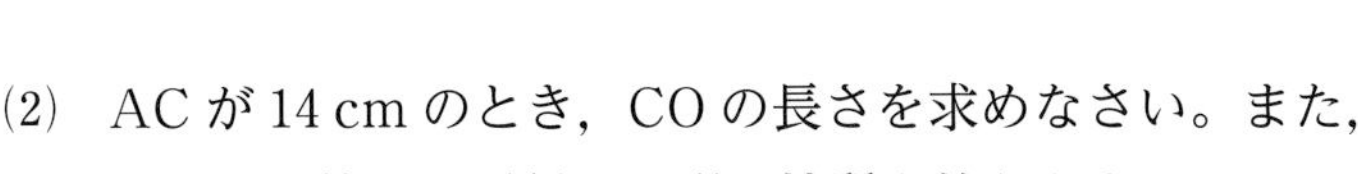

(2) AC が 14 cm のとき，CO の長さを求めなさい。また，そのときに使った平行四辺形の性質を答えなさい。

(3) ∠BCD＝58° のとき，∠BAD の大きさを求めなさい。また，そのときに使った平行四辺形の性質を答えなさい。

(4) ∠ADC＝120° のとき，∠DCB の大きさを求めなさい。

覚えておこう

平行四辺形の定義

AB∥DC，AD∥BC

平行四辺形の性質

1 AB＝DC，AD＝BC

2 ∠A＝∠C，∠B＝∠D

3 OA＝OC，OB＝OD

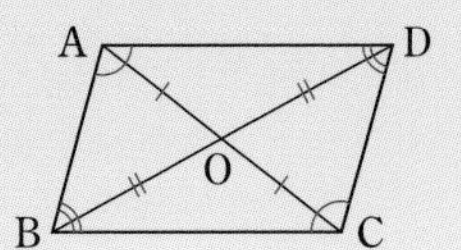

2 平行四辺形の性質　右の図の ▱ABCD で，CD＝CE のとき，a，b，x，y の値をそれぞれ求めなさい。 教 p.155 問 3

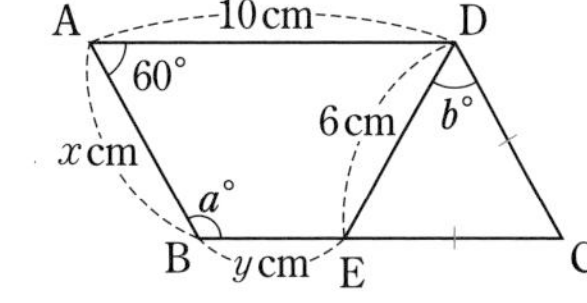

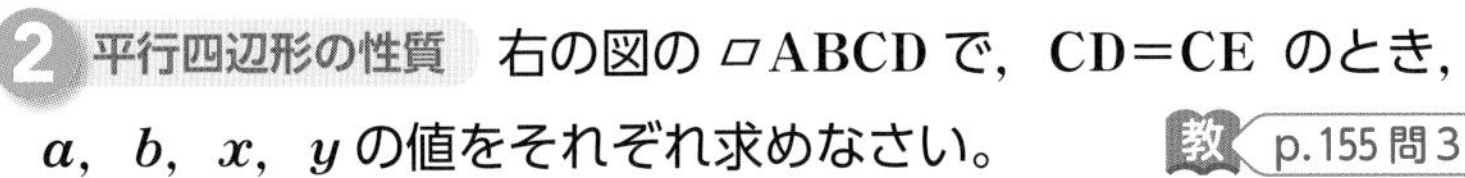

3 平行四辺形の性質の利用　右の図のように，▱ABCD の対角線上に，∠BAE＝∠DCF となる点 E，F をそれぞれとります。このとき，BE＝DF であることを次のように証明しました。空らんをうめて証明を完成させなさい。 教 p.156 問 4

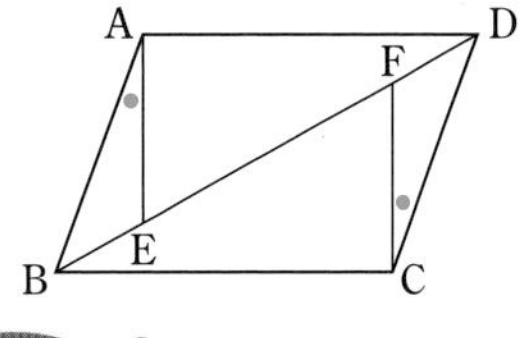

証明 △ABE と △[①　　] において，

仮定から，∠BAE＝∠DCF　… ①

平行四辺形の[②　　]は等しいから，

AB＝[③　　]　… ②

平行線の[④　　]は等しいから，AB∥DC より，

∠ABE＝∠[⑤　　]　… ③

①，②，③より，[⑥　　　　]がそれぞれ等しいから，

△ABE≡△[⑦　　]

合同な図形では対応する辺の長さは等しいから，

BE＝DF

ここがポイント

平行四辺形の性質を利用する証明問題では，見落としをしないよう注意する！

・対辺が平行。

・対辺が等しい。

・対角が等しい。

・対角線がそれぞれの中点で交わる。

意外と見落としやすい！

左ページの例の答え　① 9　② 10　③ 対角　④ 70　⑤ 40　⑥ 対辺　⑦ 斜辺と 1 つの鋭角

2 四角形
1 平行四辺形(2)

例1 平行四辺形になるための条件

教 p.157〜160 →基本問題 1 2

四角形 ABCD において，AD∥BC，AD＝BC とします。この図を利用して，「1組の対辺が平行でその長さが等しい四角形は，平行四辺形である」ことを証明しなさい。

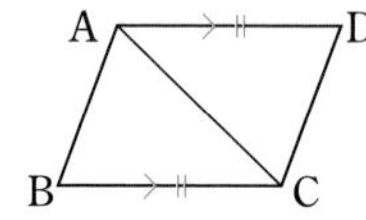

考え方 仮定 AD∥BC，AD＝BC から，結論 AD∥BC，AB∥DC を導く。
（AD∥BC：1組の対辺が平行　AD＝BC：1組の対辺の長さが等しい　AD∥BC，AB∥DC：2組の対辺がそれぞれ平行（平行四辺形の定義））

証明 △ABC と △CDA において，
仮定から，BC＝DA …①
共通な辺であるから，
AC＝CA …②
平行線の ① [　　] は等しいから，AD∥BC より，
∠ACB＝∠CAD …③
①，②，③より，② [　　　　] がそれぞれ等しいから，△ABC≡△CDA
合同な図形では対応する角の大きさが等しいから，
∠BAC＝∠DCA
よって，③ [　　] が等しいから，AB∥DC
2組の対辺がそれぞれ平行だから，四角形 ABCD は平行四辺形である。

平行四辺形になるための条件

四角形は，次のどれかが成り立つとき平行四辺形である。

定義　2組の対辺がそれぞれ平行である。
1　2組の対辺がそれぞれ等しい。
2　2組の対角がそれぞれ等しい。
3　対角線がそれぞれの中点で交わる。
4　1組の対辺が平行でその長さが等しい。

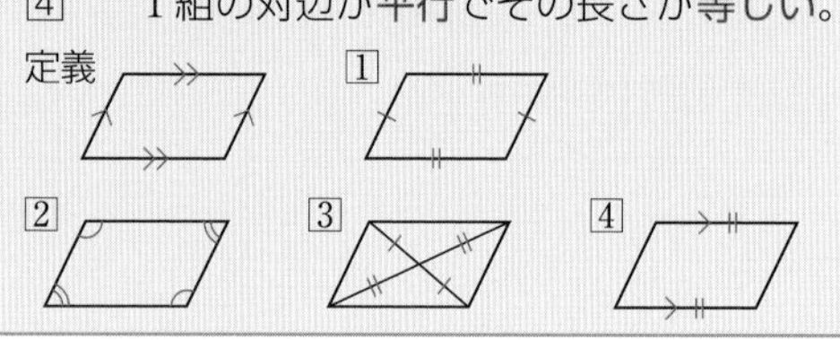

例2 平行四辺形であることの証明

教 p.160 →基本問題 3

▱ABCD の辺 AD，BC 上に，AE＝CF となるような点 E，F をそれぞれとります。このとき，四角形 EBFD は平行四辺形であることを証明しなさい。

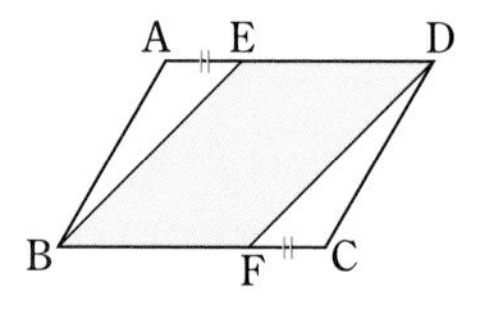

考え方 平行四辺形になるための条件のうち，どれが四角形 EBFD で成り立つか考える。

証明 平行四辺形の対辺は等しいから，AD＝BC …①
仮定から，AE＝CF …②
①，②より，ED＝AD－AE＝BC－CF＝④ [　　] …③
また，AD∥BC より，ED∥BF …④
③，④より，⑤ [　　　　　　] から，
（平行四辺形になるための条件を書く。）
四角形 EBFD は平行四辺形である。

平行四辺形になるための条件のうち，どれが成り立つかな？

基本問題

1 平行四辺形になるための条件 ▱ABCD をもとにして，次の(1)，(2)のようにしてつくられた四角形はどちらも平行四辺形になります。このことを証明するときに使う「平行四辺形になるための条件」をそれぞれ答えなさい。

教 p.157〜160

(1) 四角形EBCF を平行四辺形とすると，四角形AEFD は平行四辺形

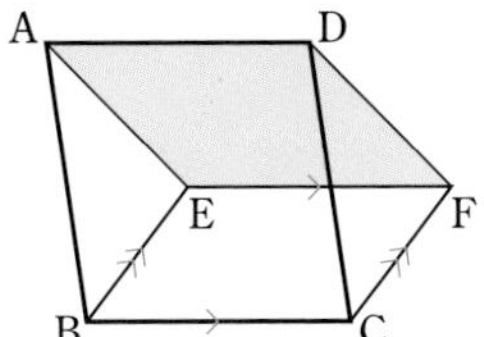

(2) AE＝CG，BF＝DH とすると，四角形 EFGH は平行四辺形

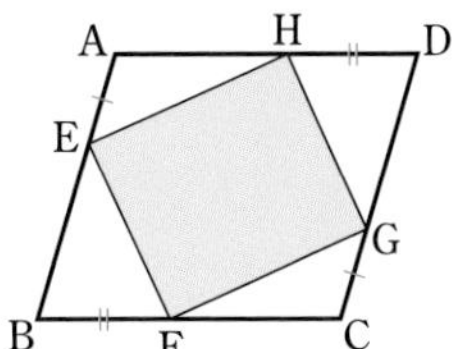

2 平行四辺形になるための条件 四角形ABCDの対角線の交点をOとします。次の条件のうち，四角形ABCDが必ず平行四辺形になるものには○，平行四辺形にならないものには×を答えなさい。

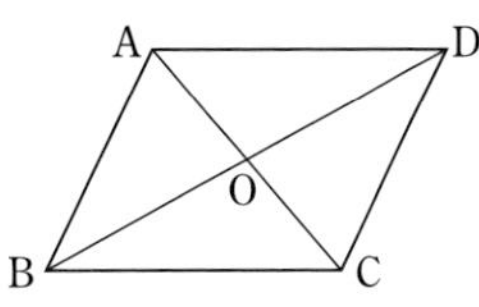

教 p.160 問7

㋐ AB∥DC，AD∥BC　　㋑ AB∥DC，AB＝DC

㋒ AB＝BC，AD＝DC　　㋓ AB＝DC，AD＝BC

㋔ OA＝OB，OC＝OD　　㋕ OA＝OC，OB＝OD

㋖ ∠A＝∠B，∠C＝∠D　　㋗ ∠A＝∠C，∠B＝∠D

平行四辺形になるための条件

定義　AB∥DC，AD∥BC

[1]　AB＝DC，AD＝BC

[2]　∠A＝∠C，∠B＝∠D

[3]　OA＝OC，OB＝OD

[4]　AD∥BC，AD＝BC

3 平行四辺形であることの証明 ▱ABCDにおいて，辺 AB，BC，CD，DA の中点をそれぞれ E，F，G，H とします。このとき，右の図のように，直線 AF，BG，CH，DE によってつくられた四角形 KLMN は平行四辺形であることを証明しなさい。

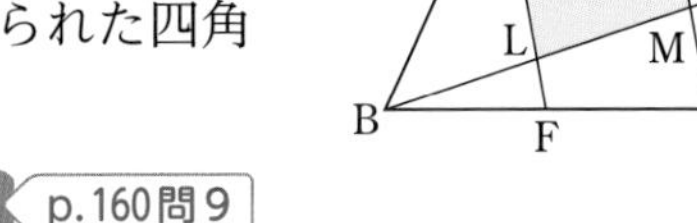

教 p.160 問9

左ページの 例 の答え

① 錯角　② 2 組の辺とその間の角　③ 錯角　④ BF　⑤ 1 組の対辺が平行でその長さが等しい

確認のワーク ステージ1 2 四角形
2 特別な平行四辺形

例1 長方形の性質の利用

教 p.162 → 基本問題 2

▱ABCD で，∠A＝90° のとき，▱ABCD は長方形であることを証明しなさい。

考え方 4 つの角が等しい四角形が長方形であることを利用する。

証明 平行四辺形の ①［　　］は等しいから，

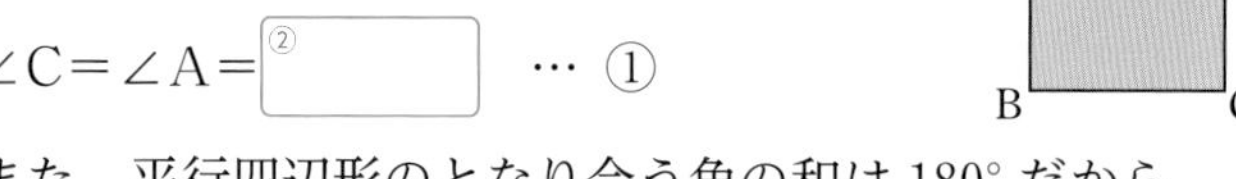

∠C＝∠A＝②［　　］ … ①

また，平行四辺形のとなり合う角の和は 180° だから，

∠A＋∠B＝180° より ∠B＝③［　　］

よって，∠D＝∠B＝90° … ②

①，②より，4 つの角が等しいから，

▱ABCD は長方形である。

たいせつ

定義

・長方形…4 つの角が等しい四角形

・ひし形…4 つの辺が等しい四角形

・正方形…4 つの角が等しく，4 つの辺が等しい四角形

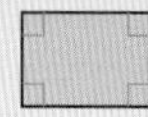
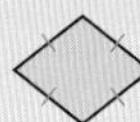
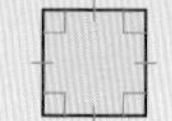

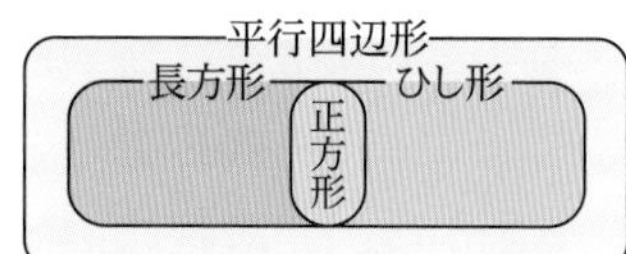

例2 特別な平行四辺形の対角線の性質

教 p.163, 164 → 基本問題 3 4

▱ABCD で，条件 AC⊥BD を加えると，▱ABCD はひし形になることを証明しなさい。

考え方 AB＝AD を導く。

証明 ▱ABCD の対角線 AC，BDをひき，その交点をOとする。

△ABO と △ADO において，

平行四辺形の対角線はそれぞれの中点で交わるから， BO＝④［　　］ … ①

仮定から，∠AOB＝∠AOD＝90° … ②

共通な辺であるから，

AO＝AO … ③

①，②，③より，⑤［　　　　］がそれぞれ等しいから，

△ABO≡△ADO

合同な図形では対応する辺の長さは等しいから，AB＝AD

よって，となり合う辺の長さが等しく，2 組の対辺が等しいから，4 つの辺が等しくなるので，▱ABCD はひし形である。

平行四辺形のとなり合う辺の長さが等しいことを示せばいいね。

覚えておこう

長方形，ひし形，正方形になるための条件

平行四辺形に下の条件を 1 つ加えると，それぞれ次の四角形になる。

平行四辺形 → ∠A＝90°，AC＝BD → 長方形 → AB＝BC，AC⊥BD → 正方形

平行四辺形 → AB＝BC，AC⊥BD → ひし形 → ∠A＝90°，AC＝BD → 正方形

基本問題

解答 p.32

1 ひし形の対角線の性質 右の図のように，ひし形 ABCD の対角線の交点をOとします。 教 p.162, 163

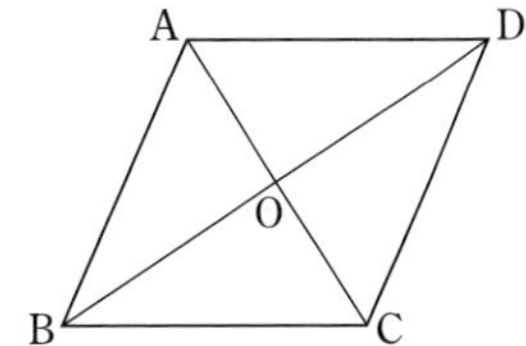

(1) △ABC と合同な三角形を答えなさい。

(2) △OAB と合同な三角形をすべて答えなさい。

(3) ∠OBA と大きさが等しい角をすべて答えなさい。

(4) ∠OAB＋∠OBA の大きさを求めなさい。

2 長方形の性質の利用 右の図の △ABC は，∠B＝90° の直角三角形で，点 M は斜辺 AC の中点です。∠A＝56° のとき，∠BMC の大きさを求めなさい。 教 p.162, 163

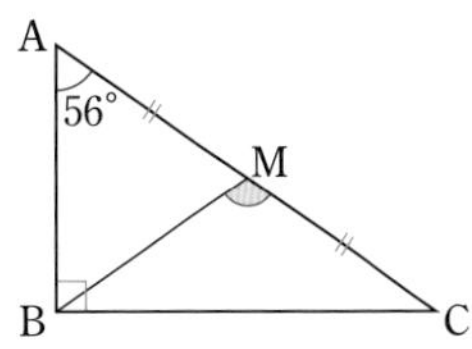

覚えておこう

直角三角形では，斜辺の中点から各頂点までの距離は等しい。

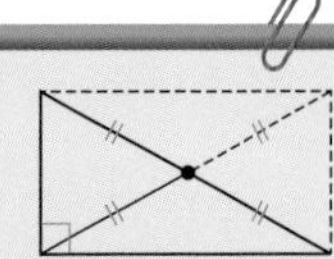

3 対角線の性質 ▱ABCD の対角線 AC と BD に，どのような条件を加えれば，次のような四角形になりますか。 教 p.163, 164

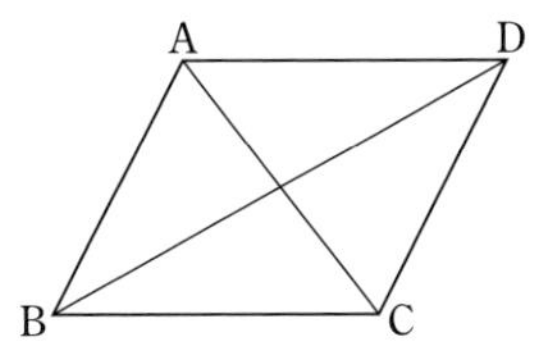

(1) 長方形

(2) 正方形

ここがポイント

特別な平行四辺形の対角線の性質

・長方形の対角線の長さは等しい。

・ひし形の対角線は垂直に交わる。

・正方形の対角線は長さが等しく垂直に交わる。

4 対角線の性質 ▱ABCD の辺 AD の中点を M とします。このとき，MB＝MC ならば，▱ABCD は長方形であることを証明しなさい。 教 p.163, 164

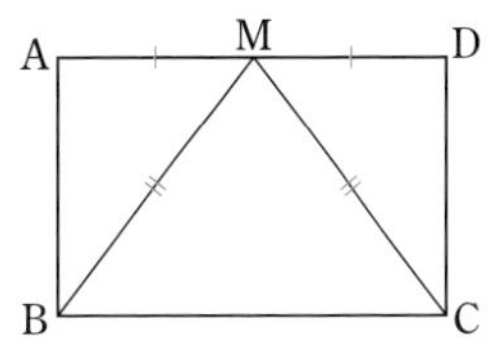

① 対角　② 90°　③ 90°　④ DO　⑤ 2 組の辺とその間の角

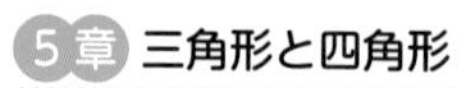

2 四角形
3 面積が等しい三角形

例1 底辺が等しい三角形の面積

教 p.165, 166 → 基本問題 1 2

右の図において，四角形 ABCD は平行四辺形です。このとき，面積が等しい三角形を 3 組見つけ，それぞれ式で表しなさい。

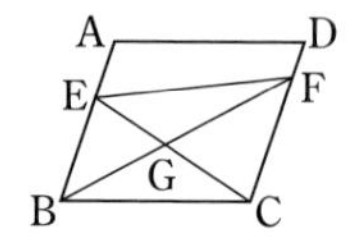

考え方 底辺を共有し，頂点が底辺と平行な直線上にあるものをさがす。

解き方 △FEB と △CEB は，

底辺 ①□ を共有し，

FC∥EB より高さが等しい。

平行な 2 直線の間の距離はつねに等しい。

よって，△FEB＝△CEB

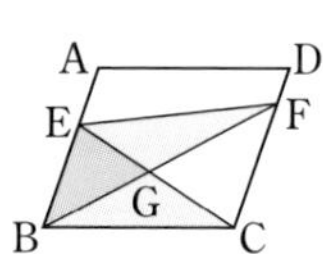

△ECF と △②□ は

底辺 CF を共有し，

EB∥FC より高さが等しい。

よって，△ECF＝△②□

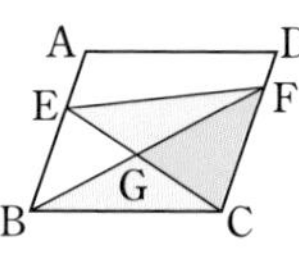

△FEG＝△FEB－△GEB

△CGB＝△③□－△GEB

よって，△FEG＝△④□

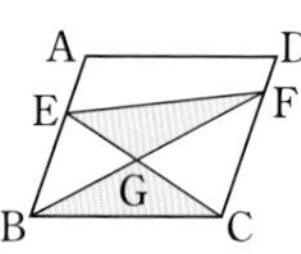

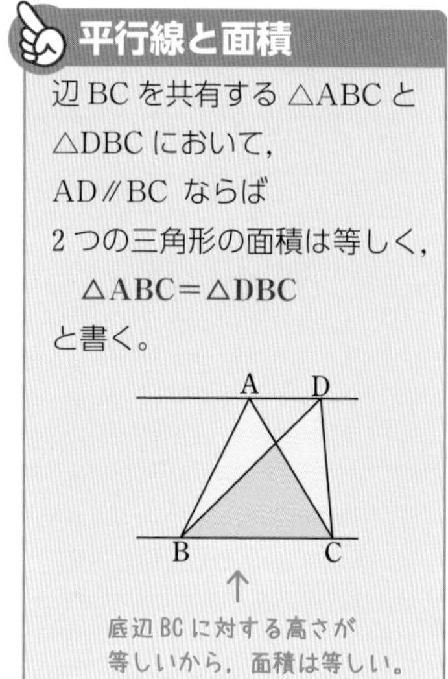

例2 面積が等しい図形に変形する

教 p.166 → 基本問題 3 4

右の図において，辺 CB の延長上に点Eをとり，四角形 ABCD と面積が等しい △DEC をつくりなさい。

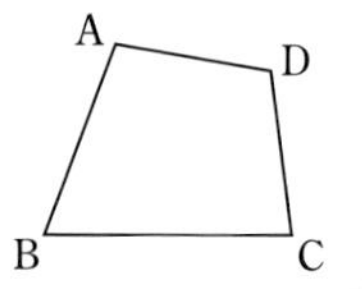

考え方 四角形を 2 つの三角形に分け，△ABD＝△EBD となる点Eを考える。

解き方 頂点Aを通り，対角線 DB と平行な直線をひき，辺 CB の延長との交点をEとする。

このとき，AE∥DB より

△⑤□＝△ABD … ①

また，△DEC＝△EBD＋△DBC … ②

四角形 ABCD＝△ABD＋△DBC … ③

①，②，③より，△⑥□＝四角形 ABCD となる。

平行線をひいて，底辺を共有し，高さが等しい三角形をつくるんだね。

基本問題

解答 p.33

1 底辺が等しい三角形の面積　右の図の，▱ABCD において，辺 BC の中点を E，対角線 AC と線分 DE の交点を F とします。

教 p.165, 166

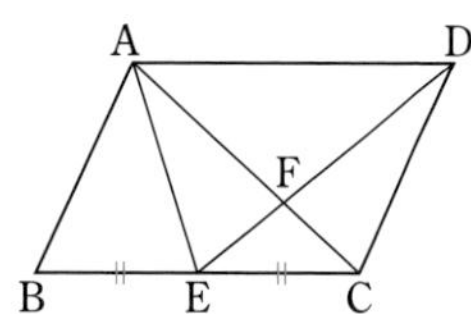

(1) 点 A，E を結んでできる △ABE と同じ面積の三角形を 2 つ答えなさい。

(2) △AEF＝△DFC であることを，次のように証明しました。空らんをうめて証明を完成させなさい。

証明　△AEF＝△AEC－△[①　　] …①

△[②　　]＝△DEC－△FEC …②

AD∥BC より △AEC＝△DEC …③

①，②，③より，△AEF＝△[③　　]

ここがポイント

下の図の △ABC と △ECD で，ℓ∥BD のとき，BC＝CD より底辺と高さがそれぞれ等しいから，△ABC＝△ECD

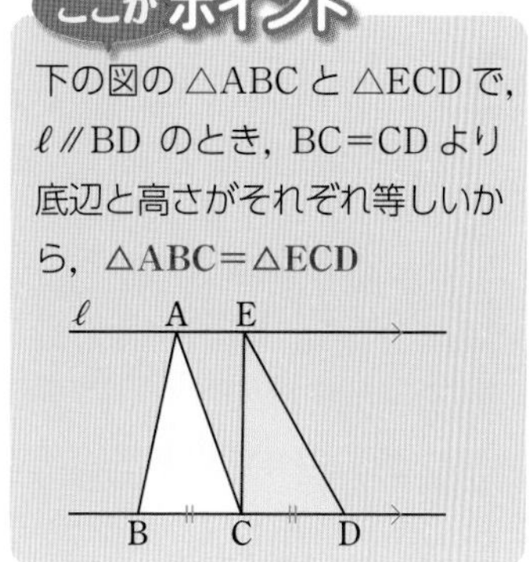

2 底辺が等しい三角形の面積　右の図のような，AD∥BC の台形 ABCD において，対角線の中点を E とします。△ABE の面積が 9 cm² であるとき，台形 ABCD の面積を求めなさい。

教 p.166 問 1

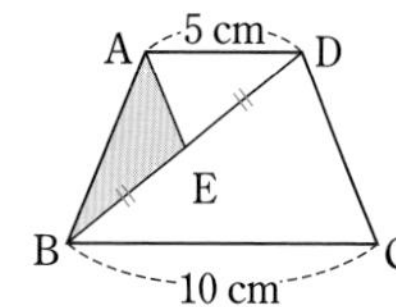

覚えておこう

定義…1 組の対辺が平行な四角形を台形という。

3 面積が等しい図形　右の図の △ABC の辺 BC 上の点 P を通り，△ABC の面積を 2 等分する直線をひきなさい。ただし，点 M は，辺 BC の中点とします。

教 p.166

△AMP＝△AQP となるような点 Q を見つけよう。

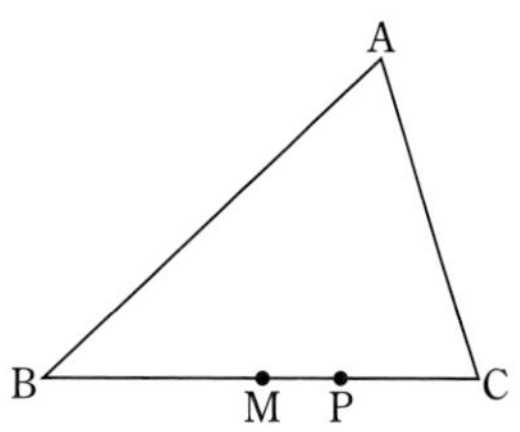

4 面積が等しい図形　右の図のように，四角形の土地が折れ線 APB によって 2 つに分けられています。それぞれの土地の面積を変えないで，点 A を通る 1 本の直線で分けなおすとき，その直線をかき入れなさい。

教 p.166 問 3

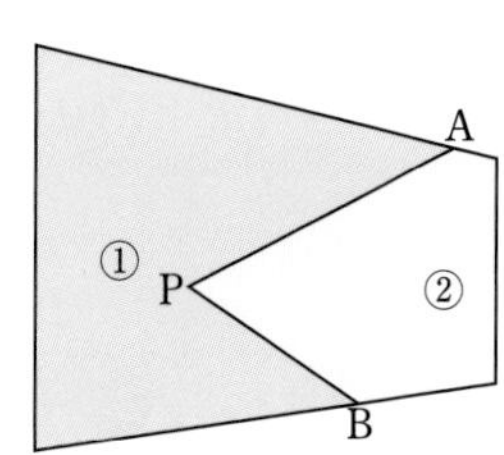

左ページの例の答え　① EB　② BCF　③ CEB　④ CGB　⑤ EBD　⑥ DEC

5 章

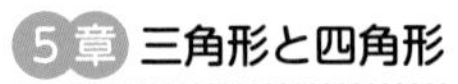

解答 p.33

2 四角形

1 次の図の ▱ABCD において，∠x，∠y の大きさを求めなさい。

(1)

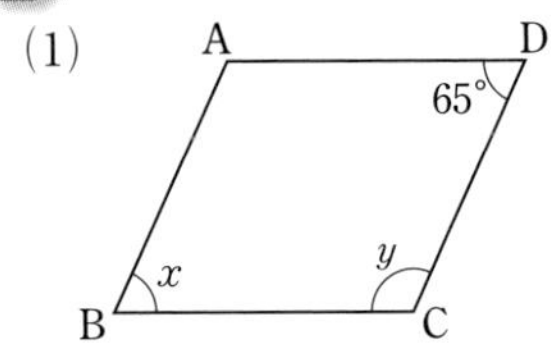

(2)

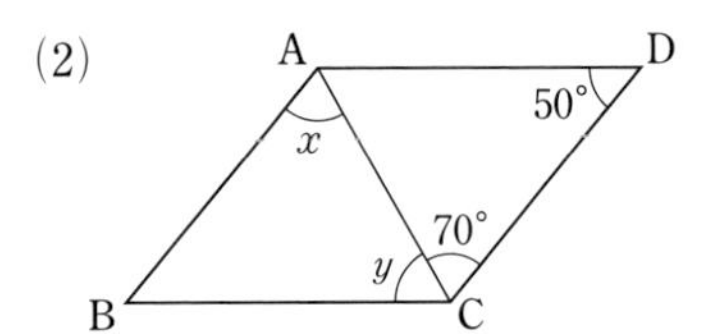

(3) ∠ABE＝∠EBC

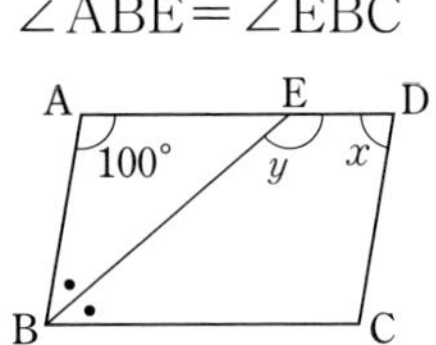

よく出る **2** ▱ABCD において，対角線 AC と BD の交点を O とします。O を通る直線と辺 AD，BC との交点をそれぞれ P，Q とすると，BQ＝DP となります。

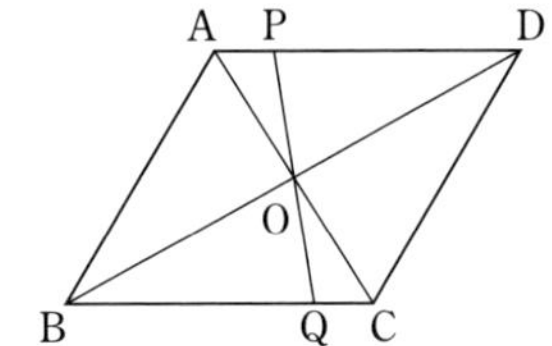

(1) ∠ODP と大きさが等しい角を答えなさい。

(2) BQ＝DP であることを証明しなさい。

3 四角形 ABCD において，AD∥BC のとき，次のどの条件を加えれば，四角形 ABCD は平行四辺形になりますか。適するものを 2 つ選び，記号で答えなさい。

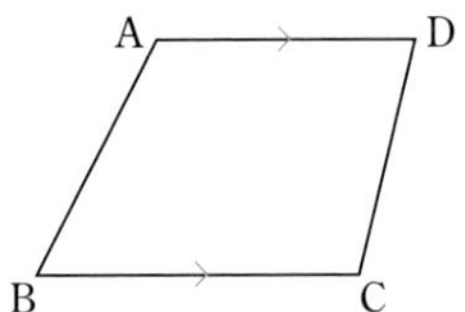

㋐ AB＝AD　㋑ AB＝DC　㋒ AD＝BC　㋓ AC＝DB
㋔ ∠A＝∠B　㋕ ∠A＝∠C　㋖ ∠A＝∠D　㋗ ∠A＋∠C＝180°

よく出る **4** ▱ABCD の辺 AB，BC，CD，DA の中点をそれぞれ E，F，G，H とします。このとき，四角形 EFGH は平行四辺形であることを証明しなさい。

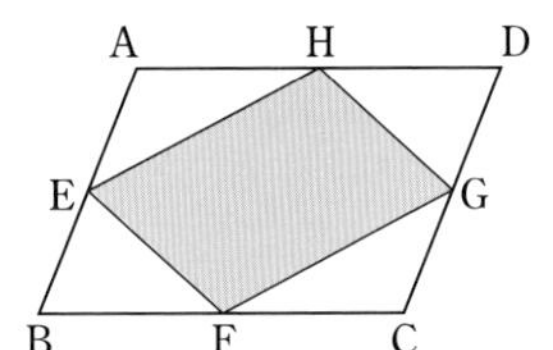

5 右の図のように，▱ABCD の内角の二等分線によって四角形 EFGH がつくられています。

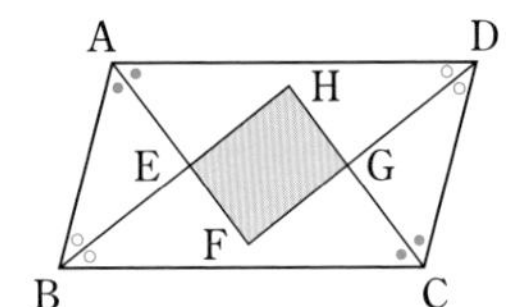

(1) ∠HEF の大きさを求めなさい。

(2) 四角形 EFGH はどんな四角形であるか答えなさい。

3 平行四辺形になるための条件にあてはまるものを考える。
4 三角形の合同を利用して，EH＝GF，EF＝GH（2 組の対辺が等しいこと）を示す。
5 ▱ABCD において，∠A＋∠B＝180° より，●●＋○○＝180° であることに着目する。

6 右の図で，四角形 ABCD は平行四辺形です。点Hは，辺 CD 上にある点で，頂点 C，頂点Dのいずれにも一致(いっち)しません。頂点Aと点Hを結び，∠ABC＝65°，∠DAH の大きさを $x°$ とするとき，∠AHC の大きさを表す式を，次の①～④のうちから選び，番号で答えなさい。

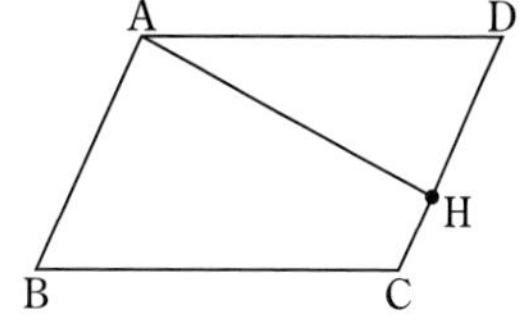

① $x°+115°$　② $x°+65°$　③ $115°-x°$　④ $65°-x°$

7 △ABC の辺 AB，AC 上にそれぞれ点 D，E をとります。このとき，DE∥BC ならば，△ABE＝△ACD であることを証明しなさい。

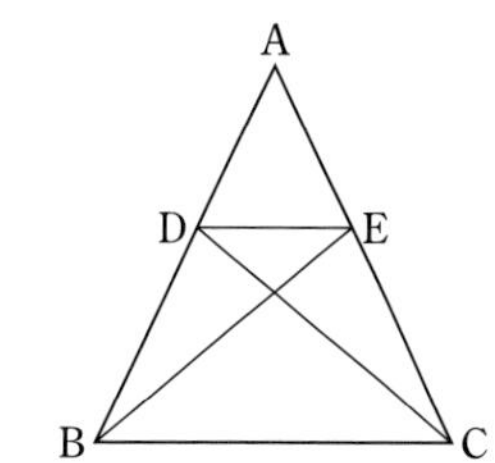

8 右の図において，四角形 ABCD の対角線 BD の中点を M とするとき，折れ線 AMC は四角形 ABCD の面積を 2 等分することを証明しなさい。また，頂点Aを通り，四角形 ABCD の面積を 2 等分する直線をひきなさい。

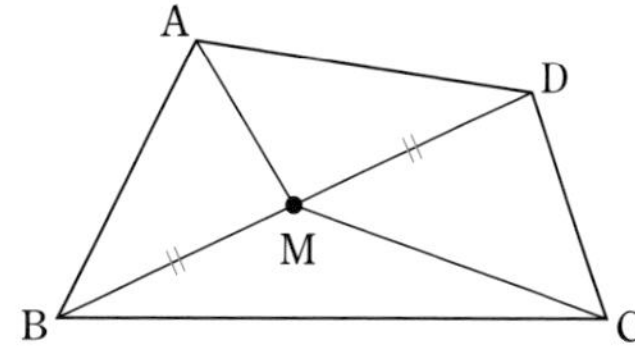

5章

入試問題をやってみよう！

1 右の図のような平行四辺形 ABCD があります。このとき，∠x の大きさを求めなさい。〔佐賀〕

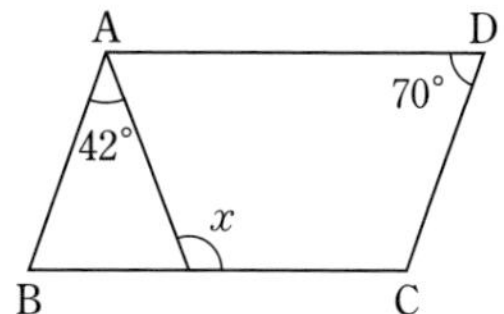

2 右の図のように，平行四辺形 ABCD の対角線の交点をOとし，線分 OA，OC 上に，AE＝CF となる点 E，F をそれぞれとります。このとき，四角形 EBFD は平行四辺形であることを証明しなさい。〔埼玉2019〕

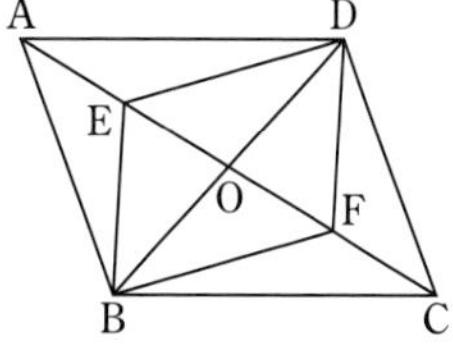

6 ∠AHC は，△AHD の外角である。

7 △ABE＝△ADE＋△DBE，△ACD＝△ADE＋△DCE と考える。

8 四角形 AMCD を，△AMC と △ACD に分けて，△AMC と同じ面積の三角形を考える。

解答 p.35

実力判定テスト ステージ3 三角形と四角形

40分 /100

1 次の図において，同じ記号がついた辺や角は等しいものとして，$\angle x$ の大きさを求めなさい。　6点×3(18点)

(1)

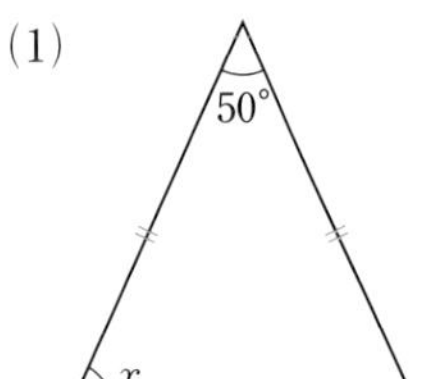

(2)

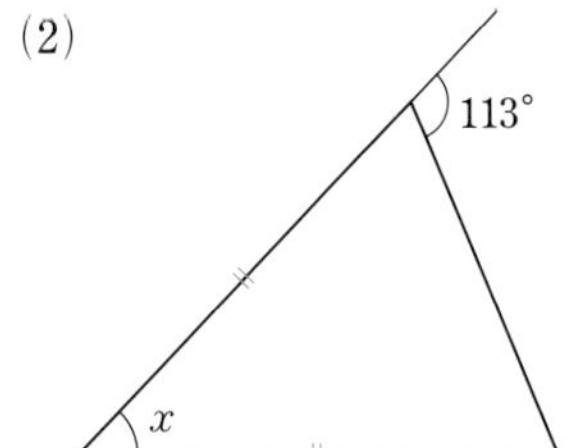

(3)

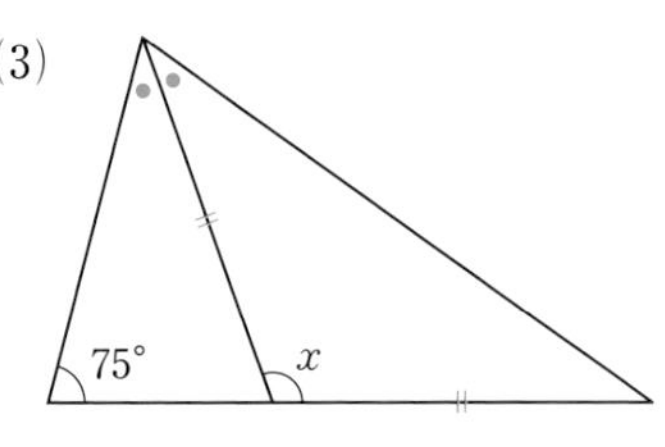

(　　　)　(　　　)　(　　　)

よく出る **2** 次の図の ▱ABCD において，$\angle x$ の大きさを求めなさい。　6点×3(18点)

(1)

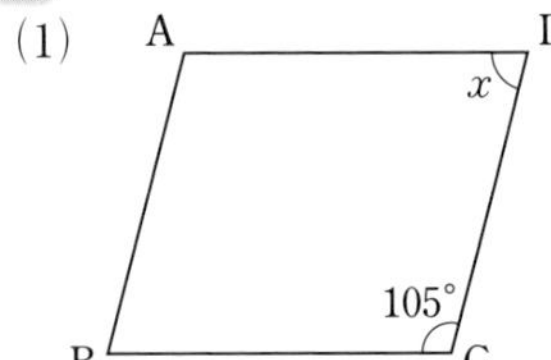

(2)

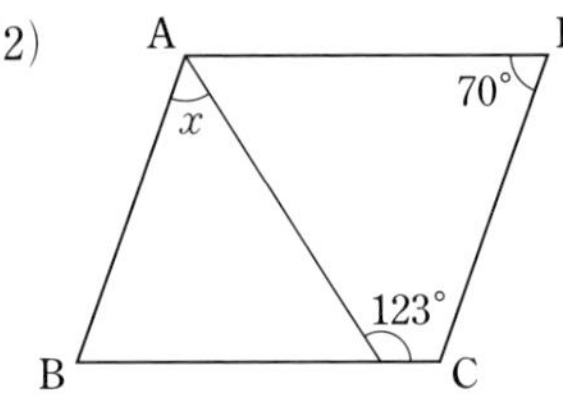

(3)

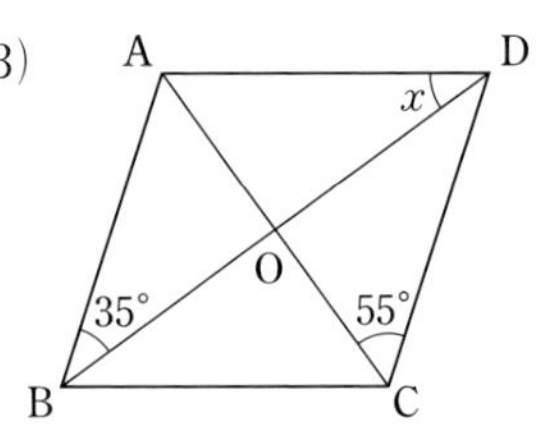

(　　　)　(　　　)　(　　　)

3 直角二等辺三角形 ABC の頂点 A を通る直線 ℓ に，点 B，C から垂線 BD，CE をひきます。　6点×3(18点)

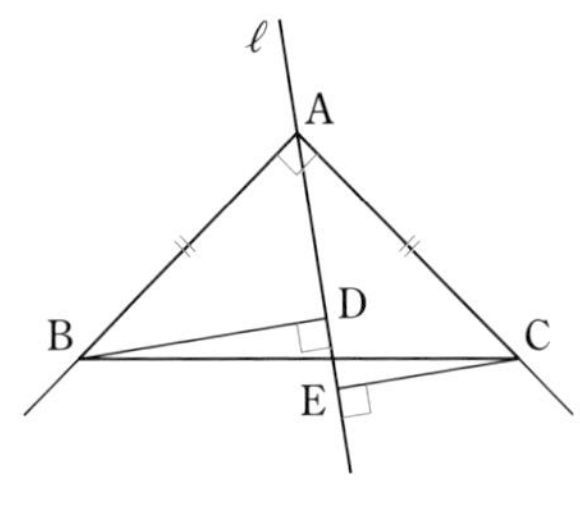

(1) $\angle$CAE$=36°$ のとき，$\angle$ABD の大きさを求めなさい。

(　　　)

(2) △ABD≡△CAE であることを証明するときに使う合同条件を答えなさい。

(　　　)

(3) BD$=4$ cm，CE$=2$ cm のとき，DE の長さを求めなさい。

(　　　)

目標 ❶❷❸は三角形や平行四辺形の性質を覚え，使えるようにしよう。❹❺を確実に答え，❻の証明ができるようになろう。

自分の得点まで色をぬろう!

がんばろう! もう一歩 合格!
0 60 80 100点

4 右の図の二等辺三角形 ABC の底辺 BC 上に，BD＝CE となるように点 D，E をとります。 6点×2(12点)

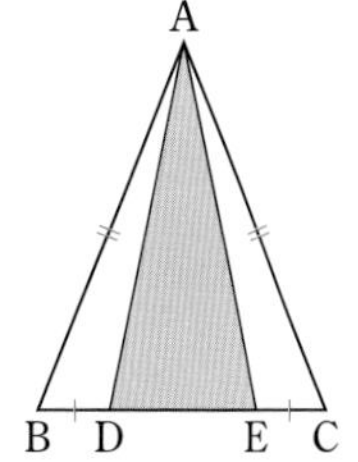

(1) △ABD≡△ACE を証明するために使う合同条件を答えなさい。

(　　　　　　　　　　)

(2) △ADE が二等辺三角形になることを証明するには，△ABD≡△ACE から何を示せばよいですか。

(　　　　　　　　　　)

5 右の図の四角形 ABCD はひし形であり，対角線 AC と BD の交点をOとします。また，対角線 BD 上に，OE＝OA，OF＝OC となる点 E，F をそれぞれとります。このとき，四角形 AECF が正方形であることを証明するときに使う対角線についての条件を答えなさい。 (10点)

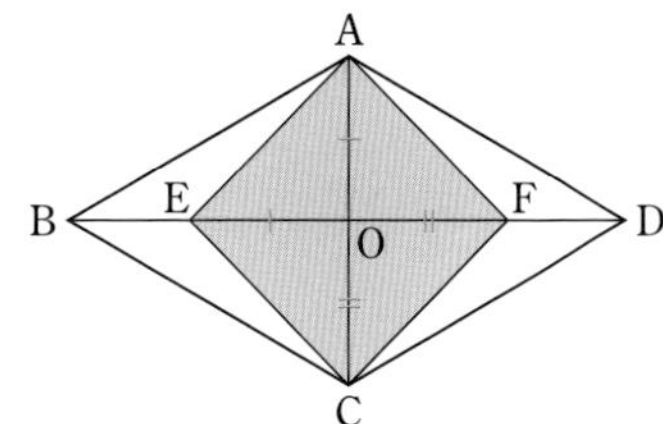

(　　　　　　　　　　)

6 右の図のように，▱ABCD の辺 BC 上に AB＝AE となる点Eをとるとき，△ABC≡△EAD となることを証明しなさい。 (10点)

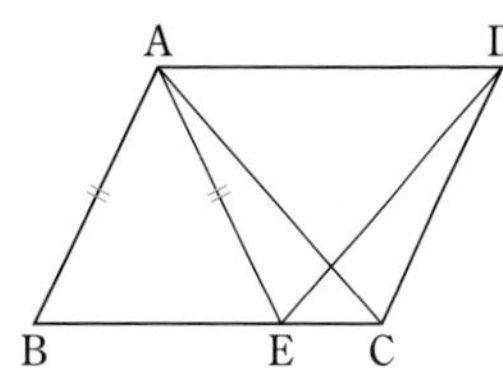

[　　　　　　　　　　]

7 右の図のように，▱ABCD の辺 DC 上に点Eをとり，AE の延長線と BC の延長線の交点をFとします。 7点×2(14点)

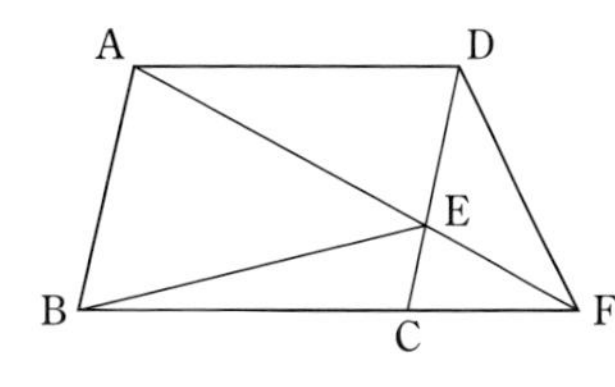

(1) 図の中で，△ABE と同じ面積の三角形を１つ答えなさい。

(　　　　　　　　　　)

(2) 図の中で，△BCE と同じ面積の三角形を１つ答えなさい。

(　　　　　　　　　　)

5章

確認のワーク ステージ1
1 データの散らばり ❶ 四分位数と四分位範囲 ❷ 箱ひげ図
2 データの傾向と調査 ❶データの傾向と調査

例1 四分位数，四分位範囲

教 p.172〜176 → 基本問題 2

次のデータは，生徒 10 人について，テストの得点を低い方から順に並べたものです。

54	65	70	74	77	85	88	91	95	100

単位（点）

(1) このデータの四分位数を求めなさい。 (2) このデータの四分位範囲を求めなさい。

考え方 (1) 値の大きさの順に並んだデータを 4 等分して考える。個数が同じになるように半分に分けていく。
(2) (四分位範囲)＝(第 3 四分位数)−(第 1 四分位数) で求める。

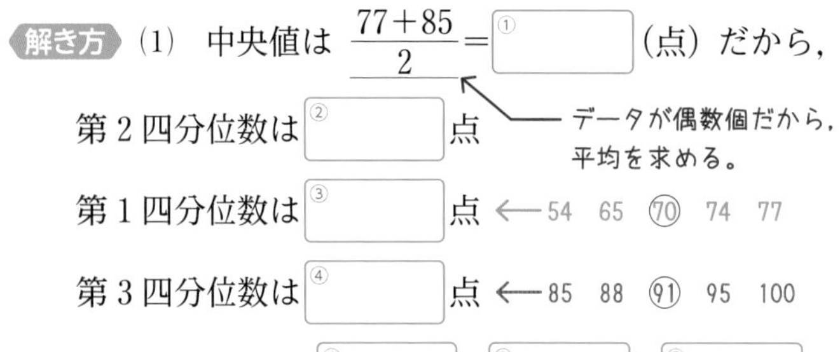

解き方 (1) 中央値は $\frac{77+85}{2}$ ＝ ① （点）だから，

第 2 四分位数は ② 点 ← データが偶数個だから，平均を求める。

第 1 四分位数は ③ 点 ← 54 65 ⑳ 74 77

第 3 四分位数は ④ 点 ← 85 88 ⑼ 95 100

(2) 四分位範囲は ④ − ③ ＝ ⑤ （点）

> **四分位数**
> データを値の大きさの順に並べて 4 等分するとき，4 等分する位置にくる値を四分位数（しぶんいすう）といい，小さい方から順に，第 1 四分位数，第 2 四分位数，第 3 四分位数という。
> 第 2 四分位数は中央値のことである。

例2 箱ひげ図

教 p.177〜180 → 基本問題 3

右の図は，ある中学校の 2 年生 100 人について，数学，英語，国語のテストを行ったときの得点のデータの箱ひげ図です。

(1) 四分位範囲がもっとも小さいのは，どの教科であるか答えなさい。

(2) 74 点以下の生徒が 50 人以上いるのは，どの教科であるか答えなさい。

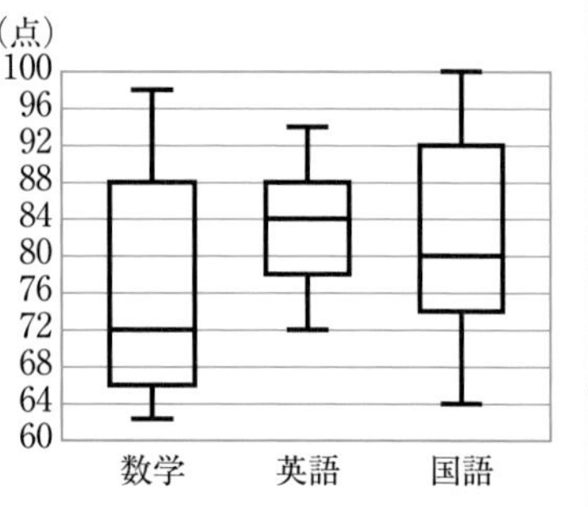

考え方 (1) 箱の縦の長さが「四分位範囲」を表す。
(2) 中央値で比べる。

解き方 (1) 箱の縦の長さがもっとも短い教科は ⑥ である。

(2) データの中央値は ← 50 番目と 51 番目の平均

数学が ⑦ 点，英語が ⑧ 点，

国語が ⑨ 点だから，⑩ は

得点が 74 点以下の生徒が 50 人以上いることになる。

> **箱ひげ図**
> データの最小値，第 1 四分位数，中央値（第 2 四分位数），第 3 四分位数，最大値を箱と線（ひげ）で表した図。

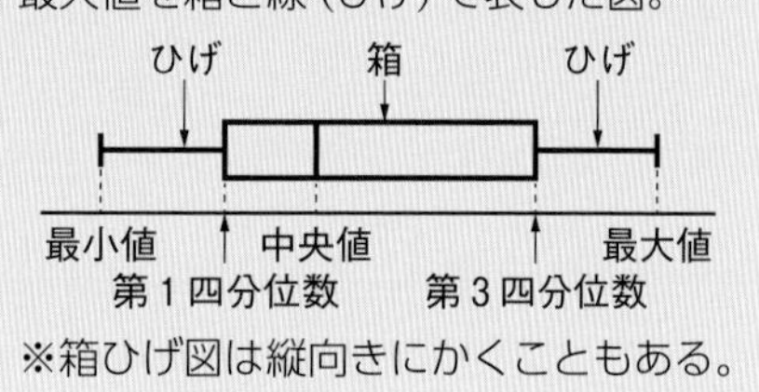

※箱ひげ図は縦向きにかくこともある。

基本問題

解答 p.36

1 データの中央値　次のデータは，2つの袋（ふくろ）A，Bの中に入っているみかんの重さを調べた結果です。

教 p.173問1

袋A

105	102	98	110	106
105	96	108	97	100

袋B

95	103	108	105	112
113	103	106	96	102

単位（g）

(1)　袋Aに入っているみかんの重さの中央値を求めなさい。

(2)　袋Bに入っているみかんの重さの中央値を求めなさい。

2 四分位数，四分位範囲　次のデータは，ある中学校のA組とB組の生徒の一部について，1年間に図書室で借りた本の冊数を調べた結果です。

教 p.175, 176

A組　9，12，19，30，36，42，50，56，60，65

B組　10，22，29，31，35，40，48，52，70　　単位（冊）

(1)　A組のデータの四分位数を求めなさい。

(2)　B組のデータの四分位数を求めなさい。

(3)　A組のデータの四分位範囲を求めなさい。

(4)　B組のデータの四分位範囲を求めなさい。

3 箱ひげ図　次のデータは，A市，B市で，最低気温が25C°以上であった日の日数を，1年ごとに集計して7年間調べた結果です。

教 p.178問1

A市　16，24，30，30，34，42，48

B市　28，34，40，44，48，48，52　単位（日）

(1)　A市のデータの四分位数を求めなさい。

(2)　B市のデータの四分位数を求めなさい。

(3)　右の図に，A市のデータとB市のデータの箱ひげ図を並べてかき入れなさい。

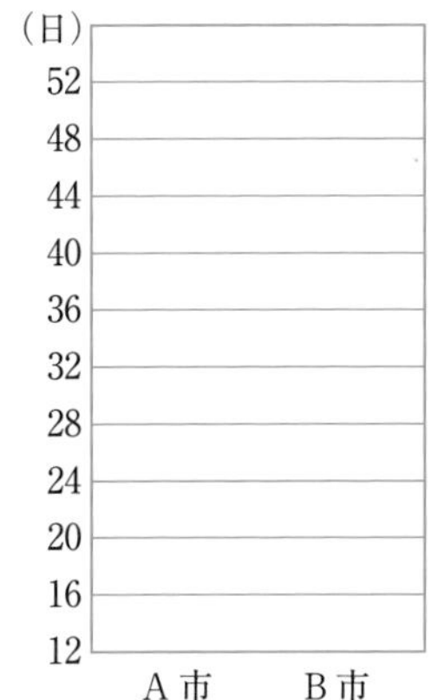

6章

左ページの例の答え　①81　②81　③70　④91　⑤21　⑥英語　⑦72　⑧84　⑨80　⑩数学

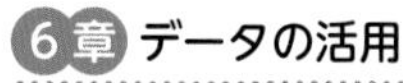

解答 p.37

1 データの散らばり　2 データの傾向と調査

1 次の表は，生徒 30 人に対して，ある週の月曜日から金曜日までに家で学習した時間を調べた結果です。

学習時間（時間）	0	1	2	3	4	5	6	7	8	9	10
人数（人）	1	1	0	2	3	2	10	4	3	1	3

(1) 学習時間の中央値を求めなさい。

(2) 範囲を求めなさい。

(3) 学習時間の四分位範囲を求めなさい。

2 次のデータは，15 人の生徒に 10 点満点の計算テストを行った結果です。

4, 7, 10, 3, 6, 8, 1, 9, 8, 5, 2, 4, 2, 10, 4　　単位(点)

このデータの箱ひげ図を，下の㋐〜㋒から選びなさい。

㋐
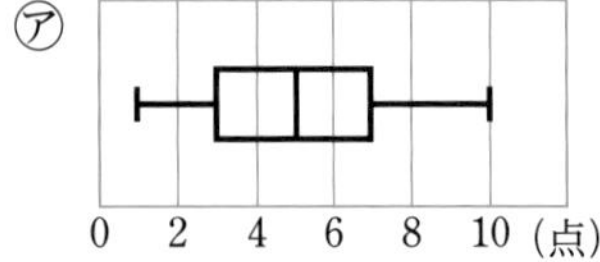

㋑
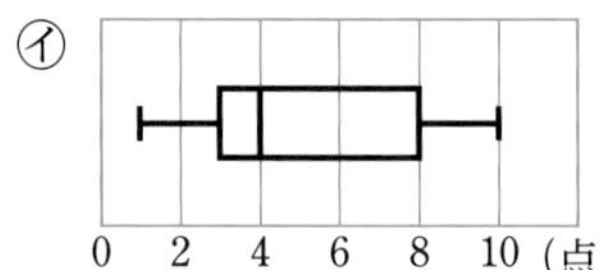

㋒
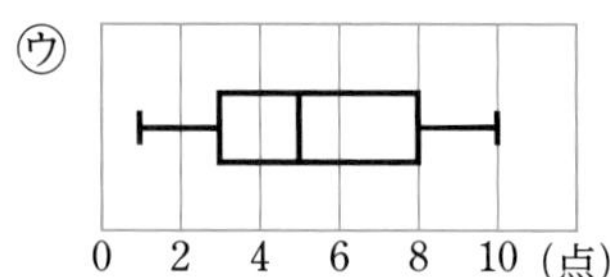

3 右の図は，1 組と 2 組の生徒の体重を調べたデータの箱ひげ図です。

(kg) 60 55 50 45 40 35　1 組　2 組

(1) 範囲が大きいのはどちらの組ですか。

(2) 四分位範囲が小さいのはどちらの組ですか。

(3) 体重が 50 kg より重い人がクラスの半分以上いるのはどちらの組ですか。

1 データを小さい方から並べて考える。
2 このデータの中央値や範囲を考える。
3 (1)(2) 箱ひげ図から読みとる。

解答 p.38

1 次のデータは，ある都市の日ごとの最高気温を調べた結果です。(1)〜(7)6点×7，(8)8点(50点)

28，29，29，30，30，30，31，32，32，33，34，34，34，35，35　単位(°C)

(1) 最小値を求めなさい。　(　　　　)

(2) 最大値を求めなさい。　(　　　　)

(3) 第1四分位数を求めなさい。　(　　　　)

(4) 中央値を求めなさい。　(　　　　)

(5) 第3四分位数を求めなさい。　(　　　　)

(6) 範囲を求めなさい。　(　　　　)

(7) 四分位範囲を求めなさい。　(　　　　)

(8) 箱ひげ図に表しなさい。

26　28　30　32　34 (℃)

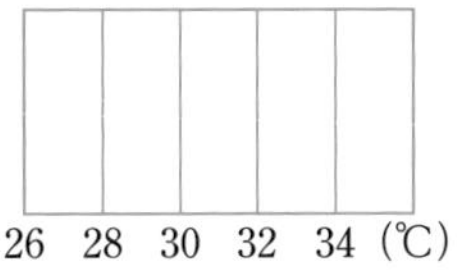

2 次のデータは，ある都市の1年間の月別の降水日数を調べた結果です。

4，6，5，8，10，8，10，6，13，7，5，3　単位(日)　(1)〜(7)6点×7，(8)8点(50点)

(1) 最小値を求めなさい。　(　　　　)

(2) 最大値を求めなさい。　(　　　　)

(3) 第1四分位数を求めなさい。　(　　　　)

(4) 中央値を求めなさい。　(　　　　)

(5) 第3四分位数を求めなさい。　(　　　　)

(6) 範囲を求めなさい。　(　　　　)

(7) 四分位範囲を求めなさい。　(　　　　)

(8) 箱ひげ図に表しなさい。

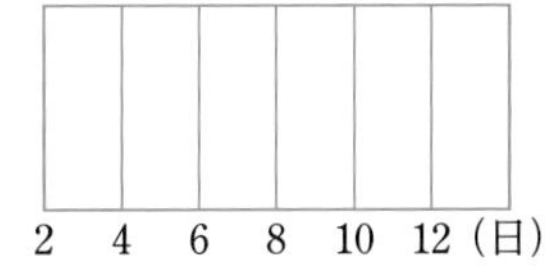

確認のワーク ステージ1 1 確率 1 確率

例1 確率の求め方

教 p.188～190 → 基本問題 1 2

1から10までの数が1つずつ書かれた10枚のカードがあります。このカードをよくきって1枚引くとき，次の確率を求めなさい。

(1) カードに書かれた数が2の倍数である確率

(2) カードに書かれた数が自然数である確率

考え方 カードの引き方は10通りあり，それらは同様に確からしい。←どの場合が起こることも同じ程度に期待できる。

解き方 (1) カードに書かれた数が2の倍数であるのは

2，4，6，8，10の ① □ 通りある。

よって，求める確率は $\frac{5}{10}=$ ② □ ←約分を忘れない！

(2) カードに書かれた数が自然数であるのは

1，2，3，…，10の ③ □ 通りある。（すべて自然数）

よって，求める確率は $\frac{10}{10}=$ ④ □ ←絶対に起こる確率は1

思い出そう

実験や観察を行うとき，あることがらの起こりやすさの程度を表す数を，そのことがらの起こる確率(かくりつ)という。

確率の求め方

起こりうるすべての場合が n 通りあり，そのうち，ことがらAの起こる場合が a 通りあるとき，Aの起こる確率 p は $p=\frac{a}{n}$ で求める。

例2 起こらない確率

教 p.191 → 基本問題 3

赤玉2個と青玉6個の入った袋(ふくろ)から玉を1個取り出すとき，次の確率を求めなさい。

(1) 赤玉を取り出す確率

(2) 赤玉を取り出さない確率

考え方 玉は全部で8個あるから，1個の玉を取り出すときの取り出し方は8通りあり，それらは同様に確からしい。

解き方 (1) 赤玉は2個だから，求める確率は

$\frac{2}{8}=$ ⑤ □

(2) (赤玉を取り出す確率)＋(赤玉を取り出さない確率)＝1

だから，赤玉を取り出さない確率は

1－ ⑤ □ ＝ ⑥ □

たいせつ

あることがらAが起こらない確率は，次のようにして求めることができる。

(Aの起こらない確率)

＝1－(Aの起こる確率)

別解 「赤玉を取り出さない」ということがらは「青玉を取り出す」ということがらで，6通りあるから，赤玉を取り出さない確率は

$\frac{6}{8}=$ ⑥ □

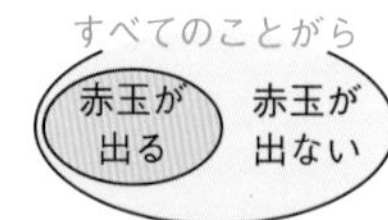

基本問題

解答 p.38

1 確率の求め方　正しく作られた1個のさいころを投げます。 教 p.190問2

(1)　目の出方は何通りありますか。

(2)　(1)の各場合の起こることは同様に確からしいといえますか。

(3)　3の目が出る確率を求めなさい。

(4)　4の約数の目が出る確率を求めなさい。

(5)　9の倍数の目が出る確率を求めなさい。

知ってると得

確率 p の値の範囲

$0 \leqq p \leqq 1$
↑　　↑
1　　2

1 絶対に起こらないことがらの確率は0
2 絶対に起こることがらの確率は1

2 確率の求め方　ジョーカーを除く52枚のトランプをよくきって1枚引きます。

(1)　引いたカードが◆（ダイヤ）である場合は何通りありますか。 教 p.190問3

(2)　♥（ハート）か♠（スペード）のカードを引く確率を求めなさい。

(3)　絵札を引く確率を求めなさい。

絵札は，ジャック，クイーン，キングがかかれたカードのことをいうね。

3 起こらない確率　1から21までの数が1つずつ書かれた21枚のカードがあります。このカードをよくきって1枚引くとき，次の確率を求めなさい。 教 p.191問4

(1)　1から7までの数が書いてあるカードを引く確率

(2)　8以上の数が書いてあるカードを引く確率

(3)　3の倍数ではない数が書いてあるカードを引く確率

Aの起こらない確率は，まず，Aの起こる確率を考えるよ。

左ページの例の答え　①5　②$\frac{1}{2}$　③10　④1　⑤$\frac{1}{4}$　⑥$\frac{3}{4}$

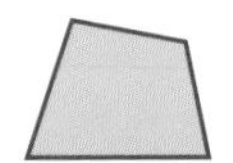

確認のワーク ステージ1　1 確率　2 いろいろな確率

例1 樹形図の利用

教 p.192, 193 → 基本問題 1

A，Bの2人がじゃんけんをするとき，Bが勝つ確率を求めなさい。

考え方 起こりうるすべての場合を整理して考えるために，樹形図を利用する。

解き方 グーを(グ)，チョキを(チ)，パーを(パ)のように表すと，
2人の手の出し方は右の図のようになる。
樹形図より，2人の手の出し方は
全部で ① ＿＿ 通りあり，
それらは同様に確からしい。
このうち，
Bが勝つのは◎をつけた3通りある。
よって，求める確率は $\frac{3}{9}=$ ② ＿＿

A　B
(グ)─(グ) △ ←あいこ
(グ)─(チ) × ←Bの負け
(グ)─(パ) ◎ ←Bの勝ち
(チ)─(グ) ◎
(チ)─(チ) △
(チ)─(パ) ×
(パ)─(グ) ×
(パ)─(チ) ◎
(パ)─(パ) △

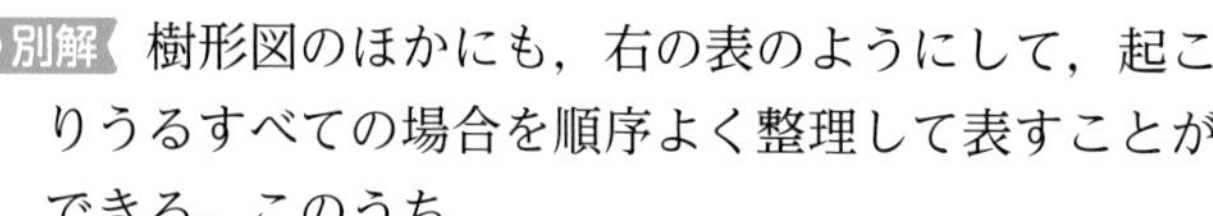

別解 樹形図のほかにも，右の表のようにして，起こりうるすべての場合を順序よく整理して表すことができる。このうち，
Bが勝つのは下線をひいた3通りになる。

A＼B	(グ)	(チ)	(パ)
(グ)	((グ)，(グ))	((グ)，(チ))	<u>((グ)，(パ))</u>
(チ)	<u>((チ)，(グ))</u>	((チ)，(チ))	((チ)，(パ))
(パ)	((パ)，(グ))	<u>((パ)，(チ))</u>	((パ)，(パ))

例2 樹形図のかき方のくふう

教 p.195, 196 → 基本問題 2

A，B，C，Dの4人の中から，くじ引きで用具係を2人選びます。Aが係に選ばれる確率を求めなさい。

考え方 同時に2人を選ぶときは，順番は関係がないので，
重複する組み合わせを消した樹形図をかいて調べる。

解き方 右の樹形図より，2人の選び方は全部で
③ ＿＿ 通りあり，それらは同様に確からしい。このうち，Aが選ばれるのは◎をつけた
④ ＿＿ 通りある。

よって，求める確率は ⑤ ＿＿ $=\frac{1}{2}$

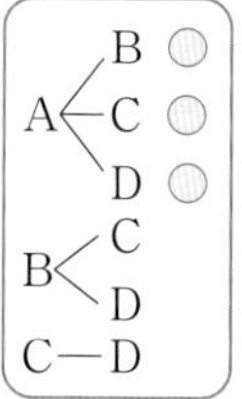

別解 樹形図のほかにも，右のようにかき並べて調べる方法もある。

{A，B} ◎　{B，C}　{C，D}
{A，C} ◎　{B，D}
{A，D} ◎

基本問題

解答 p.39

1 樹形図の利用　3 枚の硬貨 A，B，C を同時に投げます。

教 p.193 問 1，問 2

(1)　樹形図をかいて，表裏の出方が全部で何通りあるか求めなさい。

ここがポイント

起こりうるすべての場合の数を調べるときは，次のことに気をつける。
・同じものを重複して数えない。
・数え落としをしない。

(2)　3 枚とも表になる確率を求めなさい。

(3)　2 枚が表で 1 枚が裏になる確率を求めなさい。

(4)の「少なくとも 1 枚は表」は「3 枚とも裏」ということがらが起こらない確率を考えればいいね。

(4)　少なくとも 1 枚は表になる確率を求めなさい。

2 樹形図の書き方のくふう　A，B，C，D の 4 人の中から，くじ引きで 2 人選びます。

教 p.196 問 5

(1)　委員長と副委員長を 1 人ずつ選ぶとき，選び方は全部で何通りありますか。

(2)　(1)のとき，A が委員長か副委員長のどちらかに選ばれる確率を求めなさい。

(3)　代表を 2 人選ぶとき，選び方は全部で何通りありますか。

ミス注意

(1)(2)「委員長と副委員長」
➡ 選ぶ順番を区別する。
(3)(4)「代表 2 人」
➡ 選ぶ順番を区別しない。

(4)　(3)のとき，A と B の 2 人ともが代表に選ばれる確率を求めなさい。

7 章

3 引く順番と確率　赤玉 1 個，白玉 3 個が入った袋から，A と B がこの順で 1 個ずつ玉を取り出します。このとき，赤玉を取り出した方が勝ちとすると，どちらの方が勝つ確率が大きいですか。ただし，取り出した玉はもとにもどさないものとします。

教 p.196 TRY 2

左ページの例の答え　① 9　② $\frac{1}{3}$　③ 6　④ 3　⑤ $\frac{3}{6}$

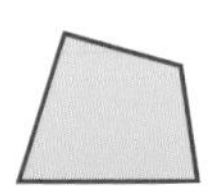

解答 p.39

1 確率

1 1枚の100円硬貨を3回投げます。

(1) 表と裏の出方は何通りありますか。

(2) 表が2回以上出る確率を求めなさい。

2 大小2個のさいころを同時に投げます。

(1) 大小2個のさいころの目の出方は全部で何通りありますか。

(2) 出る目が両方とも同じになる確率を求めなさい。

(3) 出る目の和が7になる確率を求めなさい。

(4) 出る目の和が6以下になる確率を求めなさい。

(5) 出る目の和が3の倍数になる確率を求めなさい。

(6) 出る目の積が6になる確率を求めなさい。

(7) 少なくとも一方の目が2である確率を求めなさい。

3 1，2，3の数が1つずつ書かれた3枚のカードがあります。このカードをよくきって，左から1列に並べて3けたの自然数をつくります。

[1] [2] [3]

(1) できた3けたの数が230以下になる確率を求めなさい。

(2) できた3けたの数が奇数になる確率を求めなさい。

2 樹形図や表に表して，全体のようすをきちんと理解する。
(7)「少なくとも一方の目が2」だから，2個のさいころのうち，1番目のさいころの目が2のときと2番目のさいころの目が2のときの，両方を考える。

4 赤玉 2 個，青玉 4 個が入った袋から，同時に 2 個の玉を取り出すとき，次の確率を求めなさい。

(1)　1 個が赤玉で，1 個が青玉になる確率　　(2)　少なくとも 1 個が赤玉である確率

5 6 本の中に 2 本の当たりが入ったくじを，A とBがこの順で 1 本ずつ引きます。ただし，引いたくじはもとにもどさないものとします。

(1)　2 人のくじの引き方は全部で何通りありますか。当たりくじを①，②，はずれくじを3，4，5，6として，樹形図をかいて求めなさい。

(2)　くじを引く順番によって当たりやすさは変わりますか。

6 男子 3 人と女子 2 人を合わせた 5 人の中から，くじ引きで委員を 3 人選びます。このとき，次の確率を求めなさい。

(1)　3 人とも男子である確率　　(2)　少なくとも 1 人は女子が選ばれる確率

1 500 円，100 円，50 円，10 円の硬貨が 1 枚ずつあります。この 4 枚を同時に投げるとき，次の問いに答えなさい。〔三重〕

(1)　4 枚のうち，少なくとも 1 枚は裏となる確率を求めなさい。

(2)　表が出た硬貨の合計金額が，510 円以上になる確率を求めなさい。

2 袋の中に 6 個の玉が入っており，それぞれの玉には，右の図のように，10，11，12，13，14，15 の数字が 1 つずつ書いてあります。この袋の中から同時に 2 個の玉を取り出すとき，取り出した 2 個の玉のうち，少なくとも 1 個は 3 の倍数である確率を求めなさい。ただし，袋から玉を取り出すとき，どの玉が取り出されることも同様に確からしいものとします。〔静岡〕

袋に入っている玉

⑩ ⑪ ⑫
⑬ ⑭ ⑮

7章

1～**6** $(\text{A}の起こる確率)=\dfrac{(\text{A}の起こる場合の数)}{(起こりうるすべての場合の数)}$

1 (2)　まず，調べた硬貨の出方それぞれの合計金額を計算する。

解答 p.41

確率

/100

1 1枚の100円硬貨を投げたときの表と裏の出方について，Aさんは次のように予想しました。この予想は正しいといえますか。 (16点)

> 表の出る確率は $\frac{1}{2}$ だから，100円硬貨を2回投げれば，そのうち1回は必ず表が出る。

(　　　　　)

2 右の図のような，1から5までの数が1つずつ書かれた5枚のカードがあります。このカードを切って，同時に2枚を取り出します。 12点×2(24点)

1	2	3	4	5

(1) 2枚のカードの取り出し方は全部で何通りありますか。

(　　　　　)

(2) 取り出したカードに書かれた数の和が奇数になる確率を求めなさい。

(　　　　　)

3 大小2個のさいころを同時に投げるとき，次の確率を求めなさい。 10点×3(30点)

(1) 出る目の和が4の倍数になる確率

(　　　　　)

(2) 出る目の和が10にならない確率

(　　　　　)

(3) 出る目の積が偶数になる確率

(　　　　　)

4 A，B，Cの3人がじゃんけんをします。 10点×3(30点)

(1) 3人の，グー，チョキ，パーの出し方は全部で何通りありますか。

(　　　　　)

(2) Aだけが勝つ確率を求めなさい。

(　　　　　)

(3) あいこになる確率を求めなさい。

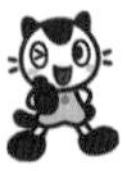

(　　　　　)

定期テスト対策

得点アップ! 予想問題

1 この「**予想問題**」で実力を確かめよう!

2 「**解答と解説**」で答え合わせをしよう!

3 わからなかった問題は戻って復習しよう!

この本での学習ページ

スキマ時間でポイントを確認!
別冊「**スピードチェック**」も使おう

●予想問題の構成

回数	教科書ページ	教科書の内容	この本での学習ページ
第1回	15〜39	1章　式の計算	2〜17
第2回	41〜67	2章　連立方程式	18〜35
第3回	69〜103	3章　1次関数	36〜55
第4回	105〜137	4章　図形の性質と合同	56〜71
第5回	139〜169	5章　三角形と四角形	72〜93
第6回	171〜185	6章　データの活用	94〜97
第7回	187〜198	7章　確率	98〜104
第8回	15〜198	総仕上げテスト	2〜104

解答 p.42

第1回 予想問題 1章 式の計算

40分　/100

1 次の計算をしなさい。　2点×10(20点)

(1) $4a-7b+5a-b$

(2) $y^2-5y-4y^2+3y$

(3) $(9x-y)+(-2x+5y)$

(4) $(-2a+7b)-(5a+9b)$

(5)
$$\begin{array}{r} 7a-6b \\ +)\ -7a+4b \\ \hline \end{array}$$

(6)
$$\begin{array}{r} 34x+\ 4y+9 \\ -)\ 18x-12y-9 \\ \hline \end{array}$$

(7) $0.7a+3b-(-0.6a+3b)$

(8) $6(8x-7y)-4(5x-3y)$

(9) $\frac{1}{5}(4x+y)+\frac{1}{3}(2x-y)$

(10) $\frac{9x-5y}{2}-\frac{4x-7y}{3}$

(1)		(2)		(3)		(4)	
(5)		(6)		(7)		(8)	
(9)		(10)					

2 次の計算をしなさい。　3点×8(24点)

(1) $(-4x)\times(-8y)$

(2) $(-3a)^2\times(-5b)$

(3) $(-15a^2b)\div 3b$

(4) $(-49a^2)\div\left(-\frac{7}{2}a\right)$

(5) $\left(-\frac{3}{14}mn\right)\div\left(-\frac{6}{7}m\right)$

(6) $2xy^2\div xy\times 5x$

(7) $(-6x^2y)\div(-3x)\div 5y$

(8) $\left(-\frac{7}{8}a^2\right)\div\frac{9}{4}b\times(-3ab)$

(1)		(2)		(3)		(4)	
(5)		(6)		(7)		(8)	

3 $a=\frac{1}{2}$，$b=-4$ のとき，次の式の値を求めなさい。　4点×2（8点）

(1) $3(4a-2b)-2(3a-5b)$　　(2) $18a^2b\div(-9a)$

(1)		(2)	

4 次の等式を［　］内の文字について解きなさい。　3点×8（24点）

(1) $-2a+3b=4$　［a］　　(2) $-35x+7y=19$　［y］

(3) $3a=2b+6$　［b］　　(4) $c=\frac{2a+b}{5}$　［b］

(5) $\ell=2(a+3b)$　［a］　　(6) $m=\frac{a+b+c}{3}$　［a］

(7) $V=\frac{1}{3}\pi r^2h$　［h］　　(8) $c=\frac{1}{2}(a+5b)$　［a］

(1)		(2)		(3)		(4)	
(5)		(6)		(7)		(8)	

5 2つのクラスA，Bがあり，Aクラスの人数は39人，Bクラスの人数は40人です。この2つのクラスで数学のテストを行いました。その結果，Aクラスの平均点はa点，Bクラスの平均点はb点でした。2つのクラス全体の平均点をa，bを用いて表しなさい。　（10点）

6 連続する4つの整数の和は，2の倍数になります。このことを，4つの整数のうち，もっとも小さい整数をnとして説明しなさい。　（14点）

解答 p.43

第2回 予想問題 2章　連立方程式

40分　/100

1 $x=6$, $y=$□ が2元1次方程式 $4x-5y=11$ の解であるとき，□にあてはまる数を求めなさい。（5点）

2 次の連立方程式を解きなさい。5点×8（40点）

(1) $\begin{cases} 2x+y=4 \\ x-y=-1 \end{cases}$

(2) $\begin{cases} y=-2x+2 \\ x-3y=-13 \end{cases}$

(3) $\begin{cases} 5x-2y=-11 \\ 3x+5y=12 \end{cases}$

(4) $\begin{cases} 3x+5y=1 \\ 5y=6x-17 \end{cases}$

(5) $\begin{cases} x+\frac{5}{2}y=2 \\ 3x+4y=-1 \end{cases}$

(6) $\begin{cases} 0.3x-0.4y=-0.2 \\ x=5y+3 \end{cases}$

(7) $\begin{cases} 0.3x-0.2y=-0.5 \\ \frac{3}{5}x+\frac{1}{2}y=8 \end{cases}$

(8) $\begin{cases} 3(2x-y)=5x+y-5 \\ 3(x-2y)+x=0 \end{cases}$

(1)		(2)	
(3)		(4)	
(5)		(6)	
(7)		(8)	

3 方程式 $5x-2y=10x+y-1=16$ を解きなさい。（5点）

4 連立方程式 $\begin{cases} ax-by=10 \\ bx+ay=-5 \end{cases}$ の解が，$x=3$, $y=-4$ であるとき，a, b の値を求めなさい。（10点）

5 1個60円のドーナツと1個90円のシュークリームを合わせて18個買うと，代金が1320円になりました。60円のドーナツと90円のシュークリームをそれぞれ何個買いましたか。

(10点)

6 2けたの正の整数があります。その整数は，各位の数の和の7倍より6小さく，また，十の位の数と一の位の数を入れかえてできる整数は，もとの整数より18小さいです。もとの整数を求めなさい。

(10点)

7 ある学校の新入生の人数は，昨年度は男女合わせて150人でしたが，今年度は昨年度と比べて男子が10％増え，女子が5％減ったので，合計で3人増えました。今年度の男子，女子の新入生の人数をそれぞれ求めなさい。

(10点)

8 ある人がA地点とB地点の間を往復しました。A地点とB地点の間に峠(とうげ)があり，上りは時速3km，下りは時速5kmで歩いたので，行きは1時間16分，帰りは1時間24分かかりました。A地点からB地点までの道のりを求めなさい。

(10点)

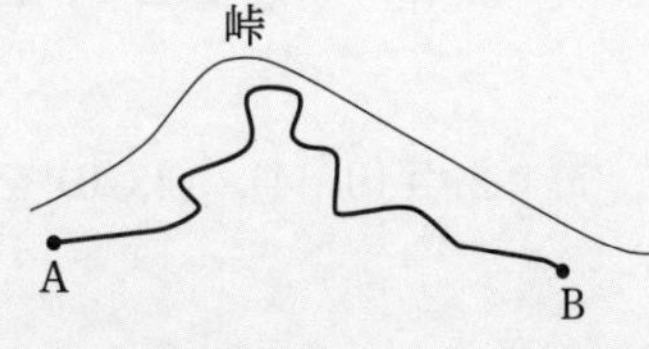

解答 p.44

第3回 予想問題 3章 1次関数

40分 /100

1 次のxとyの関係について，yをxの式で表しなさい。また，yがxの1次関数であるものをすべて選び，番号で答えなさい。 3点×4(12点)

(1) 面積が10 cm^2 の三角形の底辺がx cmのとき，高さはy cmである。

(2) 地上10 kmまでは，高度が1 km増すごとに気温は6 ℃下がる。地上の気温が10℃のとき，地上からの高さがx kmの地点の気温がy ℃である。

(3) 火をつけると1分間に0.5 cm短くなるろうそくがある。長さ12 cmのこのろうそくに火をつけると，x分後のろうそくの長さはy cmである。

(1)		(2)		(3)	
yがxの1次関数であるものの番号					

2 次の問いに答えなさい。 3点×6(18点)

(1) 1次関数 $y=\frac{5}{6}x+4$ で，xの値が3から7まで増加するときの変化の割合を求めなさい。

(2) 変化の割合が $\frac{2}{5}$ で，$x=10$ のとき $y=6$ である1次関数の式を求めなさい。

(3) $x=-2$ のとき $y=5$，$x=4$ のとき $y=-1$ となる1次関数の式を求めなさい。

(4) 点$(2,\ -1)$を通り，直線 $y=4x-1$ に平行な直線の式を求めなさい。

(5) 2点$(0,\ 4)$，$(2,\ 0)$を通る直線の式を求めなさい。

(6) 2直線 $x+y=-1$，$3x+2y=1$ の交点の座標を求めなさい。

(1)		(2)		(3)	
(4)		(5)		(6)	

3 グラフが右の図の(1)〜(5)の直線になる1次関数の式を求めなさい。 4点×5(20点)

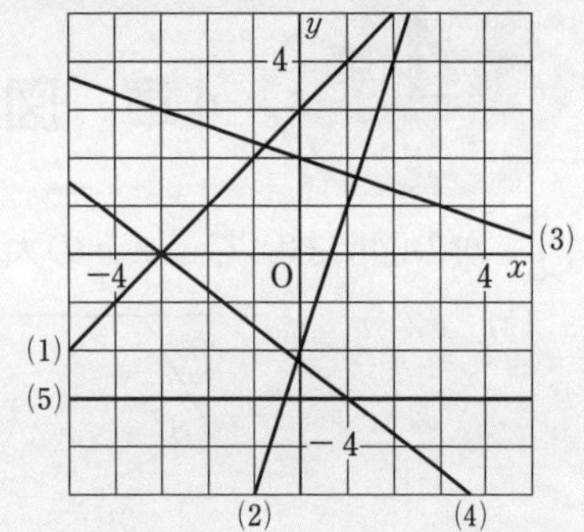

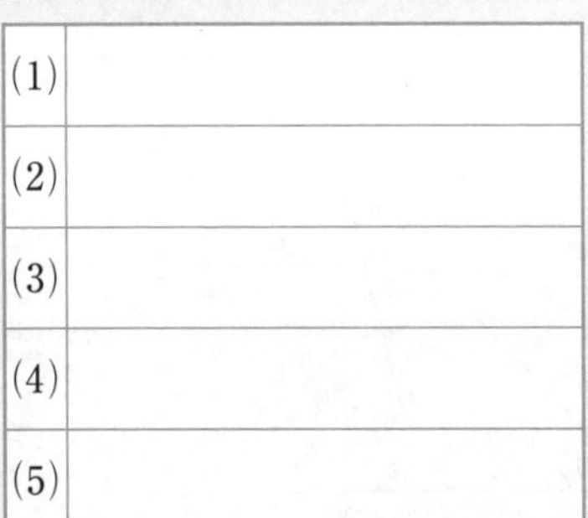

(1)	
(2)	
(3)	
(4)	
(5)	

4 次の方程式のグラフをかきなさい。 4点×5(20点)

(1) $y=4x-1$　　(2) $y=-\dfrac{2}{3}x+1$

(3) $3y+x=4$　　(4) $5y-10=0$

(5) $4x+12=0$

5 Aさんは家から駅まで行くのに，家を出発して途中(とちゅう)のP地点までは走り，P地点から駅までは歩きました。右のグラフは，家を出発してからx分後のAさんと家との間の道のりをymとして，xとyの関係を表したものです。 6点×3(18点)

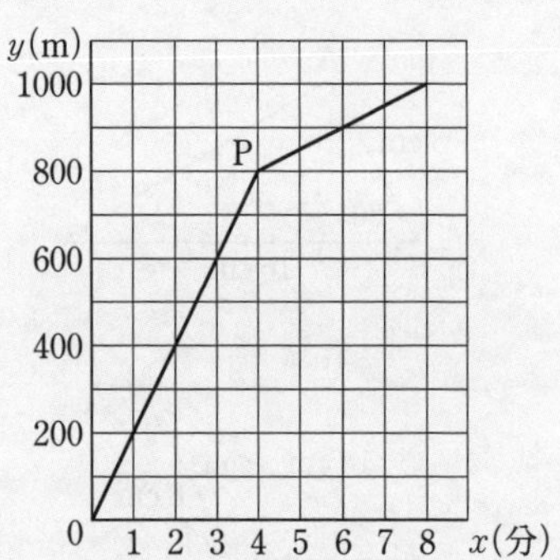

(1) Aさんの走る速さと歩く速さを求めなさい。

(2) Aさんが出発してから3分後に兄が，自転車で家を出発し，分速300mで追いかけました。兄がAさんに追いつく地点を，グラフを用いて求めなさい。

(1)	走る速さ		歩く速さ		(2)	

6 右の図の長方形ABCDにおいて，点Pは点Dを出発して，辺上をAまで秒速2cmで動きます。点Pが動き始めてからx秒後における△ABPの面積を$y$cm^{2}とします。 6点×2(12点)

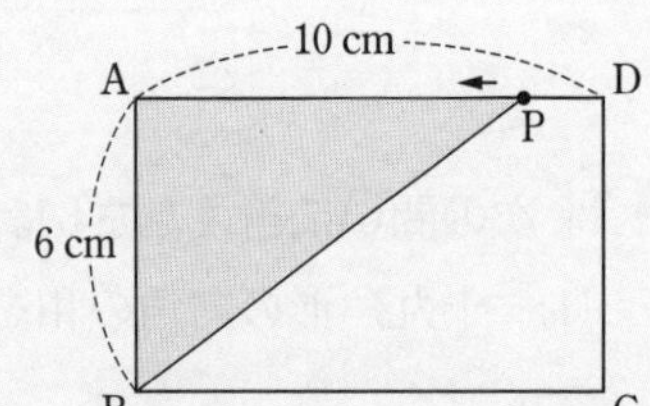

(1) yをxの式で表しなさい。

(2) $0 \leqq x \leqq 5$ のとき，yの変域を求めなさい。

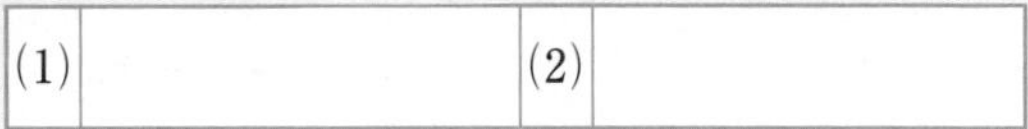

(1)		(2)	

解答 p.45

第4回 予想問題　4章　図形の性質と合同

40分　/100

1 次の図において，$\angle x$ の大きさを求めなさい。　3点×4（12点）

(1) $\ell /\!/ m$

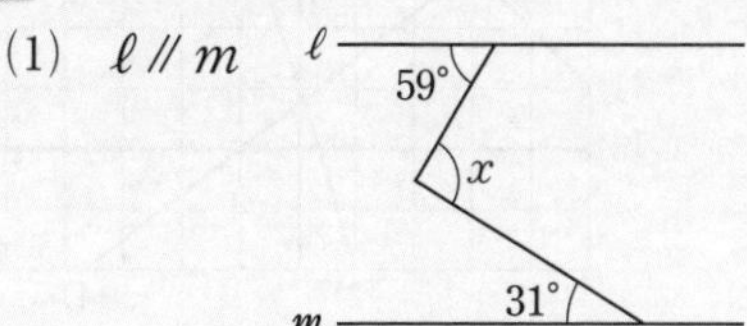

(2)

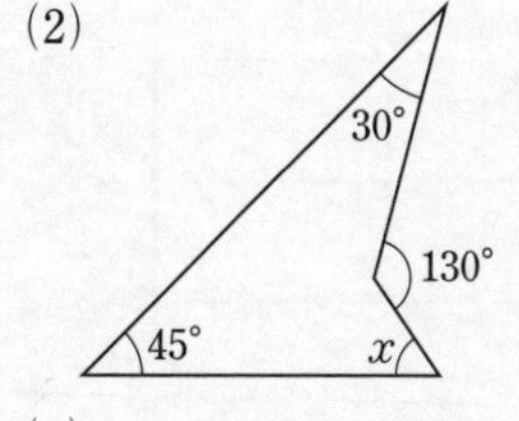

(3)

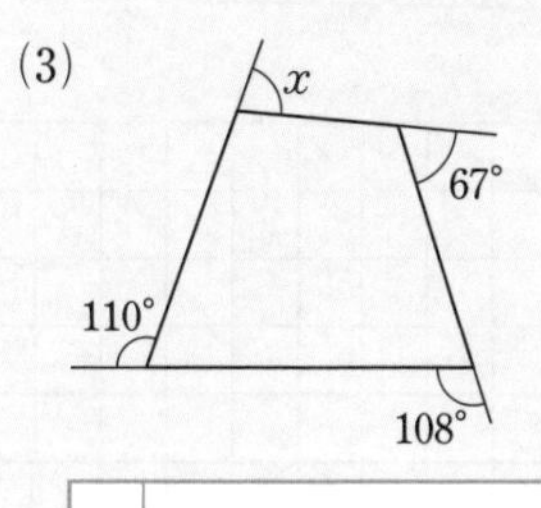

(4)

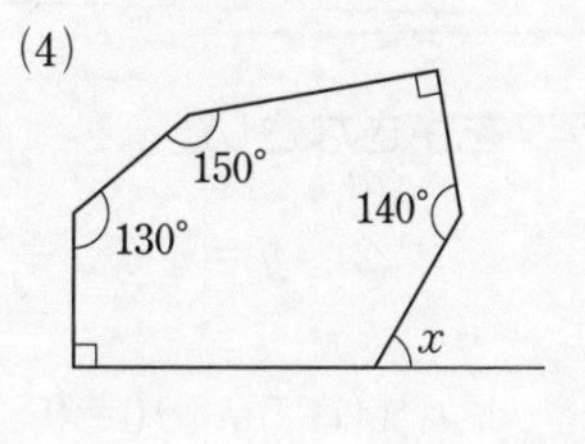

(1)		(2)		(3)		(4)	

2 次の図において，合同な三角形の組を見つけ出し，記号 ≡ を使って表しなさい。また，そのとき使った合同条件を答えなさい。　3点×6（18点）

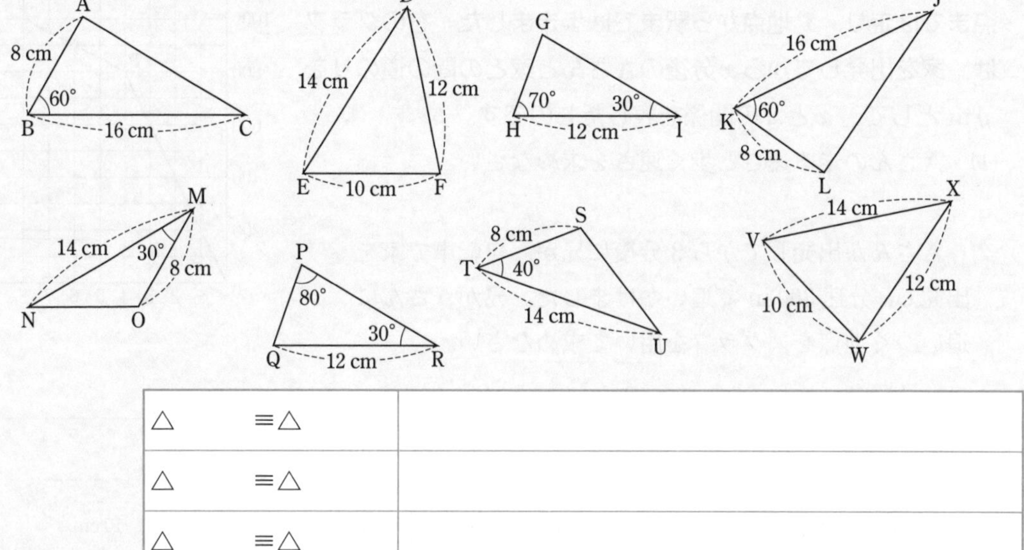

△　　≡△	
△　　≡△	
△　　≡△	

3 次の問いに答えなさい。　4点×4（16点）

(1)　十九角形の内角の和を求めなさい。

(2)　内角の和が 1620° である多角形は何角形ですか。

(3)　十一角形の外角の和を求めなさい。

(4)　1つの外角の大きさが 18° である正多角形は正何角形ですか。

(1)		(2)		(3)		(4)	

4 2つの内角の大きさが35°，45°である三角形は，鋭角三角形，直角三角形，鈍角三角形のどれであるか答えなさい。 (6点)

5 右の図において，AC＝DB，∠ACB＝∠DBC とすると，AB＝DC です。 4点×7(28点)

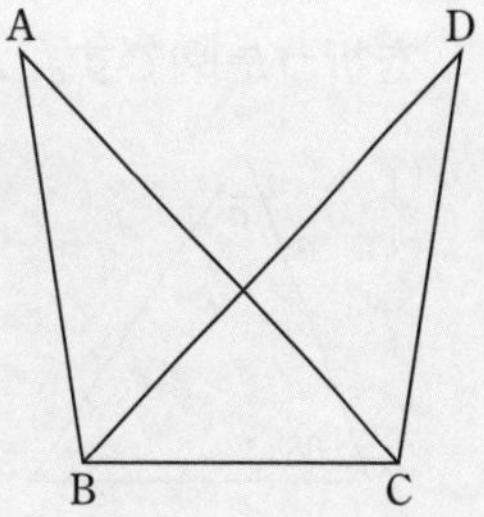

(1) 仮定と結論を答えなさい。

(2) (1)の証明のすじ道を，下の図のようにまとめました。

㋐～㋔にあてはまる式やことばを答えなさい。

△ABC と △DCB において，

仮定 AC＝DB，∠ACB＝∠DBC　㋐

根拠1 （ ㋑ ）がそれぞれ等しい。

㋒

根拠2 合同な図形では（ ㋓ ）

結論 ㋔

(1)	仮定		結論	
(2)	㋐		㋑	
	㋒		㋓	
	㋔			

6 右の図の四角形 ABCD において，AD＝CD，∠ADB＝∠CDB であるとき，合同な三角形を見つけ出し，記号 ≡ を使って表しなさい。また，そのとき使った合同条件を答えなさい。 5点×2(10点)

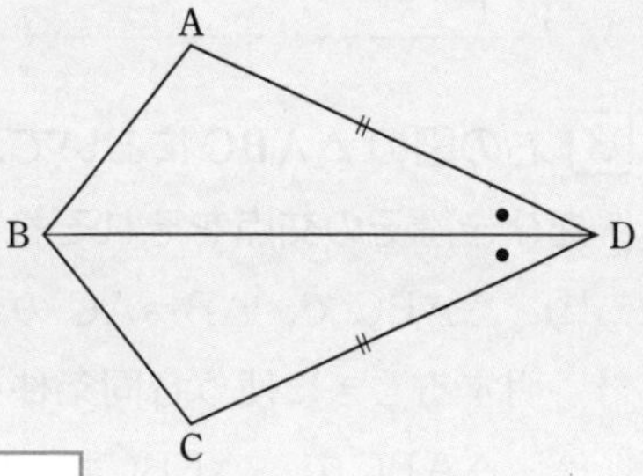

三角形の組	
合同条件	

7 右の図の四角形 ABCD において，AB＝DC，∠ABC＝∠DCB とします。このとき，この四角形の対角線である AC と DB の長さが等しいことを証明しなさい。 (10点)

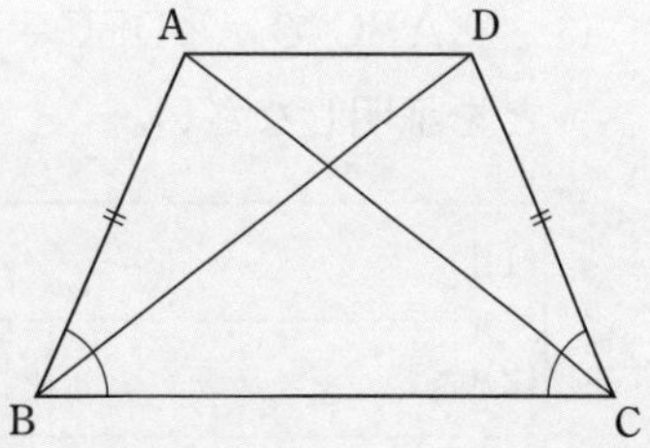

第5回 予想問題

5章　三角形と四角形

解答 p.46

/100

1 次の(1)〜(3)の図において，同じ記号がついた辺は等しくなっています。また，(4)はテープを折った図です。$\angle a$，$\angle b$，$\angle c$，$\angle d$ の大きさを求めなさい。　3点×4(12点)

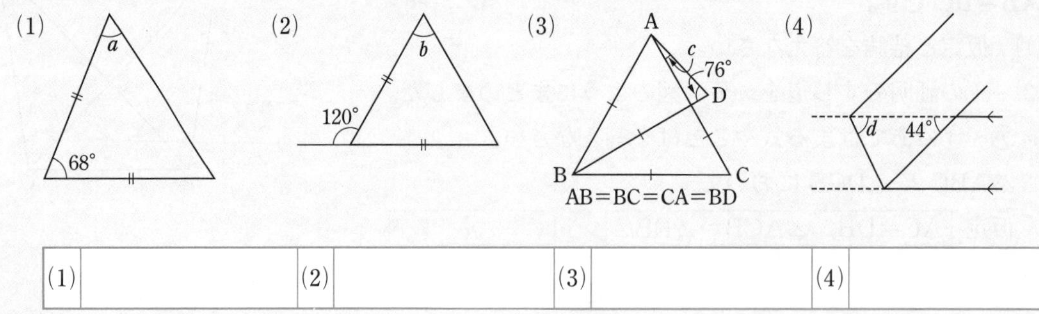

(1)		(2)		(3)		(4)	

2 次のことがらの逆を答えなさい。また，それが正しいかどうか答えなさい。　3点×4(12点)

(1)　△ABC で，∠A＝120° ならば ∠B＋∠C＝60° である。

(2)　a，b を自然数とするとき，a が奇数，b が偶数 ならば $a+b$ は奇数である。

(1)	逆	
	正しいか	
(2)	逆	
	正しいか	

3 右の図の △ABC において，頂点 B，C から辺 AC，AB に垂線をひき，その交点をそれぞれ D，E とする。　7点×3(21点)

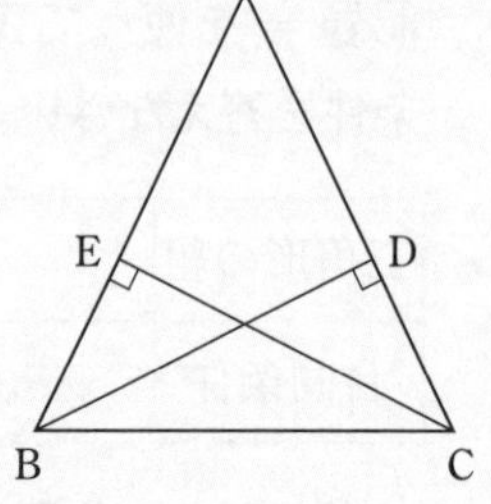

(1)　△ABC で，AB＝AC のとき △EBC≡△DCB であることを証明するときに使う合同条件を答えなさい。

(2)　△ABC で，△EBC≡△DCB のとき AE と長さの等しい線分を答えなさい。

(3)　△ABC で，∠DBC＝∠ECB とするとき，DC＝EB であることを証明しなさい。

(1)	
(2)	
(3)	

4 次のような四角形 ABCD において，必ず平行四辺形になるものをすべて選び，記号で答えなさい。ただし，O は AC と BD の交点とします。 (16点)

㋐ AD＝BC，AD∥BC　　㋑ AD＝BC，AB∥DC

㋒ AC＝BD，AC⊥BD　　㋓ ∠A＝∠C，∠B＝∠D

㋔ ∠A＝∠B，∠C＝∠D　　㋕ AB＝AD，BC＝DC

㋖ ∠A＋∠B＝∠C＋∠D＝180°　　㋗ ∠A＋∠B＝∠B＋∠C＝180°

㋘ AO＝CO，BO＝DO

5 右の図において，四角形 ABCD は平行四辺形で，EF∥AC となっています。このとき，図の中で，△AED と同じ面積の三角形をすべて答えなさい。 (12点)

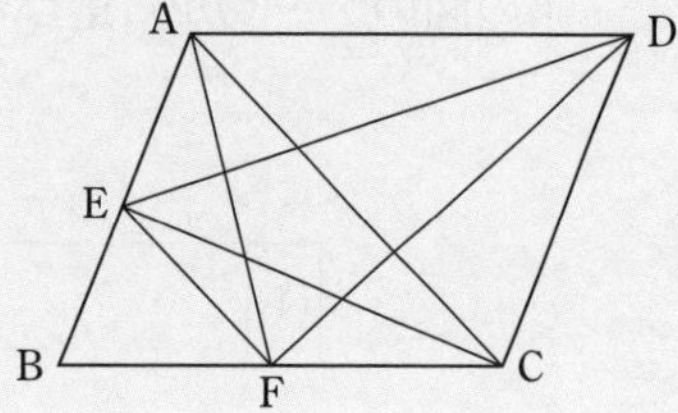

6 次の問いに答えなさい。 6点×2(12点)

(1) ▱ABCD に，∠A＝∠D という条件を加えると，四角形 ABCD は，どのような四角形になりますか。

(2) 長方形 EFGH の対角線 EG，HF に，どのような条件を加えると，正方形 EFGH になりますか。

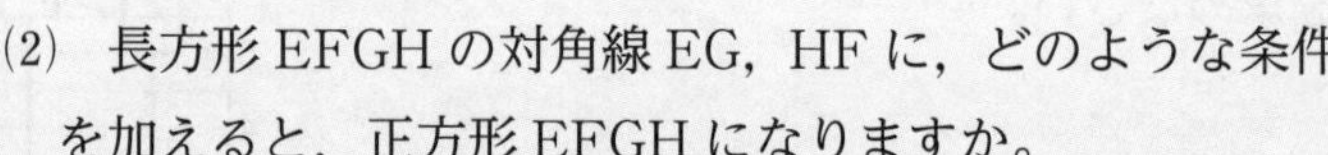

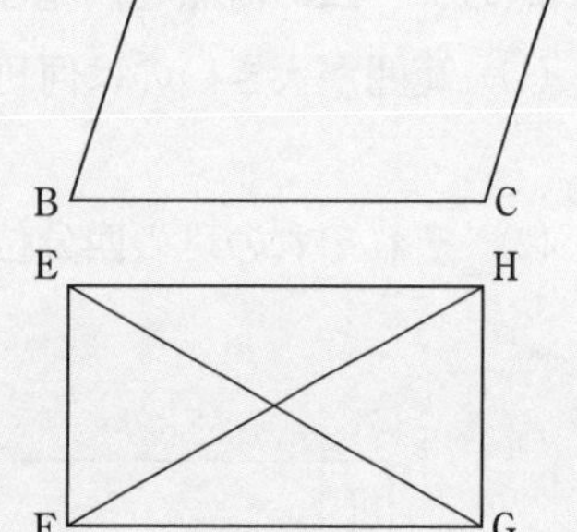

(1)		(2)	

7 ▱ABCD の辺 AB の中点を M とします。DM の延長と辺 CB の延長との交点を E とすると，BC＝BE が成り立つことを証明しなさい。 (15点)

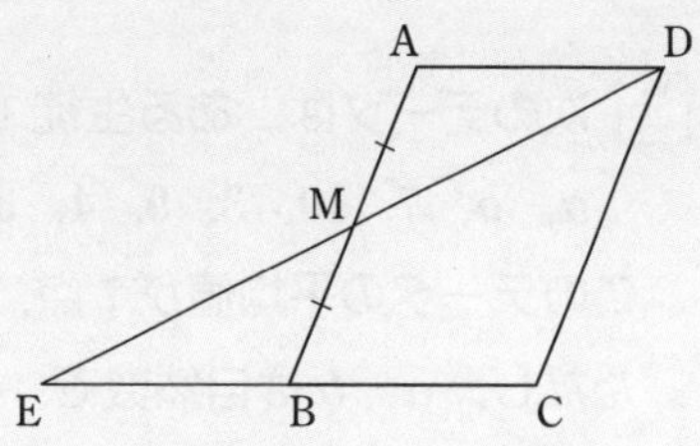

解答 p.47

第6回 予想問題 6章 データの活用

20分 /100

1 右のヒストグラムは，みかんの重さのデータをヒストグラムにしたものです。ただし，各階級は 95 g 以上 100 g 未満のように区切っています。 10点×2(20点)

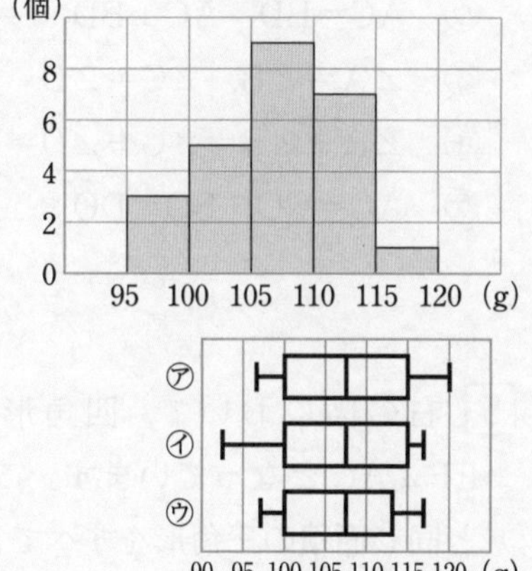

(1) 階級値を用いて，このデータの中央値を求めなさい。

(2) このデータの箱ひげ図として誤っていないものを，右下の図の㋐～㋒から選びなさい。

(1)		(2)	

2 右の図は，あるクラスの 1 班と 2 班の生徒 12 人ずつが行った 10 点満点のゲームの得点を，箱ひげ図に表したものです。 10点×3(30点)

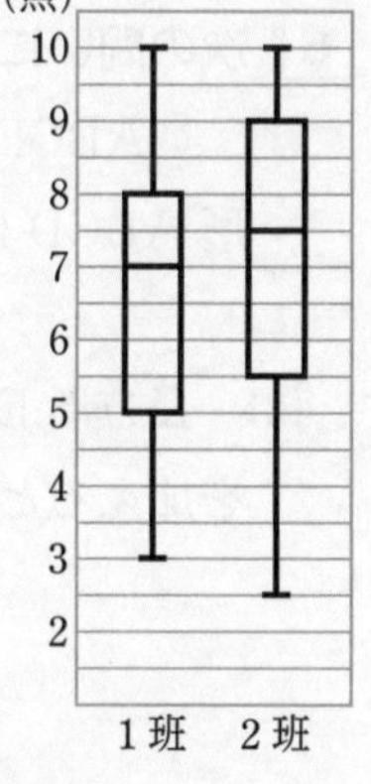

(1) 範囲が大きいのは何班か答えなさい。

(2) それぞれの班の四分位範囲を求めなさい。

(1)		(2)	1班	2班

3 次のデータは，ある生徒 14 人の，10 点満点の漢字テストの得点です。

a, b, 7, 10, 3, 9, 4, 3, 7, 10, 9, 9, 7, 7 単位(点)

このデータの平均値が 7 点，第 1 四分位数が 5 点であるとき，次の問いに答えなさい。ただし，a，b は自然数で，$a<b$ とします。 10点×5(50点)

(1) a，b の値を求めなさい。

(2) このデータの中央値を求めなさい。

(3) このデータの第 3 四分位数を求めなさい。

(4) このデータの四分位範囲を求めなさい。

(1)	a	b			
(2)		(3)		(4)	

解答 p.47

第7回 予想問題　7章　確率

20分　/100

1 A, B, C, D, E, F の6人から，委員長と副委員長を選ぶとき，その選び方は何通りありますか。（9点）

2 A, B, C, D, E, F の6人から，委員を2人選ぶとき，その選び方は何通りありますか。（9点）

3 ジョーカーを除く52枚のトランプの中から1枚を引くとき，次の確率を求めなさい。 8点×4(32点)

(1) ハートのカードを引く確率

(2) 2以上4以下の数字が書かれたカードを引く確率

(3) 5の倍数が書かれたカードを引く確率

(4) ジョーカーを引く確率

(1)		(2)		(3)		(4)	

4 1枚の硬貨(こうか)を3回投げるとき，表が1回で裏が2回出る確率を求めなさい。（10点）

5 袋の中に，赤玉2個，白玉2個，黒玉1個が入っています。この袋の中から1個の玉を取り出し，その玉をもとにもどしてから，また1個の玉を取り出します。このとき，次の確率を求めなさい。 8点×3(24点)

(1) 2個とも白玉が出る確率

(2) はじめに赤玉が出て，次に黒玉が出る確率

(3) 赤玉が1個，黒玉が1個出る確率

(1)		(2)		(3)	

6 7本のうち，当たりが3本入っているくじがあります。このくじを，A，Bがこの順にもとにもどさずに続けて1本ずつ引くとき，次の確率を求めなさい。 8点×2(16点)

(1) Bが当たる確率

(2) A，Bともにはずれる確率

(1)		(2)	

解答 p.48

第8回 予想問題 総仕上げテスト

/100

1 次の計算をしなさい。

2点×6(12点)

(1) $(3x-y)-(x-8y)$

(2) $(10x-15y)\div\frac{5}{6}$

(3) $3(2x-4y)-2(5x-y)$

(4) $(-7b)\times(-2b)^2$

(5) $4xy\div\frac{2}{3}x^2\times\left(-\frac{1}{6}x\right)$

(6) $\frac{3x-y}{2}-\frac{x-6y}{5}$

(1)		(2)		(3)	
(4)		(5)		(6)	

2 次の連立方程式を解きなさい。

2点×4(8点)

(1) $\begin{cases} 3x+4y=14 \\ -3x+y=11 \end{cases}$

(2) $\begin{cases} y=2x-1 \\ 5x-2y=-1 \end{cases}$

(3) $\begin{cases} 2x-3y=7 \\ \frac{x}{4}+\frac{y}{6}=\frac{1}{3} \end{cases}$

(4) $\begin{cases} 0.3x+0.2y=1.1 \\ 0.04x-0.02y=0.1 \end{cases}$

(1)		(2)	
(3)		(4)	

3 次の問いに答えなさい。

3点×3(9点)

(1) $a=-\frac{1}{3}$, $b=\frac{1}{5}$ のとき，$9a^2b\div6ab\times10b$ の値を求めなさい。

(2) 2点 $(-5,\ -1)$，$(-2,\ 8)$ を通る直線の式を求めなさい。

(3) 直線 $y=\frac{3}{2}x+5$ に平行で，x 軸との交点が $(2,\ 0)$ である直線の式を求めなさい。

(1)		(2)		(3)	

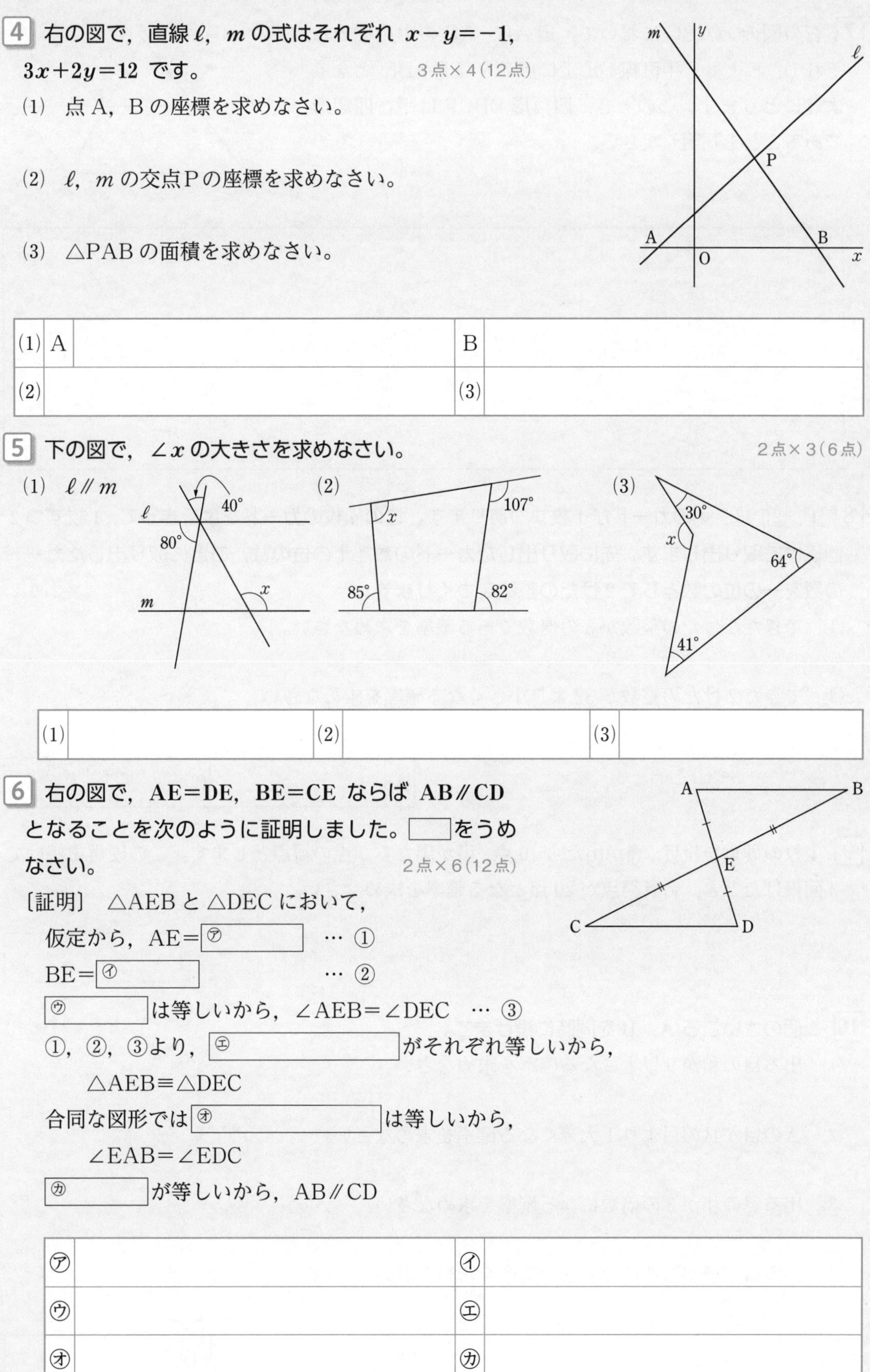

4 右の図で，直線 ℓ，m の式はそれぞれ $x-y=-1$，$3x+2y=12$ です。 3点×4(12点)

(1) 点A，Bの座標を求めなさい。

(2) ℓ，m の交点Pの座標を求めなさい。

(3) △PABの面積を求めなさい。

(1)	A		B	
(2)			(3)	

5 下の図で，$\angle x$ の大きさを求めなさい。 2点×3(6点)

(1) $\ell /\!/ m$

(2)

(3)

(1)		(2)		(3)	

6 右の図で，AE＝DE，BE＝CE ならば AB∥CD となることを次のように証明しました。□をうめなさい。 2点×6(12点)

［証明］ △AEBと△DECにおいて，

仮定から，AE＝㋐□ …①

BE＝㋑□ …②

㋒□は等しいから，∠AEB＝∠DEC …③

①，②，③より，㋓□がそれぞれ等しいから，

△AEB≡△DEC

合同な図形では㋔□は等しいから，

∠EAB＝∠EDC

㋕□が等しいから，AB∥CD

㋐		㋑	
㋒		㋓	
㋔		㋕	

7 右の図の△ABCにおいて，辺AB，ACの中点をそれぞれD，Eとし，半直線DE上に点Fを EF＝DF となるようにとります。このとき，四角形DBCFは平行四辺形であることを証明しなさい。（10点）

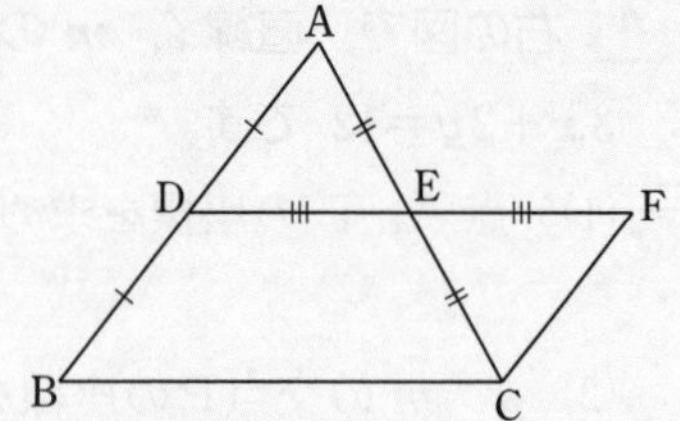

8 [1]，[2]，[3]，[4]のカードが1枚ずつあります。この4枚のカードをよくきって，1枚ずつ2回続けて取り出します。先に取り出したカードの数を十の位の数，あとに取り出したカードの数を一の位の数として2けたの整数をつくります。 4点×2（8点）

(1) できた2けたの整数が3の倍数である確率を求めなさい。

(2) できた2けたの整数が32より小さくなる確率を求めなさい。

(1)		(2)	

9 1枚の硬貨を投げ，表が出たら10点，裏が出たら5点の得点とします。この硬貨を続けて3回投げたとき，合計得点が20点となる確率を求めなさい。（7点）

10 2個のさいころA，Bを同時に投げます。 4点×4（16点）

(1) 出る目の和が9以上になる確率を求めなさい。

(2) Aの目がBの目より1大きくなる確率を求めなさい。

(3) 出る目の和が3の倍数になる確率を求めなさい。

(4) 出る目の積が奇数にならない確率を求めなさい。

(1)		(2)		(3)		(4)	

教科書ワーク 数学 特別ふろく①

無料アプリ 数1 数2 数3 図形1 図形2 図形3

どこでもワーク

こちらにアクセスして，ご利用ください。
https://portal.bunri.jp/app.html

① 計算編 テンキー入力形式で学習できる！ 重要公式つき！

解き方を穴埋め形式で確認！

テンキー入力で，計算しながら解ける！

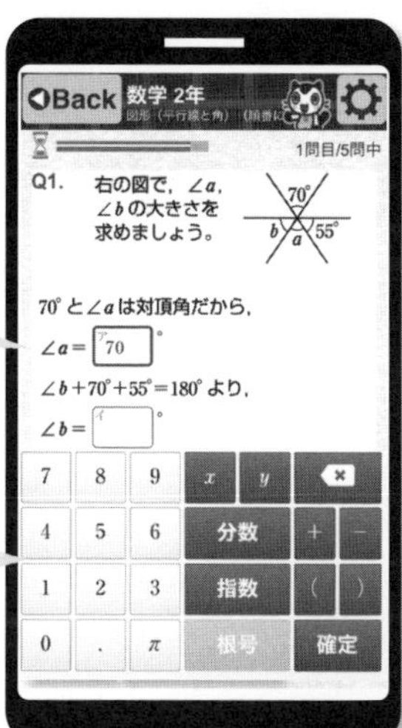

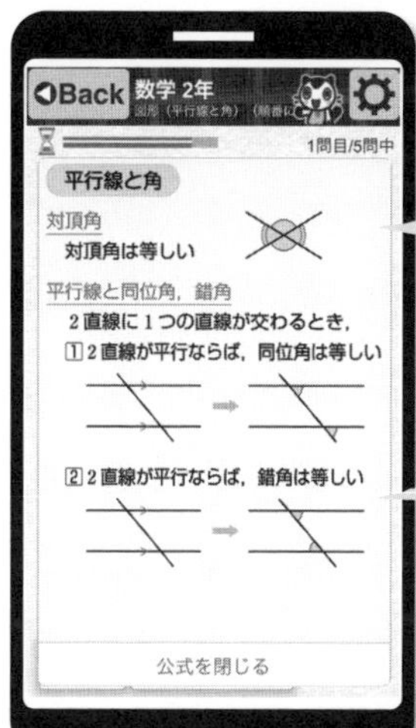

重要公式をその場で確認できる！

カラーだから見やすく，わかりやすい！

② 図形編 グラフや図形を自分で動かして，学習理解をサポート！

自分で数値を決められるから，いろいろなグラフの確認ができる！

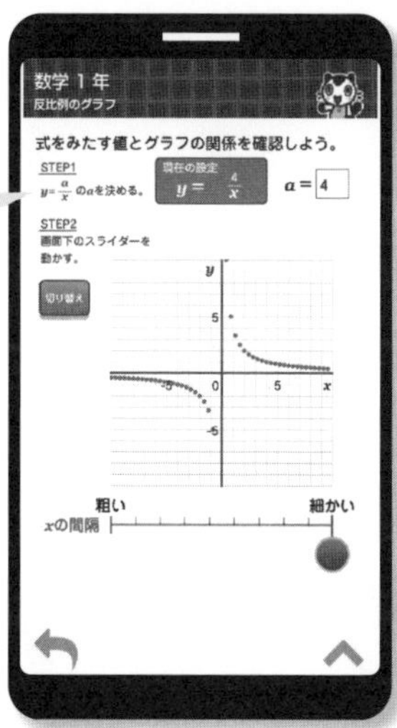

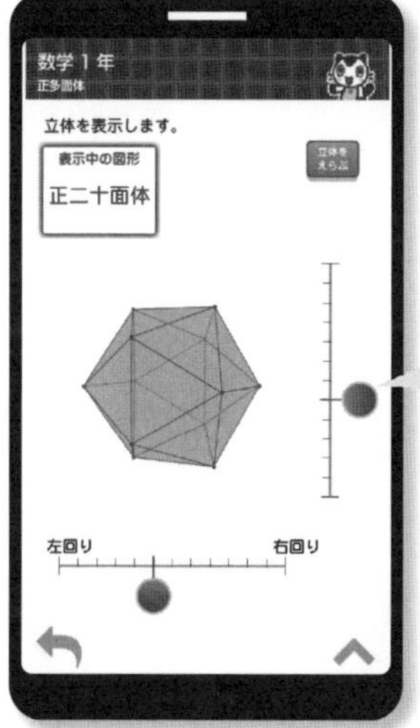

上下左右に回転させて，様々な角度から立体をみることができる！

注意 ●アプリは無料ですが，別途各通信会社からの通信料がかかります。
● iPhone の方は Apple ID，Android の方は Google アカウントが必要です。対応 OS や対応機種については，各ストアでご確認ください。
●お客様のネット環境および携帯端末により，アプリをご利用いただけない場合，当社は責任を負いかねます。ご理解，ご了承いただきますよう，お願いいたします。
●正誤判定は，計算編のみの機能となります。
●テンキーの使い方は，アプリでご確認ください。

中学教科書ワーク

解答と解説

数研出版版

数学2年

この「解答と解説」は，取りはずして使えます。

1章

※ステージ1の例の答えは本冊右ページ下にあります。

1章 式の計算

p.2〜3　ステージ1

1 (1) $3x$，$4y$　(2) $-6a$，1
(3) $2a$，$3b$，-9　(4) $2x^2$，$-4x$，-3
(5) $\frac{1}{2}x^2$，$-y$，$\frac{2}{5}$　(6) m^2n，$-2mn$

2 (1) 2　(2) 2
(3) 1　(4) 3
(5) 3　(6) 5

3 (1) 1次式　(2) 2次式
(3) 3次式　(4) 5次式

4 (1) $2a+10b$　(2) $7x-2y$
(3) $-a+b$　(4) $-a^2+2a$
(5) $3ab$　(6) $\frac{2}{3}a+\frac{3}{2}b$

解説

1 単項式の和の形で表して考える。1つ1つの単項式が，多項式の項になる。

ミス注意! 単項式の和で表すとき，負の符号をつけ忘れないように気をつける。

(3) $2a+3b-9=\underline{2a}+\underline{3b}+(\underline{-9})$

(5) $\frac{1}{2}x^2-y+\frac{2}{5}=\underline{\frac{1}{2}x^2}+(\underline{-y})+\underline{\frac{2}{5}}$

2 単項式の次数は，かけ合わされている文字の個数である。

(1) $3xy=3\times\underbrace{x\times y}_{2つ}$

(2) $-4x^2=-4\times\underbrace{x\times x}_{2つ}$

(4) $5a^2b=5\times\underbrace{a\times a\times b}_{3つ}$

(5) $-7ab^2=-7\times\underbrace{a\times b\times b}_{3つ}$

(6) $\frac{1}{3}x^3y^2=\frac{1}{3}\times\underbrace{x\times x\times x\times y\times y}_{5つ}$

ポイント

単項式で，文字式の表し方にしたがってはぶかれている記号 × を使って表すと，かけ合わされている文字の個数がわかりやすくなる。

3 各項の次数のうち，もっとも大きいものが，その多項式の次数である。

(1) $\underline{-3a}+\underline{b}$　：次数1と次数1だから1次式

(2) $\underline{2m^2}-3m+7$　：もっとも大きい2が多項式の次数だから，2次式

(3) $\underline{a^2b}-2ab+5b$　：もっとも大きい3が多項式の次数だから，3次式

(4) $\underline{x^2y^3}+xy^2+3x^2$：もっとも大きい5が多項式の次数だから，5次式

4 (3) $-2a-3b+a+4b$　）項を並べかえる。
$=-2a+a-3b+4b$　）同類項をまとめる。
$=(-2+1)a+(-3+4)b$
$=-a+b$

(4) $a^2-3a-2a^2+5a$
$=a^2-2a^2-3a+5a$
$=(1-2)a^2+(-3+5)a$
$=-a^2+2a$

(5) $5ab+3a-2ab-3a$
$=5ab-2ab+3a-3a$
$=(5-2)ab+(3-3)a$　←0
$=3ab$

(6) $a+2b-\frac{1}{3}a-\frac{1}{2}b$
$=a-\frac{1}{3}a+2b-\frac{1}{2}b$
$=\left(1-\frac{1}{3}\right)a+\left(2-\frac{1}{2}\right)b$
$=\frac{2}{3}a+\frac{3}{2}b$

p.4~5 ステージ1

1 (1) $4x-3y$　(2) $7x^2-x$
(3) $x+8y$　(4) $7a^2-3a-2$
(5) $10a+3b$　(6) $3x^2-3x+4$

2 (1) $5a-b$　(2) $a+9b$

3 (1) $3x-12y$　(2) $2a+4b$
(3) $2x-4y$　(4) $-9x^2-3x+6$

4 (1) $2x+y$　(2) $5m+7n$

5 (1) $\dfrac{13x-9y}{15}$　(2) $\dfrac{-11x+7y}{4}$

解説

1 (1) 多項式の加法は，すべての項を加えて，同類項をまとめる。

$(x-y)+(3x-2y)$
$=x-y+3x-2y$　かっこをはずす。
$=x+3x-y-2y$　項を並べかえる。
$=4x-3y$　同類項をまとめる。

(3) 多項式の減法は，ひく式の各項の符号(ふごう)を変えて，すべての項を加える。

$(4x+2y)\underline{-(3x-6y)}$
$=4x+2y\underline{-3x+6y}$
$=4x-3x+2y+6y$
$=x+8y$

(5)
$$\begin{array}{rrr} & 3a & -\ b \\ +) & 7a & +4b \\ \hline & 10a & +3b \end{array}$$

(6)
$$\begin{array}{rr} & 5x^2-4x+3 \\ +) & -2x^2+\ \ x+1 \\ \hline & 3x^2-3x+4 \end{array}$$
符号を変えて，加える。

2 多項式の和や差を求めるときは，式にかっこをつけて1つの式に表してから計算する。

(1) $(3a+4b)+(2a-5b)$
$=3a+4b+2a-5b$
$=3a+2a+4b-5b$
$=5a-b$

(2) $(3a+4b)-(2a-5b)$
$=3a+4b-2a+5b$
$=3a-2a+4b+5b$
$=a+9b$

3 多項式と数の乗法は，
分配法則 $a(x+y)=ax+ay$ を使って計算する。

(1) $3(x-4y)=3\times x+3\times(-4y)$
$=3x-12y$

(3) 多項式と数の除法は，乗法になおして計算するとよい。

$(12x-24y)\div 6$
$=(12x-24y)\times\dfrac{1}{6}$　除法を乗法になおす。
$=12x\times\dfrac{1}{6}-24y\times\dfrac{1}{6}$　分配法則を使う。
$=2x-4y$

(4) $(27x^2+9x-18)\div(-3)$
$=(27x^2+9x-18)\times\left(-\dfrac{1}{3}\right)$
$=27x^2\times\left(-\dfrac{1}{3}\right)+9x\times\left(-\dfrac{1}{3}\right)-18\times\left(-\dfrac{1}{3}\right)$
$=-9x^2-3x+6$

別解 (3)，(4)は，次のように各項を直接わって計算してもよい。

(3) $(12x-24y)\div 6=\dfrac{12x}{6}-\dfrac{24y}{6}$
$=2x-4y$

(4) $(27x^2+9x-18)\div(-3)$
$=\dfrac{27x^2}{-3}+\dfrac{9x}{-3}-\dfrac{18}{-3}$
$=-9x^2-3x+6$

4 (1) $7(x-2y)+5(-x+3y)$　かっこをはずす。
$=7x-14y-5x+15y$
$=7x-5x-14y+15y$
$=2x+y$

(2) $4(2m+n)-3(m-n)$　かっこをはずすときの符号の変化に注意する。
$=8m+4n-3m+3n$
$=8m-3m+4n+3n$
$=5m+7n$

5 (1) $\dfrac{2x-3y}{3}+\dfrac{x+2y}{5}$
$=\dfrac{5(2x-3y)}{15}+\dfrac{3(x+2y)}{15}$　通分する。
$=\dfrac{5(2x-3y)+3(x+2y)}{15}$　1つの分数にまとめる。
$=\dfrac{10x-15y+3x+6y}{15}$　かっこをはずす。
$=\dfrac{13x-9y}{15}$　同類項をまとめる。

(2) $\dfrac{x+3y}{4}-(3x-y)$
$=\dfrac{x+3y-4(3x-y)}{4}$
$=\dfrac{x+3y-12x+4y}{4}$
$=\dfrac{-11x+7y}{4}$

別解 (分数)×(多項式)として計算してもよい。

(1) $\frac{2x-3y}{3}+\frac{x+2y}{5}$

$=\frac{1}{3}(2x-3y)+\frac{1}{5}(x+2y)$　(分数)×(多項式)の形にする。

$=\frac{2}{3}x-y+\frac{1}{5}x+\frac{2}{5}y$

$=\frac{10}{15}x+\frac{3}{15}x-\frac{5}{5}y+\frac{2}{5}y$　項を並べかえて，通分する。

$=\frac{13}{15}x-\frac{3}{5}y$

(2) $\frac{x+3y}{4}-(3x-y)$

$=\frac{1}{4}x+\frac{3}{4}y-3x+y$

$=\frac{1}{4}x-\frac{12}{4}x+\frac{3}{4}y+\frac{4}{4}y$

$=-\frac{11}{4}x+\frac{7}{4}y$

(7) 乗法になおして計算する。

$8xy\div\frac{1}{4}x=8xy\div\frac{x}{4}$

$=8xy\times\frac{4}{x}$　乗法になおす。

$=\frac{8\times\overset{1}{\cancel{x}}\times y\times 4}{\underset{1}{\cancel{x}}}$

$=32y$

ミス注意! $\frac{1}{4}x=\frac{x}{4}$ だから，逆数は $\frac{4}{x}$

(8) $\frac{1}{2}ab^2\div\frac{2}{3}b=\frac{ab^2}{2}\div\frac{2b}{3}$

$=\frac{ab^2}{2}\times\frac{3}{2b}$

$=\frac{a\times\overset{1}{\cancel{b}}\times b\times 3}{2\times 2\times\underset{1}{\cancel{b}}}$

$=\frac{3ab}{4}$

ミス注意! $\frac{2}{3}b=\frac{2b}{3}$ だから，逆数は $\frac{3}{2b}$

ポイント

単項式の乗法と除法

・単項式どうしの乗法…それぞれの単項式の係数の積に，文字の積をかける。

・単項式でわる計算…同じ文字は，数と同じように約分ができるので，分数の形にして約分する。わる式が分数のときは，わる式を逆数にして乗法になおす。

p.6~7 **ステージ1**

❶ (1) $-10xy$　(2) $12mn$

(3) $3a^3b$　(4) $-12x^3y^2$

(5) $-3b$　(6) $3a$

(7) $32y$　(8) $\frac{3ab}{4}$

❷ (1) $\frac{a}{b}$　(2) $\frac{a^2}{4}$

(3) $-10xy$　(4) $-15b^4$

❸ 17

❹ (1) -53　(2) -8

解説

❶ (1) $(-2x)\times 5y=(-2)\times 5\times x\times y=-10xy$

(3) $(-a)^2\times 3ab=(-a)\times(-a)\times 3\times a\times b$

$=3a^3b$

(4) $(-3x^2y)\times 4xy=(-3)\times x\times x\times y\times 4\times x\times y$

$=-12x^3y^2$

(5) $9ab\div(-3a)=\frac{9ab}{-3a}$　← 分数の形にする。

$=-\frac{\overset{3}{\cancel{9}}\times\overset{1}{\cancel{a}}\times b}{\underset{1}{\cancel{3}}\times\underset{1}{\cancel{a}}}$　← 約分する。

$=-3b$

(6) $(-12a^3b)\div(-4a^2b)=\frac{-12a^3b}{-4a^2b}$

$=\frac{\overset{3}{\cancel{12}}\times\overset{1}{\cancel{a}}\times\overset{1}{\cancel{a}}\times a\times\overset{1}{\cancel{b}}}{\underset{1}{\cancel{4}}\times\underset{1}{\cancel{a}}\times\underset{1}{\cancel{a}}\times\underset{1}{\cancel{b}}}$

$=3a$

❷ (1) $ab\times a\div ab^2=\frac{ab\times a}{ab^2}=\frac{\overset{1}{\cancel{a}}\times\overset{1}{\cancel{b}}\times a}{\underset{1}{\cancel{a}}\times\underset{1}{\cancel{b}}\times b}=\frac{a}{b}$

(2) $a^3\times b\div 4ab=\frac{a^3\times b}{4ab}=\frac{\overset{1}{\cancel{a}}\times a\times a\times\overset{1}{\cancel{b}}}{4\times\underset{1}{\cancel{a}}\times\underset{1}{\cancel{b}}}=\frac{a^2}{4}$

(3) $6x^2y\div(-3xy)\times 5y$

$=-\frac{6x^2y\times 5y}{3xy}$

$=-\frac{\overset{2}{\cancel{6}}\times\overset{1}{\cancel{x}}\times x\times\overset{1}{\cancel{y}}\times 5\times y}{\underset{1}{\cancel{3}}\times\underset{1}{\cancel{x}}\times\underset{1}{\cancel{y}}}$

$=-10xy$

(4) $3ab^3\div\left(-\frac{1}{5}a^2\right)\times ab$

$=3ab^3\times\left(-\frac{5}{a^2}\right)\times ab$

$=-\frac{3ab^3\times 5\times ab}{a^2}$

$=-\frac{3\times\overset{1}{\cancel{a}}\times b\times b\times b\times 5\times\overset{1}{\cancel{a}}\times b}{\underset{1}{\cancel{a}}\times\underset{1}{\cancel{a}}}$

$=-15b^4$

❸ $5x+2y$

$=5\times5+2\times(-4)$ ← $x=5$, $y=-4$ を代入する。

$=17$

ミス注意! 負の数を代入するときは，必ずかっこをつける。

❹ (1) $3(a-4b)+2(4a-3b)$

$=3a-12b+8a-6b=11a-18b$

$=11\times(-4)-18\times\frac{1}{2}$ ← $a=-4$, $b=\frac{1}{2}$ を代入する。

$=-53$

(2) $12ab^2\div3b$

$=\frac{12ab^2}{3b}=4ab$

$=4\times(-4)\times\frac{1}{2}$ ← $a=-4$, $b=\frac{1}{2}$ を代入する。

$=-8$

p.8~9 ステージ2

❶ (1) $-xy$, $\frac{1}{2}xy^2$, -3

(2) 3 次式

❷ (1) $-\frac{5}{12}a+\frac{3}{2}b$ (2) $-3x^2+x-1$

(3) $2x^2-12x+19$ (4) $-4x+3y-1$

(5) $-4x-3y$ (6) $\frac{-2a+3b}{4}$

❸ (1) $-14abc$ (2) $6xy$

(3) $2x^2y^3$ (4) $-32x$

(5) $-4ab$ (6) $-4a^2$

❹ (1) $\frac{20}{7}x-\frac{9}{7}y$ (2) $\frac{-2a-7b+15}{24}$

(3) $\frac{11x+10y}{12}$ (4) $8x^2$

❺ (1) -11 (2) -36

❻ (1) $\frac{7}{36}$ (2) 6

❼ -4

❽ (1) $2x^2-x-3$ (2) $-12x^2+6x-2$

● ● ● ● ●

① (1) $-17x+7y$ (2) $\frac{x+13y}{12}$

(3) $-4x^2$ (4) $-12x^3y$

② 1

解説

❶ (2) $-xy+\frac{1}{2}xy^2-3$

$=(-xy)+\frac{1}{2}xy^2+(-3)$

次数 2　次数 3

ポイント

各項の次数のうち，もっとも大きいものをその多項式の次数という。

❷ (3) $2(x^2-3x+5)-3(2x-3)$

$=2x^2-6x+10-6x+9$

$=2x^2-12x+19$

(4) $(8x-6y+2)\times\left(-\frac{1}{2}\right)$

$=8x\times\left(-\frac{1}{2}\right)-6y\times\left(-\frac{1}{2}\right)+2\times\left(-\frac{1}{2}\right)$

$=-4x+3y-1$

(5) $\frac{1}{4}(8x-4y)-2(3x+y)$

$=\frac{1}{4}\times8x+\frac{1}{4}\times(-4y)-6x-2y$

$=2x-y-6x-2y$

$=-4x-3y$ ← 同類項をまとめる。

(6) $\frac{4a+b}{4}-\frac{3a-b}{2}$

$=\frac{4a+b}{4}-\frac{2(3a-b)}{4}$ ← 通分する。

$=\frac{4a+b-2(3a-b)}{4}$ ← 1つの分数にまとめる。

$=\frac{4a+b-6a+2b}{4}$ ← かっこをはずす。

$=\frac{-2a+3b}{4}$ ← 同類項をまとめる。

$-\frac{1}{2}a+\frac{3}{4}b$ でもよい。

❸ (4) $(-8x^2y)\div\frac{1}{4}xy$

$=(-8x^2y)\div\frac{xy}{4}$

$=(-8x^2y)\times\frac{4}{xy}$ ← わる式を逆数にしてかける。

$=-\frac{8\times x\times x\times y\times4}{x\times y}$ ← 同じ文字は約分ができる。

$=-32x$

(5) $\frac{3}{2}a^2b^2\div\left(-\frac{3}{8}ab\right)$

$=\frac{3a^2b^2}{2}\div\left(-\frac{3ab}{8}\right)$

$=\frac{3a^2b^2}{2}\times\left(-\frac{8}{3ab}\right)$

$=-\frac{3\times a\times a\times b\times b\times8}{2\times3\times a\times b}$

$=-4ab$

(6) $(-2a)^2 \div (-a) \times a$

$= \dfrac{(-2a)^2 \times a}{-a}$

$= -\dfrac{2 \times a \times 2 \times a \times a}{a}$

$= -4a^2$

4 (1) $\dfrac{1}{2}(6x-4y) - \dfrac{1}{7}(x-5y)$ ）分配法則を使ってかっこをはずす。

$= 3x - 2y - \dfrac{1}{7}x + \dfrac{5}{7}y$ ）同類項をまとめる。

$= \dfrac{20}{7}x - \dfrac{9}{7}y$

(2) $\dfrac{a-b+3}{6} - \dfrac{2a+b-1}{8}$ ）通分する。

$= \dfrac{4(a-b+3)}{24} - \dfrac{3(2a+b-1)}{24}$ ）1つの分数にまとめる。

$= \dfrac{4a-4b+12-6a-3b+3}{24}$

$= \dfrac{-2a-7b+15}{24}$

(3) $\dfrac{2x-y}{3} - \dfrac{x-2y}{4} + \dfrac{3x+4y}{6}$

$= \dfrac{4(2x-y)}{12} - \dfrac{3(x-2y)}{12} + \dfrac{2(3x+4y)}{12}$

$= \dfrac{8x-4y-3x+6y+6x+8y}{12}$

$= \dfrac{11x+10y}{12}$

(4) $\dfrac{2}{3}x^3y \div \left(-\dfrac{5}{6}xy^2\right) \times (-10y)$

$= \dfrac{2}{3}x^3y \times \left(-\dfrac{6}{5xy^2}\right) \times (-10y)$

$= \dfrac{2 \times x \times x \times x \times y \times 6 \times 10 \times y}{3 \times 5 \times x \times y \times y}$

$= 8x^2$

5 (1) $2(a-3b) - 3(2a+b)$

$= -4a - 9b$

$= -4 \times (-4) - 9 \times 3$ ← 負の数を代入するときは，必ずかっこをつける。

$= -11$

(2) $9a^2b \div 3a = \dfrac{9a^2b}{3a}$ ← わる式を分母にする。

$= 3ab = 3 \times (-4) \times 3 = -36$

ポイント

式を簡単にしてから，a，b の値を代入する。

6 (1) $\dfrac{1}{2}(2x-3y) - \dfrac{1}{3}(x-6y)$

$= \dfrac{2}{3}x + \dfrac{1}{2}y$ ← $x=\frac{2}{3}$，$y=-\frac{1}{2}$ を代入する。

$= \dfrac{2}{3} \times \dfrac{2}{3} + \dfrac{1}{2} \times \left(-\dfrac{1}{2}\right) = \dfrac{7}{36}$

(2) $12x^2y \times (-2y) \div \dfrac{4}{3}xy$

$= -\dfrac{12x^2y \times 2y \times 3}{4xy}$

$= -18xy$ ← $x=\frac{2}{3}$，$y=-\frac{1}{2}$ を代入する。

$= -18 \times \dfrac{2}{3} \times \left(-\dfrac{1}{2}\right) = 6$

7 $2a + b - 2c + \dfrac{1}{2}(-2a+4b-6c)$

$= 2a + b - 2c - a + 2b - 3c$

$= a + 3b - 5c$

$= 3 + 3 \times (-2) - 5 \times \dfrac{1}{5} = 3 - 6 - 1 = -4$

8 (2) $2A + 2B - 5C - \{B - (C - 3A)\}$

$= 2A + 2B - 5C - (3A + B - C)$

$= 2A + 2B - 5C - 3A - B + C$

$= -A + B - 4C$

と変形してから，代入する。

① (1) $-(2x-y) + 3(-5x+2y)$

$= -2x + y - 15x + 6y$

$= -17x + 7y$

(2) $\dfrac{x+y}{3} - \dfrac{x-3y}{4}$

$= \dfrac{4(x+y) - 3(x-3y)}{12}$

$= \dfrac{4x+4y-3x+9y}{12}$

$= \dfrac{x+13y}{12}$

(3) $8x^2y \times (-6xy) \div 12xy^2$

$= -\dfrac{8 \times x \times x \times y \times 6 \times x \times y}{12 \times x \times y \times y}$

$= -4x^2$

(4) $x^3 \times (6xy)^2 \div (-3x^2y)$

$= -\dfrac{x \times x \times x \times 6 \times x \times y \times 6 \times x \times y}{3 \times x \times x \times y}$

$= -12x^3y$

② 式を簡単にしてから，代入する。

$3(x+y) - (2x-y)$

$= 3x + 3y - 2x + y$

$= x + 4y$ ← $x=5$，$y=-1$ を代入する。

$= 5 + 4 \times (-1)$

$= 1$

p.10~11 ステージ1

1 ℓ, m, n を整数として，3 つの奇数を $2\ell+1$, $2m+1$, $2n+1$ と表す。
このとき，これらの和は
$(2\ell+1)+(2m+1)+(2n+1)$
$=2\ell+1+2m+1+2n+1$
$=2(\ell+m+n+1)+1$
で，$\ell+m+n+1$ は整数だから，
$2(\ell+m+n+1)+1$ は奇数である。
よって，3 つの奇数の和は奇数である。

2 連続する 7 つの整数のうち，中央の整数を n として，連続する 7 つの整数を $n-3$, $n-2$, $n-1$, n, $n+1$, $n+2$, $n+3$ と表す。
このとき，これらの和は
$(n-3)+(n-2)+(n-1)+n+(n+1)$
$+(n+2)+(n+3)=7n$
n は整数だから，$7n$ は 7 の倍数である。
よって，連続する 7 つの整数の和は，7 の倍数である。

3 ① $10x+y$　② $11x$
③ x　④ $11x$

4 もとの自然数の百の位の数を x，十の位の数を y，一の位の数を z として，
もとの自然数を $100x+10y+z$,
入れかえた数を $100y+10x+z$
と表す。これらの差は
$(100x+10y+z)-(100y+10x+z)$
$=90x-90y$
$=90(x-y)$
$x-y$ は整数だから，$90(x-y)$ は 90 の倍数である。
よって，3 けたの自然数から，その数の百の位の数と十の位の数を入れかえた数をひいた差は，90 の倍数である。

5 底面の半径が r cm，高さが h cm の円錐の体積は $\frac{1}{3}\pi r^2h$ cm^{3}で，
この円錐の底面の半径を半分にし，高さを 3 倍にした円錐の体積は
$\frac{1}{3}\pi\times\left(\frac{r}{2}\right)^2\times 3h=\frac{1}{4}\pi r^2h$ (cm^3) だから，
体積は $\frac{1}{4}\pi r^2h\div\frac{1}{3}\pi r^2h=\frac{3}{4}$ (倍) になる。

解説

1 ミス注意！ 3 つの奇数を $2n+1$, $2n+3$, $2n+5$ としないように注意する。この表し方は「3 つの連続する奇数」を表すことになり，問題に合わない。いろいろな 3 つの奇数を表すには，3 つの文字を使う必要がある。

2 参考 中央の整数以外を n としてもよいが，連続する整数を考える問題では，中央の整数を n とすると，計算しやすくなることが多い。

p.12~13 ステージ1

1 (1) $x=\frac{10-2y}{3}$　(2) $y=\frac{10-3x}{2}$

2 (1) $y=-3x+6$　(2) $a=\frac{2b+6}{5}$
(3) $x=-2y+3$　(4) $b=\frac{4a+3}{5}$
(5) $a=\frac{4}{b}$　(6) $y=\frac{18}{x}$

3 (1) $a=\frac{2S}{h}-b$　(2) $c=\frac{V}{ab}$
(3) $h=\frac{V}{\pi r^2}$

解説

1 (1) $3x+2y=10$
$3x=10-2y$ （2y を移項する。）
$x=\frac{10-2y}{3}$ （両辺を 3 でわる。）

(2) $3x+2y=10$
$2y=10-3x$ （3x を移項する。）
$y=\frac{10-3x}{2}$ （両辺を 2 でわる。）

2 (3) $3x+6y-9=0$
$3x=-6y+9$ （6y, -9 を移項する。）
$x=-2y+3$ （両辺を 3 でわる。）

(5) $5ab=20$
$a=\frac{20}{5b}$ （両辺を 5b でわる。）
$a=\frac{4}{b}$ （約分する。）

(6) $6=\frac{1}{3}xy$
$\frac{1}{3}xy=6$ （両辺を入れかえる。）
$xy=18$ （両辺に 3 をかける。）
$y=\frac{18}{x}$ （両辺を x でわる。）

3 (1)
$$S=\frac{1}{2}(a+b)h$$
両辺を入れかえる。
$$\frac{1}{2}(a+b)h=S$$
両辺を2倍する。
$$(a+b)h=2S$$
両辺をhでわる。
$$a+b=\frac{2S}{h}$$
bを移項する。
$$a=\frac{2S}{h}-b$$

(3) $V=\pi r^2h$
両辺を入れかえる。
$$\pi r^2h=V$$
両辺を πr^2 でわる。
$$h=\frac{V}{\pi r^2}$$

p.14~15 ステージ2

1 ① $2n+3$　② $6n+6$　③ $n+1$

2 nを整数として，連続する4つの整数を $n-1$，n，$n+1$，$n+2$ と表す。
これらの和から2をひいた数は
$\{(n-1)+n+(n+1)+(n+2)\}-2=4n$
nは整数だから，$4n$は4の倍数である。
よって，連続する4つの整数の和から2をひいた数は4の倍数である。

3 2けたの自然数の十の位の数をx，一の位の数をyとして，2けたの自然数を$10x+y$と表す。
このとき，$x+y=9$ ならば $y=9-x$ だから，
$10x+y=10x+(9-x)=9x+9=9(x+1)$
$x+1$は整数だから，$9(x+1)$は9の倍数である。よって，2けたの自然数の十の位の数と一の位の数の和が9ならば，この2けたの自然数は9の倍数である。

4 ⊤のように並んだ4つの数のうち，上の段の中央の数をnとすると，その左側の数は$n-1$，右側の数は$n+1$，真下の数は$n+8$と表せる。このとき，この4つの数の和は，
$(n-1)+n+(n+1)+(n+8)=4n+8$
$=4(n+2)$
$n+2$は整数だから，$4(n+2)$は4の倍数である。よって，⊤のように並んだ4つの数の和は4の倍数である。

5 (1) $x=\frac{3z-2y}{2}$ $\left(x=\frac{3}{2}z-y\right)$
(2) $y=-2+3x$　(3) $a=-4b+3c$

6 (1) $h=\frac{3V}{a^2}$　(2) 8 cm

7 円錐の側面は展開図ではおうぎ形になるから，おうぎ形の中心角を$a°$とすると，その面積Sは

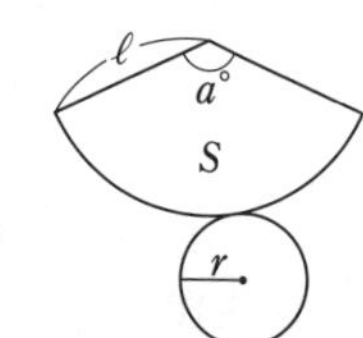

$S=\pi \ell^2\times\frac{a}{360}$ で表される。
また，おうぎ形の弧の長さと底面の円周は等しいから，$2\pi\ell\times\frac{a}{360}=2\pi r$ より，$\frac{a}{360}=\frac{r}{\ell}$
よって，$S=\pi\ell^2\times\frac{a}{360}=\pi\ell^2\times\frac{r}{\ell}=\pi\ell r$

● ● ● ● ●

① (1) $b=-3a+\frac{2}{3}$　(2) $b=3m-2a$

② A … $n+4$
a … 5　b … 2　c … 3　d … 5

解説

1 nを整数とすると，奇数は$2n+1$と表される。連続する整数は1ずつ大きくなるから，考える3つの整数は $2n+1$，$2n+2$，$2n+3$ になる。
（+1）（+1）

2 別解 連続する4つの整数を n，$n+1$，$n+2$，$n+3$ と表してもよい。

5 (1)
$$3z=2(x+y)$$
両辺を入れかえる。
$$2(x+y)=3z$$
かっこをはずす。
$$2x+2y=3z$$
2yを移項する。
$$2x=3z-2y$$
両辺を2でわる。
$$x=\frac{3z-2y}{2}$$

(2)
$$2(3x-y)=4$$
両辺を2でわる。
$$3x-y=2$$
3xを移項する。
$$-y=2-3x$$
両辺を−1でわる。
$$y=-2+3x$$

① (1)
$$9a+3b=2$$
9aを移項する。
$$3b=-9a+2$$
両辺を3でわる。
$$b=-3a+\frac{2}{3}$$

(2)
$$m=\frac{2a+b}{3}$$
両辺を入れかえる。
$$\frac{2a+b}{3}=m$$
両辺に3をかける。
$$2a+b=3m$$
2aを移項する。
$$b=3m-2a$$

② もっとも小さい数を n とすると，連続する5つの自然数は n, $n+1$, $n+2$, $n+3$, $n+4$ と表されるから，もっとも大きい数は $\underline{n+4}$ である。
これらの和は
$n+(n+1)+(n+2)+(n+3)+(n+4)$
$=5n+10=5(n+2)$
よって，小さい方から3番目の数 $n+2$ の5倍になっている。

p.16〜17 ステージ3

1 (1) $\boldsymbol{a^3}$, $\boldsymbol{b^2}$, $\boldsymbol{-3ab^3}$, $\boldsymbol{-1}$
(2) **4次式**

2 (1) $\boldsymbol{6x^2-x}$　(2) $\boldsymbol{2a+14b}$
(3) $\boldsymbol{7x-11y}$　(4) $\boldsymbol{-30x^2y}$
(5) $\boldsymbol{5a^3}$　(6) $\boldsymbol{-5x^2+x}$
(7) $\boldsymbol{3x^2}$　(8) $\boldsymbol{-2a}$
(9) $\boldsymbol{17x-13y}$　(10) $\boldsymbol{\dfrac{5x+7y}{12}}$

3 (1) **16**　(2) **−48**

4 n **を整数として，連続する4つの奇数を**
$2n-3$, $2n-1$, $2n+1$, $2n+3$ **と表す。**
このとき，これらの和は,
$(2n-3)+(2n-1)+(2n+1)+(2n+3)=8n$
n **は整数だから,** $8n$ **は8の倍数である。**
よって，連続する4つの奇数の和は8の倍数である。

5 (1) $\boldsymbol{y=2x-5}$　(2) $\boldsymbol{b=\dfrac{-a+3m}{2}}$

6 (1) $\boldsymbol{y=\dfrac{20}{x}}$　(2) $\boldsymbol{c=b-\dfrac{S}{a}}$

7 **問題のカレンダーで，上下左右に並んだ9つの数のうち，真ん中の段の中央の数を** n **とすると,**
その左側の数は $n-1$, **右側の数は** $n+1$,
上の段は左から $n-8$, $n-7$, $n-6$,
下の段は左から $n+6$, $n+7$, $n+8$
と表される。
このとき，この9つの数の和は
$(n-8)+(n-7)+(n-6)+(n-1)+n$
$+(n+1)+(n+6)+(n+7)+(n+8)=9n$
n **は整数だから,** $9n$ **は9の倍数である。**
よって，並んだ9つの数の和は，中央の数を9倍した数に等しい。

解 説

2 (6) $(25x^2-5x)\div(-5)$
$=(25x^2-5x)\times\left(-\frac{1}{5}\right)$
$=25x^2\times\left(-\frac{1}{5}\right)-5x\times\left(-\frac{1}{5}\right)$
$=-5x^2+x$

(8) $10a^3\div(-5a)\div a=-\dfrac{10a^3}{5a\times a}=-2a$

(10) $\dfrac{3x+y}{4}-\dfrac{x-y}{3}$
$=\dfrac{3(3x+y)}{12}-\dfrac{4(x-y)}{12}$
$=\dfrac{3(3x+y)-4(x-y)}{12}$
$=\dfrac{9x+3y-4x+4y}{12}$
$=\dfrac{5x+7y}{12}$

3 (1) $3(2x-3y)-4(x-y)=2x-5y$
$=2\times3-5\times(-2)$
$=16$
かっこをつける。

(2) $-28x^2y^2\div7x=-\dfrac{28x^2y^2}{7x}$
$=-4xy^2$
$=-4\times3\times(-2)^2$
$=-48$
$(-2)\times(-2)=4$

4 ミス注意！ 文字を使って表すとき，連続する奇数は2ずつ大きくなることに注意する。

5 (2)
$m=\dfrac{a+2b}{3}$
両辺を入れかえる。
$\dfrac{a+2b}{3}=m$
両辺に3をかける。
$a+2b=3m$
a を移項する。
$2b=3m-a$
両辺を2でわる。
$b=\dfrac{3m-a}{2}$

6 (1) 三角形の面積の公式より，$\dfrac{1}{2}xy=10$
これを y について解く。
(2) 面積は，長方形から道路の部分の平行四辺形の面積をひいて，$S=ab-ac$
これを c について解く。

得点アップのコツ
- 多項式の減法では，符号のミスが多い。かっこをはずすときは，符号の変わり方に注意する。
- 式の値を求めるときは，式を簡単にしてから代入する。複雑な式のときほどミスが減る。

2章 連立方程式

p.18〜19 ステージ1

1 (1) ㋐ 5　㋑ 2　㋒ 2　㋓ 0

(2) ㋐ $\frac{13}{2}$　㋑ 2　㋒ 2　㋓ $\frac{1}{2}$

(3) $x=4,\ y=2$

2 (1) $x=3,\ y=2$　(2) $x=4,\ y=-3$

(3) $x=1,\ y=3$　(4) $x=5,\ y=-3$

(5) $x=1,\ y=-2$　(6) $x=1,\ y=3$

解説

1 (1) $x+y=6$ の x を移項すると，$y=6-x$

この式の x に1，4，6を代入して y の値を求める。また，y を移項すると，$x=6-y$

この式の y に4を代入して x の値を求める。

(3) (1)，(2)の表で，同じ値の組を見つける。

ポイント

2つの方程式のどちらも成り立たせる文字の値の組を連立方程式の解という。

2 上の式を①，下の式を②として，1つの文字を消去する。

(1)
$$\begin{array}{rr} & x+y=5 \\ +) & 2x-y=4 \\ \hline & 3x\quad\ =9 \\ & x=3 \end{array}$$
← y を消去

$x=3$ を①に代入すると，$3+y=5$ より $y=2$

(3)
$$\begin{array}{rr} & 5x+2y=11 \\ +) & -5x+3y=4 \\ \hline & 5y=15 \\ & y=3 \end{array}$$
← x を消去

$y=3$ を①に代入すると，

$5x+2\times3=11$ より $x=1$

(4)
$$\begin{array}{rr} & 2x-\ y=13 \\ -) & 2x+3y=1 \\ \hline & -4y=12 \\ & y=-3 \end{array}$$

$y=-3$ を①に代入すると，

$2x-(-3)=13$ より $x=5$

(6)
$$\begin{array}{rr} & 5x-2y=-1 \\ -) & 3x-2y=-3 \\ \hline & 2x\quad\ =2 \\ & x=1 \end{array}$$

$x=1$ を①に代入すると，

$5\times1-2y=-1$ より $y=3$

p.20〜21 ステージ1

1 (1) $x=2,\ y=1$　(2) $x=3,\ y=-1$

(3) $x=-2,\ y=2$　(4) $x=5,\ y=-2$

(5) $x=\frac{1}{3},\ y=-\frac{1}{3}$　(6) $x=1,\ y=-1$

2 (1) $x=1,\ y=2$　(2) $x=8,\ y=-5$

(3) $x=-2,\ y=1$　(4) $x=-2,\ y=-1$

(5) $x=-1,\ y=3$　(6) $x=3,\ y=-2$

解説

上の式を①，下の式を②とする。

1 (1)
$$\begin{array}{lrr} ① & & 2x+5y=9 \\ ②\times2 & -) & 2x+4y=8 \\ \hline & & y=1 \end{array}$$

$y=1$ を②に代入すると，

$x+2\times1=4$ より $x=2$

(2)
$$\begin{array}{lrr} ①\times3 & & 9x-3y=30 \\ ② & +) & 5x+3y=12 \\ \hline & & 14x\quad\ =42 \\ & & x=3 \end{array}$$

$x=3$ を①に代入すると，

$3\times3-y=10$ より $y=-1$

(3)
$$\begin{array}{lrr} ①\times5 & & 5x+15y=20 \\ ② & -) & 5x+\ 2y=-6 \\ \hline & & 13y=26 \\ & & y=2 \end{array}$$

$y=2$ を①に代入すると，

$x+3\times2=4$ より $x=-2$

(4)
$$\begin{array}{lrr} ① & & 2x-3y=16 \\ ②\times2 & -) & 2x+4y=2 \\ \hline & & -7y=14 \\ & & y=-2 \end{array}$$

$y=-2$ を②に代入すると，

$x+2\times(-2)=1$ より $x=5$

(5)
$$\begin{array}{lrr} ① & & 7x+4y=1 \\ ②\times4 & +) & 8x-4y=4 \\ \hline & & 15x\quad\ =5 \\ & & x=\frac{1}{3} \end{array}$$

$x=\frac{1}{3}$ を②に代入すると，

$2\times\frac{1}{3}-y=1$ より $y=-\frac{1}{3}$

(6)
$$\begin{array}{lrr} ① & & 5x+6y=-1 \\ ②\times2 & -) & 2x+6y=-4 \\ \hline & & 3x\quad\ =3 \\ & & x=1 \end{array}$$

2章

$x=1$ を②に代入すると，

$1+3y=-2$ より $y=-1$

❷ (1)

$$\begin{array}{lrr} ①\times3 & & 9x+6y=21 \\ ②\times2 & +) & 14x-6y=2 \\ \hline & & 23x \qquad =23 \\ & & x=1 \end{array}$$

$x=1$ を①に代入すると，

$3\times1+2y=7$ より $y=2$

(2)

$$\begin{array}{lrr} ①\times7 & & 14x+21y=7 \\ ②\times2 & -) & 14x+22y=2 \\ \hline & & -y=5 \\ & & y=-5 \end{array}$$

$y=-5$ を①に代入すると，

$2x+3\times(-5)=1$ より $x=8$

(3)

$$\begin{array}{lrr} ①\times2 & & 6x+4y=-8 \\ ②\times3 & -) & 6x+9y=-3 \\ \hline & & -5y=-5 \\ & & y=1 \end{array}$$

$y=1$ を①に代入すると，

$3x+2\times1=-4$ より $x=-2$

(4)

$$\begin{array}{lrr} ①\times2 & & 10x-14y=-6 \\ ②\times5 & -) & 10x-15y=-5 \\ \hline & & y=-1 \end{array}$$

$y=-1$ を②に代入すると，

$2x-3\times(-1)=-1$ より $x=-2$

(5)

$$\begin{array}{lrr} ①\times3 & & 21x-6y=-39 \\ ②\times2 & +) & 16x+6y=2 \\ \hline & & 37x \qquad =-37 \\ & & x=-1 \end{array}$$

$x=-1$ を①に代入すると，

$7\times(-1)-2y=-13$ より，$y=3$

(6)

$$\begin{array}{lrr} ①\times5 & & 15x+20y=5 \\ ②\times4 & -) & 28x+20y=44 \\ \hline & & -13x \qquad =-39 \\ & & x=3 \end{array}$$

$x=3$ を①に代入すると，

$3\times3+4y=1$ より $y=-2$

p.22~23 ステージ1

❶ (1) $x=1$，$y=3$　(2) $x=2$，$y=3$

(3) $x=-1$，$y=2$　(4) $x=3$，$y=2$

❷ (1) $x=5$，$y=1$　(2) $x=-1$，$y=3$

(3) $x=-3$，$y=1$　(4) $x=-2$，$y=4$

❸ (1) $x=3$，$y=-1$　(2) $x=2$，$y=-1$

(3) $x=4$，$y=-2$　(4) $x=8$，$y=-2$

解説

上の式を①，下の式を②とする。

❶ (1) ②の y に，①の $3x$ を代入すると，

$2x+3x=5$　　$5x=5$ より $x=1$

$x=1$ を①に代入すると，$y=3\times1$ より $y=3$

(2) ①の x に，②の $4y-10$ を代入すると，

$3(\underline{4y-10})-y=3$　　$12y-30-y=3$

かっこをつけて代入する

$11y=33$ より $y=3$

$y=3$ を②に代入すると，

$x=4\times3-10$ より $x=2$

(3) ②の y に，①の $2x+4$ を代入すると，

$3x-2(\underline{2x+4})=-7$　　$3x-4x-8=-7$

かっこをつけて代入する

$-x=1$ より $x=-1$

$x=-1$ を①に代入すると，

$y=2\times(-1)+4$ より $y=2$

(4) ②の x に，①の $-3y+9$ を代入すると，

$2(\underline{-3y+9})+5y=16$　　$-6y+18+5y=16$

かっこをつけて代入する

$-y=-2$ より $y=2$

$y=2$ を①に代入すると，

$x=-3\times2+9$ より $x=3$

❷ (1) 代入法で解くとよい。

②の x に，①の $8y-3$ を代入すると，

$8y-3+6y=11$　　$14y=14$ より $y=1$

$y=1$ を①に代入すると，

$x=8\times1-3$ より $x=5$

(2) 加減法で解くとよい。

$$\begin{array}{lrr} ① & & 4x-y=-7 \\ ② & +) & -2x+y=5 \\ \hline & & 2x \qquad =-2 \\ & & x=-1 \end{array}$$

$x=-1$ を②に代入すると，

$-2\times(-1)+y=5$ より $y=3$

(3) 代入法で解くとよい。

②の $2y$ に，①の $x+5$ を代入すると，

$5x+x+5=-13$　$6x=-18$ より $x=-3$

$x=-3$ を①に代入すると，

$2y=-3+5$ より $2y=2$　$y=1$

(4) 加減法で解くとよい。

$$\begin{array}{lrl} ①\times3 & 9x+6y= & 6 \\ ②\times2 & +)\ 10x-6y= & -44 \\ \hline & 19x\qquad= & -38 \\ & x= & -2 \end{array}$$

$x=-2$ を①に代入すると，

$3\times(-2)+2y=2$ より $2y=8$　$y=4$

3 (1) ②のかっこをはずして整理すると，

$2x+3y=3$ …③

$$\begin{array}{lrl} ③ & 2x+3y= & 3 \\ ①\times2 & -)\ 2x+2y= & 4 \\ \hline & y= & -1 \end{array}$$

$y=-1$ を①に代入すると，

$x+(-1)=2$ より $x=3$

(2) ①のかっこをはずして整理すると，

$4x-3y=11$ …③

$$\begin{array}{lrl} ③ & 4x-3y= & 11 \\ ② & -)\ 5x-3y= & 13 \\ \hline & -x\qquad= & -2 \\ & x= & 2 \end{array}$$

$x=2$ を②に代入すると，

$5\times2-3y=13$ より $-3y=3$　$y=-1$

(3) ①のかっこをはずして整理すると，

$x-6y=16$ …③

$$\begin{array}{lrl} ③\times3 & 3x-18y= & 48 \\ ② & -)\ 3x+\ 5y= & 2 \\ \hline & -23y= & 46 \\ & y= & -2 \end{array}$$

$y=-2$ を③に代入すると，

$x-6\times(-2)=16$　$x=4$

(4) ①のかっこをはずして整理すると，

$6x+3y=42$ より $2x+y=14$ …③

③の x に，②の $-3y+2$ を代入すると，

$2\times(-3y+2)+y=14$

$-6y+4+y=14$ より $-5y=10$　$y=-2$

$y=-2$ を②に代入すると，

$x=-3\times(-2)+2$ より $x=8$

ポイント

かっこのある連立方程式は，かっこをはずして整理してから解く。

p.24～25 ステージ1

1 (1) $x=-2,\ y=5$　(2) $x=4,\ y=1$

(3) $x=10,\ y=3$　(4) $x=3,\ y=-1$

(5) $x=2,\ y=1$

2 (1) $x=3,\ y=-2$　(2) $x=3,\ y=-2$

3 (1) $x=5,\ y=1$　(2) $x=4,\ y=3$

(3) $x=4,\ y=7$　(4) $x=-2,\ y=1$

解説

1 上の式を①，下の式を②とする。

(1) ①の両辺に 4 をかけると，

$3x+2y=4$ …③　← 分母の 4，2 の最小公倍数の 4 をかける。

$$\begin{array}{lrl} ③ & 3x+2y= & 4 \\ ②\times3 & -)\ 3x+9y= & 39 \\ \hline & -7y= & -35 \\ & y= & 5 \end{array}$$

$y=5$ を②に代入すると，

$x+3\times5=13$ より $x=-2$

(2) ①の両辺に 4 をかけると，

$2x-3y=5$ …③　← 分母の 2，4 の最小公倍数の 4 をかける。

$$\begin{array}{lrl} ③ & 2x-3y= & 5 \\ ② & +)\ 2x+3y= & 11 \\ \hline & 4x\qquad= & 16 \\ & x= & 4 \end{array}$$

$x=4$ を②に代入すると，

$2\times4+3y=11$ より $3y=3$　$y=1$

(3) ②の両辺に 15 をかけると，

$3x-5y=15$ …③　← 分母の 5，3 の最小公倍数の 15 をかける。

$$\begin{array}{lrl} ③ & 3x-\ 5y= & 15 \\ ①\times3 & -)\ 3x+\ 6y= & 48 \\ \hline & -11y= & -33 \\ & y= & 3 \end{array}$$

$y=3$ を①に代入すると，

$x+2\times3=16$ より $x=10$

(4) ②の両辺に 10 をかけると，

$4x-3y=15$ …③　← 係数を整数にする。

$$\begin{array}{lrl} ③ & 4x-\ 3y= & 15 \\ ①\times2 & -)\ 4x+10y= & 2 \\ \hline & -13y= & 13 \\ & y= & -1 \end{array}$$

$y=-1$ を①に代入すると，

$2x+5\times(-1)=1$ より $2x=6$　$x=3$

(5) ①の両辺に 10 をかけると，

$7x-3y=11$ …③　← 係数を整数にする。

$$\begin{array}{lrl} ③ & 7x-3y & =11 \\ ② & +)\ 2x+3y & =7 \\ \hline & 9x & =18 \\ & & x=2 \end{array}$$

$x=2$ を②に代入すると,

$2\times2+3y=7$ より $3y=3$　　$y=1$

ポイント

係数が分数や小数の場合
分数 ➡ 両辺に分母の最小公倍数をかける。
小数 ➡ 両辺に 10, 100 などをかける。

❷ (1) $\begin{cases} x-3y=9 & \cdots① \\ 4x+2y+1=9 & \cdots② \end{cases}$ とする。

②より $4x+2y=8$　$\cdots③$

$$\begin{array}{lrl} ③ & 4x+\ 2y & =8 \\ ①\times4 & -)\ 4x-12y & =36 \\ \hline & 14y & =-28 \\ & & y=-2 \end{array}$$

$y=-2$ を①に代入すると,

$x-3\times(-2)=9$ より $x=3$

(2) $\begin{cases} x-3y=4x+2y+1 & \cdots① \\ x-3y=9 & \cdots② \end{cases}$ とする。

①より $-3x-5y=1$　$\cdots③$

$$\begin{array}{lrl} ③ & -3x-5y & =1 \\ ②\times3 & +)\ \ 3x-9y & =27 \\ \hline & -14y & =28 \\ & & y=-2 \end{array}$$

$y=-2$ を②に代入すると,

$x-3\times(-2)=9$ より $x=3$

(1), (2)のどちらの連立方程式を解いても,
同じ答えになる。

ポイント

$A=B=C$ の形をした方程式は,
次のどの連立方程式を使って解いてもよい。

$\begin{cases} A=B \\ B=C \end{cases}$　$\begin{cases} A=B \\ A=C \end{cases}$　$\begin{cases} A=C \\ B=C \end{cases}$

❸ (1) $\begin{cases} 4x-3y=17 \\ 3x+2y=17 \end{cases}$ として解く。

(2) $\begin{cases} 3x-5y=-3 \\ 6x-9y=-3 \end{cases}$ として解く。

(3) $\begin{cases} 3x+2y=7x-2 \\ 5+3y=7x-2 \end{cases}$ として解く。

(4) $\begin{cases} 2x+3y=3x+5 \\ -x-3y=3x+5 \end{cases}$ として解く。

p.26~27　ステージ2

❶ ㋒

❷ (1) $x=-3$, $y=5$　(2) $x=3$, $y=-2$
(3) $x=-2$, $y=3$　(4) $x=5$, $y=4$
(5) $x=5$, $y=2$　(6) $x=-4$, $y=2$
(7) $x=2$, $y=7$　(8) $x=2$, $y=1$
(9) $x=3$, $y=2$

❸ (1) $x=5$, $y=1$　(2) $x=2$, $y=-1$
(3) $x=-2$, $y=-5$　(4) $x=2$, $y=-3$

❹ それぞれの式に $x=2$, $y=-1$ を代入すると,

$\begin{cases} 2a+b=5 & \cdots① \\ 2b+a=4 & \cdots② \end{cases}$

①−②×2 より $-3b=-3$　　$b=1$

$b=1$ を②に代入すると,

$2\times1+a=4$ より $a=2$

❺ $a=4$, $b=-2$

❻ (1) $x=-2$, $y=3$　(2) $x=2$, $y=3$
(3) $x=5$, $y=10$　(4) $x=\frac{3}{2}$, $y=-\frac{1}{2}$
(5) $x=5$, $y=0$　(6) $x=6$, $y=-4$

• • • • •

① (1) $x=3$, $y=-2$　(2) $x=5$, $y=-2$
(3) $x=-3$, $y=5$　(4) $x=-3$, $y=6$

② $a=3$, $b=4$

解説

❶ ㋐~㋒の x, y の値を問題の連立方程式に代入して, 2 つの式の両方を同時に成り立たせる値の組を見つける。

❷ 上の式を①, 下の式を②とする。

(1) ①+② より $2x=-6$　　$x=-3$
$x=-3$ を①に代入すると,
$-3+y=2$ より $y=5$

(2) ①+② より $4x=12$　　$x=3$
$x=3$ を②に代入すると,
$2y+3=-1$ より $2y=-4$　　$y=-2$

(3) ①−②×2 より $-y=-3$　　$y=3$
$y=3$ を②に代入すると,
$2x-3\times3=-13$ より $2x=-4$　　$x=-2$

(4) ①×3−② より $16x=80$　　$x=5$
$x=5$ を①に代入すると,
$7\times5-3y=23$ より $-3y=-12$　　$y=4$

(5) ①×3−②×4 より $11y=22$　　$y=2$

$y=2$ を②に代入すると，
$3x-8\times2+1=0$ より $3x=15$　　$x=5$
(6)　①×4＋②×5 より $61y=122$　　$y=2$
$y=2$ を②に代入すると，
$4x+9\times2=2$ より $4x=-16$　　$x=-4$
(7)　①の y に，②の $5x-3$ を代入すると，
$5x-3=-3x+13$ より $8x=16$　　$x=2$
$x=2$ を①に代入すると，
$y=-3\times2+13$ より $y=7$
(8)　②の y に，①の $2x-3$ を代入すると，
$5x-4\times(2x-3)=6$ より $-3x=-6$　　$x=2$
$x=2$ を①に代入すると，
$y=2\times2-3$ より $y=1$
(9)　②の $2y$ に，①の $3x-5$ を代入すると，
$5x+3x-5=19$ より $8x=24$　　$x=3$
$x=3$ を①に代入すると，
$2y=3\times3-5$ より $2y=4$　　$y=2$

3 上の式を①，下の式を②とする。
(1)　①のかっこをはずして整理すると，
$x-2y=3$　…③
③×2－② より $-7y=-7$　　$y=1$
$y=1$ を②に代入すると，
$2x+3\times1=13$ より $2x=10$　　$x=5$
(2)　②の両辺に 12 をかけると，
$3x+2y=4$　…③
③×2－①×3 より
$13y=-13$　　$y=-1$
（分母の 4，6，3 の最小公倍数の 12 をかける。）
$y=-1$ を①に代入すると，
$2x-3\times(-1)=7$ より $2x=4$　　$x=2$
(3)　①の両辺に 10 をかけると，
$7x-5y=11$　…③
③×2－②×5 より $-16x=32$　　$x=-2$
$x=-2$ を②に代入すると，
$6\times(-2)-2y=-2$　　$-2y=10$　　$y=-5$
(4)　$\begin{cases}4x+5y=-7\\x+3y=-7\end{cases}$ として解く。

5 2つの連立方程式の解が同じだから，組み合わせを変えた連立方程式 $\begin{cases}x-3y=11 & \cdots① \\ 2x+3y=-5 & \cdots④\end{cases}$
の解をまず求めると，$x=2$，$y=-3$
これらの値を②，③の方程式に代入すると，
$\begin{cases}2a-3b=14\\2b-3a=-16\end{cases}$
この連立方程式を解くと，$a=4$，$b=-2$

6 上の式を①，下の式を②とする。
(1)　①，②のかっこをはずして整理すると，
$\begin{cases}4x-3y=-17 & \cdots③ \\ 3x-4y=-18 & \cdots④\end{cases}$
③×4－④×3 より $7x=-14$　　$x=-2$
$x=-2$ を③に代入すると，
$4\times(-2)-3y=-17$ より
$-3y=-9$　　$y=3$
(2)　①のかっこをはずすと，$5x+2y=16$ …③
②の両辺に 100 をかけると，$x-4y=-10$ …④
③×2＋④ より $11x=22$　　$x=2$
$x=2$ を④に代入すると，
$2-4y=-10$ より $-4y=-12$　　$y=3$
(3)　①の両辺に 10 をかけると，$3x-y=5$ …③
②の両辺に 10 をかけると，$6x+5y=80$ …④
③×2－④ より $-7y=-70$　　$y=10$
$y=10$ を③に代入すると，
$3x-10=5$ より $3x=15$　　$x=5$
ミス注意! ②の両辺を 10 倍するとき，右辺の 8 も 10 倍するのを忘れないようにしよう。
(4)　①の両辺に 10 をかけると，$4x-2y=7$ …③
②の両辺に 15 をかけると，$5x+3y=6$ …④
③×3＋④×2 より $22x=33$　　$x=\frac{3}{2}$
$x=\frac{3}{2}$ を③に代入すると，
$4\times\frac{3}{2}-2y=7$ より $-2y=1$　　$y=-\frac{1}{2}$
(5)　①のかっこをはずして整理すると，
$x-2y=5$ …③
②の両辺に 2 をかけると，
$2y-(1-x)=4$ ⟵ $y\times2-\frac{1-x}{2}\times2=2\times2$
$2y-1+x=4$ より $x+2y=5$　…④
③＋④ より $2x=10$　　$x=5$
$x=5$ を④に代入すると，
$5+2y=5$ より $2y=0$　　$y=0$
(6)　①の両辺に 100 をかけると，
$10x-35y=200$ …③
②の両辺に 6 をかけると，$4x+3y=12$ …④
③×2－④×5 より $-85y=340$　　$y=-4$
$y=-4$ を④に代入すると，
$4x+3\times(-4)=12$ より $4x=24$　　$x=6$

2章

① 上の式を①，下の式を②とする。

(1) ①×4−② より $-11y=22$ $y=-2$

$y=-2$ を①に代入すると，

$x-2\times(-2)=7$ より $x=3$

(2) ①×2−② より $-7y=14$ $y=-2$

$y=-2$ を①に代入すると，

$2x-3\times(-2)=16$ より $2x=10$ $x=5$

(3) ①の y に，②の $3x+14$ を代入すると，

$2x+3(3x+14)=9$ より

$11x=-33$ $x=-3$

$x=-3$ を②に代入すると，

$y=3\times(-3)+14$ より $y=5$

(4) ①の両辺に 12 をかけると，

$2x-3y=-24$ …③

③×2+②×3 より $13x=-39$ $x=-3$

$x=-3$ を②に代入すると，

$3\times(-3)+2y=3$ より $2y=12$ $y=6$

② それぞれの式に $x=2$，$y=1$ を代入すると，

$$\begin{cases} 2a+b=10 \\ 2b-a=5 \end{cases}$$

この連立方程式を解くと，$a=3$，$b=4$

p.28〜29 ステージ1

❶ (1) $\boldsymbol{x+y=15}$

(2) $\boldsymbol{80x+140y=1560}$

(3) **オレンジ 9 個，りんご 6 個**

❷ **大人 4 人，中学生 9 人**

❸ **サンドイッチ 90 円，おにぎり 130 円**

❹ **品物A 240 g，品物B 80 g**

解説

❶ (1) オレンジとりんごを合わせて 15 個買うから，$x+y=15$ …①

(2) それぞれの代金は

(1 個の値段)×(買う数) で求めるから，

オレンジの代金は $80x$ 円

りんごの代金は $140y$ 円

よって，代金の合計について，

$80x+140y=1560$ …②

(3) ①×80−② より $-60y=-360$ $y=6$

$y=6$ を①に代入すると，

$x+6=15$ より $x=9$

$x=9$，$y=6$ は問題に適している。

参考 ②の式の両辺を10でわって，係数を小さくしてから連立方程式を解くと，計算しやすくなる。

❷ 大人が x 人，中学生が y 人とすると，

$$\begin{cases} 600x+400y=6000 & \longleftarrow \text{入園料の合計} \\ y=x+5 & \longleftarrow \text{人数の関係} \end{cases}$$

が成り立つ。

参考 入園料の合計の式の両辺を 100 でわって係数を小さくしてから連立方程式を解くと，計算しやすくなる。

❸ サンドイッチ 1 個の値段を x 円，おにぎり 1 個の値段を y 円とすると，それぞれの場合の代金について，$\begin{cases} 2x+5y=830 \\ 4x+3y=750 \end{cases}$ が成り立つ。

❹ A 1 個の重さを x g，B 1 個の重さを y g とすると，

$$\begin{cases} 3x+y=800 & \longleftarrow \text{A 3 個と B 1 個の重さの合計} \\ x+2y=400 & \longleftarrow \text{A 1 個と B 2 個の重さの合計} \end{cases}$$

が成り立つ。

ポイント
求めた解が問題に適しているか，必ず確かめるようにしよう。

p.30〜31 ステージ1

❶ **歩いた道のり 600 m**
走った道のり 300 m

❷ **AC 間 24 km，CB 間 12 km**

❸ **弁当 600 円，サンドイッチ 350 円**

❹ **製品A 200 個，製品B 300 個**

解説

関係を表にまとめて整理すると，考えやすい。

❶

	歩いたところ	走ったところ	合計
道のり (m)	x	y	900
速さ (m/分)	60	150	
時間 (分)	$\frac{x}{60}$	$\frac{y}{150}$	12

午前 8 時に家を出て 8 時 12 分に学校に着いたから，歩いた時間と走った時間の合計は 12 分

連立方程式 $\begin{cases} x+y=900 \\ \frac{x}{60}+\frac{y}{150}=12 \leftarrow \frac{(\text{道のり})}{(\text{速さ})} \end{cases}$ を解く。

ポイント
歩いた道のりと走った道のりの合計と，それぞれにかかった時間の合計について方程式をつくる。

❷

	AC 間	CB 間	合計
道のり (km)	x	y	36
速さ (km/h)	16	12	／
時間 (時間)	$\frac{x}{16}$	$\frac{y}{12}$	$\frac{5}{2}$

↑ 単位を時間にそろえる。2 時間 30 分 $=\frac{5}{2}$ 時間

連立方程式 $\begin{cases} x+y=36 \\ \frac{x}{16}+\frac{y}{12}=\frac{5}{2} \end{cases}$ を解く。

❸

	弁当	サンドイッチ	合計
定価 (円)	x	y	950
値引き額 (円)	$\frac{20}{100}x$	$\frac{40}{100}y$	260

↑ 合わせて 260 円安くなった。

連立方程式 $\begin{cases} x+y=950 \\ \frac{20}{100}x+\frac{40}{100}y=260 \end{cases}$ を解く。

❹

	製品A	製品B	合計
つくった個数 (個)	x	y	500
不良品の個数 (個)	$\frac{20}{100}x$	$\frac{10}{100}y$	70

連立方程式 $\begin{cases} x+y=500 \\ \frac{20}{100}x+\frac{10}{100}y=70 \end{cases}$ を解く。

p.32～33 ステージ2

❶ りんご 9 個，みかん 7 個

❷ 鉛筆 80 円，ノート 120 円

❸ もとの自然数の十の位の数を x，一の位の数を y とすると，もとの自然数は $10x+y$，十の位の数と一の位の数を入れかえた数は $10y+x$ だから，

$\begin{cases} x+y=10 \\ 10y+x=(10x+y)+18 \end{cases}$

が成り立つ。この連立方程式を解くと，

$x=4$，$y=6$

これらは問題に適している。

もとの自然数は 46

❹ ㋐ 22　　㋑ $70y$

走った時間 8 分，歩いた時間 14 分

❺ (1) 昨年度の男子の生徒数 325 人

昨年度の女子の生徒数 340 人

(2) 今年度の男子の生徒数 338 人

今年度の女子の生徒数 357 人

❻ 80 円のお菓子(かし) 9 個

100 円のお菓子 11 個

❼ AB 間 10 km，BC 間 15 km

● ● ● ● ●

① もとの自然数の十の位の数を x，

一の位の数を y とすると，

$\begin{cases} x+y=4y-8 & \cdots① \\ (10y+x)+(10x+y)=132 & \cdots② \end{cases}$

①より，$x-3y=-8$　…③

②より，$x+y=12$　…④

④－③ より，

$4y=20$　　$y=5$

$y=5$ を④に代入すると，

$x+5=12$　　$x=7$

$x=7$，$y=5$ は問題に適している。

もとの自然数は 75

② (1) $\begin{cases} x+y=365 \\ \frac{80}{100}x+\frac{60}{100}y=257 \end{cases}$

(2) 男子 190 人，女子 175 人

解説

❶ りんごを x 個，みかんを y 個買ったとすると，

個数の合計から，$x+y=16$

代金の合計から，$120x+80y=1640$

❷ 鉛筆 1 本の値段を x 円，ノート 1 冊の値段を y 円とすると，代金の合計から，

$\begin{cases} 4x+3y=680 \\ 5x+6y=1120 \end{cases}$
← 鉛筆 4 本とノート 3 冊
← 鉛筆 5 本とノート 6 冊

❹ 走った時間を x 分，歩いた時間を y 分とする。

㋐ 朝 7 時に家を出て 7 時 22 分に学校に着いたので，かかった時間について，$x+y=\underline{22}$

㋑ 家から学校までの道のりについて，

(道のり)＝(速さ)×(時間)

$140x+70y=2100$

ミス注意！ 時間の単位が「分」，速さの単位が「分速○ m」だから，距離の単位は「m」になる。2.1 km＝2100 m

❺ (1) 昨年度の生徒数について，$x+y=665$

今年度の増えた生徒数について，

$\frac{4}{100}x+\frac{5}{100}y=30$

(2) 今年度の男子と女子の人数は，それぞれ

$325\times\frac{104}{100}=338$ (人)，$340\times\frac{105}{100}=357$ (人)

2 章

ミス注意! $325\times\frac{4}{100}=13$（人）は，増えた生徒数を求めていることになるので，注意する。

❻ 80円のお菓子をx個，100円のお菓子をy個買う予定とすると，個数の合計から，$x+y=20$
代金の合計から，
$80y+100x=(80x+100y)-40$

❼ AB間の道のりを$x$km，BC間の道のりを$y$kmとして，時間について方程式をつくる。
（時間）=（道のり）÷（速さ）

$$\begin{cases}\frac{x}{3}+\frac{y}{15}=\frac{13}{3} & \longleftarrow 4時間20分=\frac{13}{3}時間\\ \frac{x}{15}+\frac{y}{3}=\frac{17}{3} & \longleftarrow 5時間40分=\frac{17}{3}時間\end{cases}$$

② (1) 男女合わせた人数から，$x+y=365$
運動部に所属する人数から，
$\frac{80}{100}x+\frac{60}{100}y=257$
(2) 連立方程式を解くと，$x=190$，$y=175$
これらは問題に適している。

p.34〜35 ステージ3

❶ ㋒

❷ (1) $x=3$，$y=-2$　(2) $x=7$，$y=2$
(3) $x=4$，$y=5$　(4) $x=2$，$y=-1$
(5) $x=1$，$y=-1$　(6) $x=4$，$y=7$
(7) $x=9$，$y=6$　(8) $x=-3$，$y=2$

❸ (1) $x=-3$，$y=-4$　(2) $x=-3$，$y=2$
(3) $x=-\frac{2}{3}$，$y=4$　(4) $x=5$，$y=-4$

❹ $a=1$，$b=4$

❺ (1) $\begin{cases}2x+3y=480\\3x+y=440\end{cases}$
(2) りんご120円，なし80円

❻ (1) $\begin{cases}x=y-20\\ \frac{10}{100}x+\frac{8}{100}y=25\end{cases}$
(2) 男子130人，女子150人

❼ 6分歩いて，4分走る。

解説

❷ 上の式を①，下の式を②とする。
(4) ①×2−②×3 よりxを消去する。
(5) ①×3−②×4 よりyを消去する。
(8) ②の$3x$に，①の$2y-13$を代入して，xを消去する。

❸ 上の式を①，下の式を②とする。
(1) ①のかっこをはずして整理すると，
$3x-2y=-1$ …③
③×2−② よりxを消去する。
(2) ①の両辺に2をかけて，$2x+5y=4$ …③
③×3−②×2 よりxを消去する。
(3) ②の両辺に10をかけて，
$3x-2y=-10$ …③
①−③ よりxを消去する。
ミス注意! ②の両辺に10をかけるとき，右辺にも10をかけるのを忘れないようにしよう。

❹ 連立方程式に $x=2$，$y=1$ を代入すると，
$\begin{cases}4a+b=8\\2a-3b=-10\end{cases}$
このa，bについての連立方程式を解いて，a，bの値を求める。

❺ (1) 代金の合計から，
$$\begin{cases}2x+3y=480 & \longleftarrow りんご2個となし3個\\3x+y=440 & \longleftarrow りんご3個となし1個\end{cases}$$
(2) (1)の連立方程式を解くと，$x=120$，$y=80$
これらは問題に適している。

❻ (1) 男子の人数は女子の人数より20人少ないから，$x=y-20$
陸上部の人数について，
$\frac{10}{100}x+\frac{8}{100}y=25$ ⟵ 男子の10％と女子の8％で25人
(2) (1)の連立方程式を解くと，$x=130$，$y=150$
これらは問題に適している。

❼ x分歩いて，y分走ったとする。
時間について，$x+y=10$ …①
家から図書館までの道のりは960 mだから，
（道のり）=（速さ）×（時間）
$60x+150y=960$ …②
①，②の連立方程式を解くと，$x=6$，$y=4$
これらは問題に適している。

得点アップのコツ
・連立方程式の計算では，式の形によって，加減法，代入法のうち，計算しやすい方法を使う。
・速さに関する問題のときは，時間の単位と道のりの単位をそろえてから方程式をつくる。

3章 1次関数

p.36〜37 ステージ1

❶ (1) ㋐ $y=-x+1000$

㋑ $y=\dfrac{50}{x}$　㋒ $y=10x$

(2) ㋐, ㋒

❷ (1) -4　(2) -4

❸ (1) ㋐ 3　㋑ -2

(2) ㋐ 15　㋑ -10

❹ (1) -4　(2) $-\dfrac{1}{2}$

解説

❶ (1) ㋐ (残っている水の量)

=(はじめに入っていた量)−(出した水の量)

㋑ (時間)=(道のり)÷(速さ)

㋒ (平行四辺形の面積)=(底辺)×(高さ)

(2) ㋐ $y=ax+b$ の形の式で表されるから，1次関数である。

㋒ $y=10x$ は比例の式で，1次関数の特別な場合である。

❷ (1) $x=3$ のとき $y=-11$，$x=5$ のとき $y=-19$ だから，$\dfrac{-19-(-11)}{5-3}=-4$

(2) $x=-6$ のとき $y=25$，$x=-2$ のとき $y=9$ だから，$\dfrac{9-25}{(-2)-(-6)}=-4$

ポイント

1次関数 $y=ax+b$ の変化の割合は一定で，その値は，x の係数 a に等しい。

❸ (2) (y の増加量)$=a\times$(x の増加量) を使う。

㋐ (y の増加量)$=3\times5=15$

㋑ (y の増加量)$=-2\times5=-10$

❹ (1) $x=1$ のとき $y=12$，$x=3$ のとき $y=4$ だから，$\dfrac{4-12}{3-1}=-4$

(2) $x=-6$ のとき $y=-2$，$x=-4$ のとき $y=-3$ だから，$\dfrac{(-3)-(-2)}{(-4)-(-6)}=-\dfrac{1}{2}$

ミス注意 反比例の変化の割合は一定ではない。

p.38〜39 ステージ1

❶ (1) ㋒　(2) ㋓

(3) -14, -11, -8, -5, -2, 1, 4

(4) -9

(5) ㋐ 傾き 3，切片 -5

㋓ 傾き -2，切片 1

(6) 12

❷ (1) (0, 4)　(2) 12

(3) 傾き -3，切片 4

解説

❶ (2) グラフが平行になるのは傾きが等しいときだから，傾きが -2 であるものを選ぶ。

(3) $3x-5$ の値は，表のすぐ上の段の $3x$ の値より5だけ小さい。

(6) 傾き3より，右へ1進むとき上へ3だけ進むから，右へ4進むときは，$3\times4=12$ より上へ12だけ進む。

❷ (1) $y=-3x+4$ は，$x=0$ のとき $y=4$ だから，y 軸との交点の座標は (0, 4) である。

(2) $y=-3x+4$ は，右へ1進むとき上へ -3 だけ進むので，$-3\times4=-12$ より，右へ4進むとき上へ -12 だけ進む。「上へ -12 だけ進む」ことは，「下へ12だけ進む」ことと同じである。

ポイント

$y=-3x+4$ のグラフは，$y=-3x$ のグラフを，y 軸の正の方向に4だけ平行移動した直線である。

p.40〜41 ステージ1

❶ (1) ㋑, ㋒

(2) 右の図

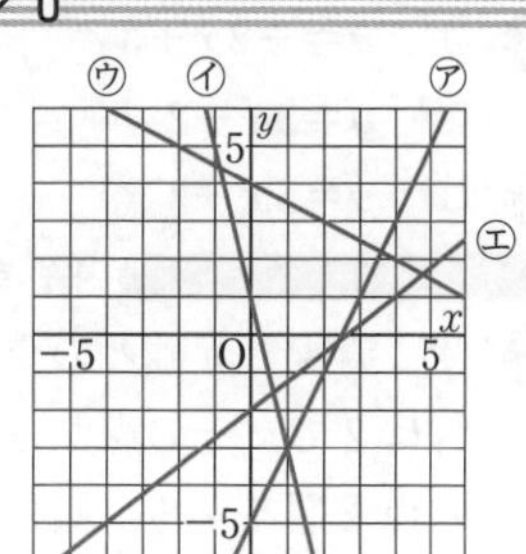

❷ (1) 右下の図

(2) $x=-1$ のとき $y=5$

$x=2$ のとき $y=-4$

(3) $-4\leqq y\leqq5$

(4) $-16\leqq y<-10$

❸ $-10<y<11$

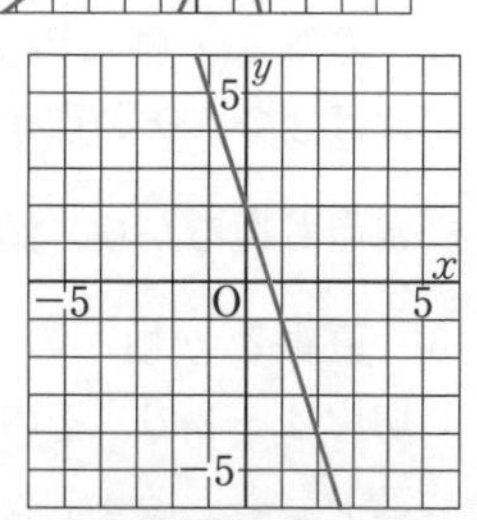

解説

❶ (1) 傾きが負の数であるものを答える。

(2) ㋐ 2点 (0, -5)，(1, -3) を通る直線をかく。

他の点 (5, 5) などでもよい。

3章

㋑　2点$(0,\ 1)$，$(1,\ -3)$を通る直線をかく。
㋒　2点$(0,\ 4)$，$(2,\ 3)$を通る直線をかく。
㋓　2点$(0,\ -2)$，$(4,\ 1)$を通る直線をかく。

ポイント
傾きが正の数のとき，グラフは右上がりの直線
傾きが負の数のとき，グラフは右下がりの直線

2 (1)　2点$(0,\ 2)$，$(1,\ -1)$を通る直線をかく。
(2)　$x=-1$ のとき $y=-3\times(-1)+2=5$
$x=2$ のとき $y=-3\times2+2=-4$
(3)　(2)より，$-1\leqq x\leqq2$ に対応するyの変域は
$-4\leqq y\leqq5$
(4)　$x=4$ のとき $y=-3\times4+2=-10$
$x=6$ のとき $y=-3\times6+2=-16$
よって，$-16\leqq y<-10$

3 $x=-2$ のとき $y=3\times(-2)-4=-10$
$x=5$ のとき $y=3\times5-4=11$
よって，$-10<y<11$

p.42〜43 ステージ1

1 (1)　$y=2x+2$　(2)　$y=-\frac{2}{3}x+2$
(3)　$y=\frac{2}{3}x-2$　(4)　$y=-\frac{1}{3}x-1$

2 (1)　$y=2x+1$　(2)　$y=-4x+6$
(3)　$y=3x+2$　(4)　$y=-5x-1$

3 (1)　$y=-2x+3$　(2)　$y=5x+11$
(3)　$y=3x-2$　(4)　$y=-4x+11$

4 (1)　$y=5x-3$　(2)　$y=-2x+6$

解説

1 (1)　直線とy軸との交点のy座標は2だから切片は2で，その点から右へ1，上へ2だけ進んだ点も通るから，傾きは2
(2)　直線とy軸との交点のy座標は2だから切片は2で，その点から右へ3，下へ2だけ進んだ点も通るから，傾きは$-\frac{2}{3}$
(3)　直線とy軸との交点のy座標は-2だから切片は-2で，その点から右へ3，上へ2だけ進んだ点も通るから，傾きは$\frac{2}{3}$
(4)　直線とy軸との交点のy座標は-1だから切片は-1で，その点から右へ3，下へ1だけ進んだ点も通るから，傾きは$-\frac{1}{3}$

2 (1)　変化の割合が2だから，求める式を$y=2x+b$ と表して，$x=3$，$y=7$ を代入すると，$7=2\times3+b$ より $b=1$
(2)　傾きが-4だから，求める式を $y=-4x+b$ と表して，$x=1$，$y=2$ を代入すると，
$2=-4\times1+b$ より $b=6$
(3)　切片が2だから，求める式を $y=ax+2$ と表して，$x=2$，$y=8$ を代入すると，
$8=a\times2+2$ より $a=3$
(4)　平行な直線は傾きが等しいから，求める式を$y=-5x+b$ と表して，$x=1$，$y=-6$ を代入すると，$-6=-5\times1+b$ より $b=-1$

3 (1)　傾きは $\frac{-7-(-1)}{5-2}=-2$ だから，
求める式は $y=-2x+b$ と表される。
$x=2$，$y=-1$ を代入すると，
$-1=-2\times2+b$ より $b=3$
(2)　傾きは $\frac{21-(-4)}{2-(-3)}=5$ だから，
求める式は $y=5x+b$ と表される。
$x=-3$，$y=-4$ を代入すると，
$-4=5\times(-3)+b$ より $b=11$
(3)　傾きは $\frac{10-1}{4-1}=3$ だから，
求める式は $y=3x+b$ と表される。
$x=1$，$y=1$ を代入すると，
$1=3\times1+b$ より $b=-2$
(4)　傾きは $\frac{3-35}{2-(-6)}=-4$ だから，
求める式は $y=-4x+b$ と表される。
$x=2$，$y=3$ を代入すると，
$3=-4\times2+b$ より $b=11$

別解　次のように，a，bについての連立方程式をつくって求めることもできる。
(1)　求める直線の式を $y=ax+b$ とする。
$x=2$ のとき $y=-1$ だから，
$-1=2a+b$ …①
$x=5$ のとき $y=-7$ だから，
$-7=5a+b$ …②
①と②を連立方程式として解くと，
$a=-2$，$b=3$
(3)　求める直線の式を $y=ax+b$ とする。
$x=1$ のとき $y=1$ だから，
$1=a+b$ …①

$x=4$ のとき $y=10$ だから，
$10=4a+b$ …②
①と②を連立方程式として解くと，
$a=3,\ b=-2$

4 (1) 傾きは $\dfrac{7-(-8)}{2-(-1)}=5$ だから，求める式を $y=5x+b$ として，$x=2,\ y=7$ を代入する。

(2) 2点 $(-2,\ 10)$，$(3,\ 0)$ を通る直線の式を求める。傾きは $\dfrac{0-10}{3-(-2)}=-2$ だから，求める式を $y=-2x+b$ として，$x=3,\ y=0$ を代入する。

p.44〜45 ステージ2

1 ㋒，㋓

2 (1) -1

(2) $x=-4$ のとき $y=-(-4)+2=6$
$x=-1$ のとき $y=-(-1)+2=3$
よって，y の増加量は $3-6=-3$

(3) -5

(4) 傾き -1，切片 2

(5) $0<y<4$

3 右の図

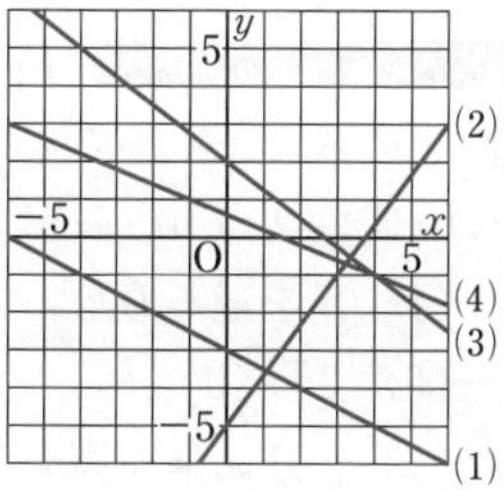

4 (1) $y=-3x+6$

(2) $y=\dfrac{5}{6}x+\dfrac{4}{3}$

5 (1) $y=-4x-3$

(2) $y=\dfrac{1}{2}x-2$

(3) $y=\dfrac{3}{2}x+4$　(4) $y=-\dfrac{3}{4}x+\dfrac{5}{4}$

6 (1) $y=5x-4$　(2) $y=-\dfrac{3}{2}x+\dfrac{13}{2}$

(3) $y=-3x+8$

7 (1) $y=-x+5$　(2) $(2,\ 3)$

(3) $y=2x-1$

● ● ● ● ●

①　㋑，㋓

解説

1 ㋐ $y=x^2$　㋑ $y=\dfrac{120}{x}$

㋒ $y=-2x+40$　㋓ $y=0.5x+20$

2 (3) (y の増加量)$=a\times$(x の増加量)
$=(-1)\times5=-5$

(5) $x=-2$ のとき $y=4$，$x=2$ のとき $y=0$ だから，y の変域は $0<y<4$

3 (4) x 座標，y 座標がともに整数である2点を見つける。2点 $(-1,\ 1)$ と，傾きが $-\dfrac{2}{5}$ だから，$(-1,\ 1)$ から右へ5，下へ2進んだ点 $(4,\ -1)$ を通る直線をかく。

4 (1) 2点 $(1,\ 3)$，$(2,\ 0)$ を通る直線の式を求める。

(2) 2点 $(-4,\ -2)$，$(2,\ 3)$ を通る直線の式を求める。

5 (1) $y=-4x+b$ に $x=-1,\ y=1$ を代入する。

(2) $y=\dfrac{1}{2}x+b$ に $x=4,\ y=0$ を代入する。

(3) $y=\dfrac{3}{2}x+b$ に $x=2,\ y=7$ を代入する。

(4) 傾きは $\dfrac{-1-2}{3-(-1)}=-\dfrac{3}{4}$ だから，求める式を $y=-\dfrac{3}{4}x+b$ として，$x=-1,\ y=2$ を代入する。

6 (1) $y=5x+b$ に $x=2,\ y=6$ を代入する。

(2) 原点と点 $(-2,\ 3)$ を通る直線の傾きは $-\dfrac{3}{2}$ だから，求める式を $y=-\dfrac{3}{2}x+b$ として，$x=3,\ y=2$ を代入する。

(3) 傾きは $\dfrac{-1-2}{3-2}=-3$ だから，求める式を $y=-3x+b$ として，$x=2,\ y=2$ を代入する。

7 (1) 切片は5で，その点から右へ5，下へ5だけ進んだ点を通るから，傾きは $-\dfrac{5}{5}=-1$

(2) ①のグラフは点Aを通るから，その y 座標は $y=-x+5$ に $x=2$ を代入して求める。

(3) 2点 $(2,\ 3)$，$(-1,\ -3)$ を通る直線の式を求める。

① ㋐ $x=4$ のとき $y=4\times4+5=21$ だから，点 $(4,\ 5)$ を通らない。

㋑ 傾きは4で正の数だから，右上がりの直線である。

㋒ $x=-2$ のとき $y=4\times(-2)+5=-3$
$x=1$ のとき $y=4\times1+5=9$
よって，y の増加量は $9-(-3)=12$

㋓ $y=4x$ のグラフを，y 軸の正の向きに5だけ平行移動させると $y=4x+5$ のグラフになる。

p.46〜47 ステージ1

❶ (1) ㋐ $y=-2x+6$　㋑ $y=\frac{1}{2}x+2$

㋒ $y=-\frac{3}{2}x+4$

(2)

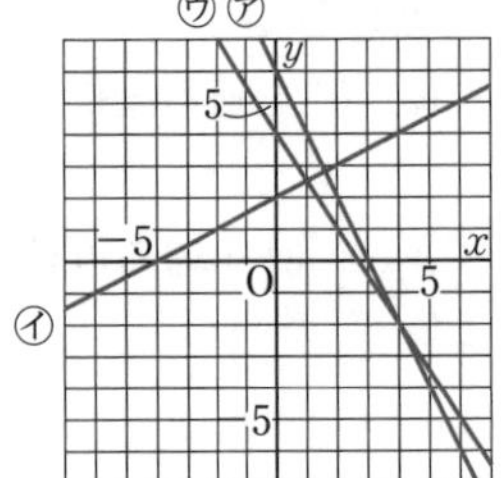

(3) ㋓ $y=1$, $x=-2$

㋔ $y=-3$, $x=-5$

(4)

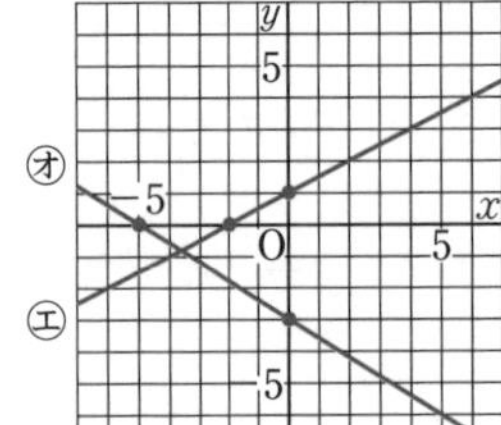

❷

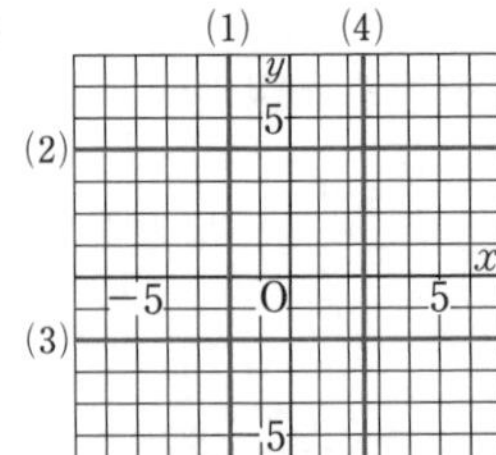

❸

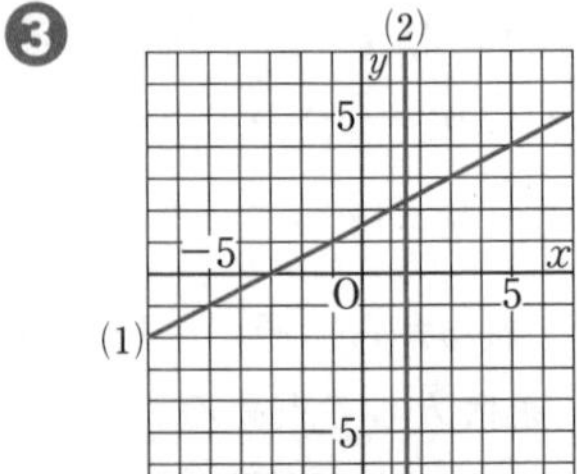

解説

❶ (3) ㋓ $x=0$ を代入すると，
$0-2y=-2$ より $y=1$
$y=0$ を代入すると，
$x-2\times0=-2$ より $x=-2$

㋔ $x=0$ を代入すると，$\frac{1}{3}y=-1$ より $y=-3$

$y=0$ を代入すると，$\frac{1}{5}x=-1$ より $x=-5$

(4) ㋓ 2点 $(0,\ 1)$，$(-2,\ 0)$ を通る直線をかく。
㋔ 2点 $(0,\ -3)$，$(-5,\ 0)$ を通る直線をかく。

❷ (3) $3y+6=0$ より $y=-2$

(4) $-2x+5=0$ より $x=\frac{5}{2}$

ポイント

x 軸，y 軸に平行な直線
$y=p$ は $(0,\ p)$ を通り，x 軸に平行な直線
$x=q$ は $(q,\ 0)$ を通り，y 軸に平行な直線

❸ (1) $3x-6y=-9$ より $y=\frac{1}{2}x+\frac{3}{2}$

(2) $2x=3$ より $x=\frac{3}{2}$

p.48〜49 ステージ1

❶ (1) $x=2$, $y=-3$　(2) $x=3$, $y=1$

❷ (1) ① $y=3x-2$　② $y=-2x+1$

(2) $\left(\frac{3}{5},\ -\frac{1}{5}\right)$

❸ (1) $(1,\ -3)$　(2) $\left(\frac{9}{7},\ -\frac{20}{7}\right)$

(3) $(3,\ -1)$

❹ (1) $A(0,\ -2)$　(2) $B\left(\frac{2}{3},\ 0\right)$

解説

❶ 上の式を①，下の式を②とする。

(1) ①は2点 $(0,\ -6)$，$(4,\ 0)$ を通る直線
②は2点 $(0,\ -4)$，$(4,\ -2)$ を通る直線
グラフは右の図のようになり，交点は $(2,\ -3)$

(2) ①は2点 $(1,\ 0)$，$(5,\ 2)$ を通る直線。
②を y について解くと，
$y=-2x+7$
グラフは右の図のようになり，交点は $(3,\ 1)$

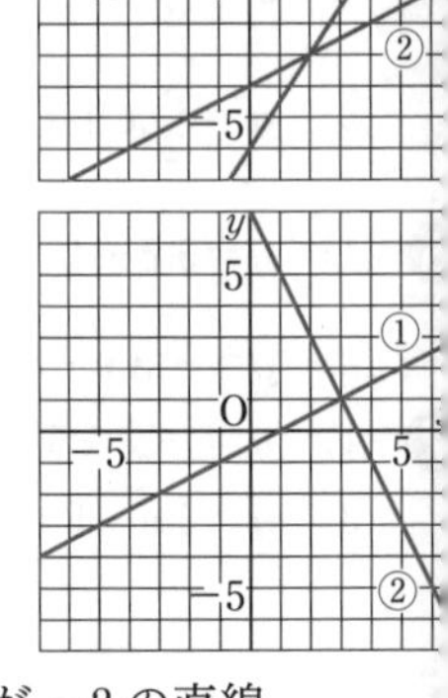

❷ (1) ①は傾きが3，切片が -2 の直線
②は傾きが -2，切片が1の直線

(2) $\begin{cases} y=3x-2 & \cdots① \\ y=-2x+1 & \cdots② \end{cases}$
①，②の連立方程式を解く。

❸ 2つの直線の式を，連立方程式として解く。

❹ (1) y 軸との交点は，
切片が -2 より $A(0,\ -2)$

(2)　x 軸との交点は，$0=3x-2$ を解くと，

$x=\frac{2}{3}$ より B$\left(\frac{2}{3}, 0\right)$

p.50〜51 ステージ1

1 (1)　**分速 100 m**

(2)　**8 時 42 分 30 秒**

2 (1)　$\boldsymbol{0 \leqq x \leqq 4,\ y=6}$

(2)　$\boldsymbol{4 \leqq x \leqq 7,}$

$\boldsymbol{y=-2x+14}$

(3)　**右の図**

(4)　$\boldsymbol{x=5}$

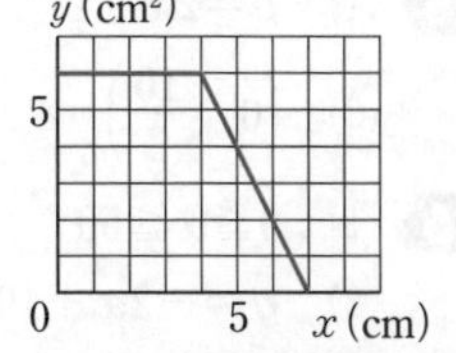

解説

1 (1)　15 分後から 45 分後までの 30 分間で，

$9-6=3$ より 3 km 走ったので，

速さは $3000 \div 30=100$ (m/分)

(2)　2 人がすれちがったのは，だいさんの家から 7 km の地点だから，まいさんの進み方を表すグラフは点 (25，7) を通る。また，まいさんの速さは分速 400 m だから，この点から右へ 1 ます (5 分)，下へ 2 ます (2 km) だけ進んだ点を通る直線になる。この直線は上の図のようになり，だいさんの家に着く，つまり 0 km になるのは，42.5 分後の 8 時 42 分 30 秒である。

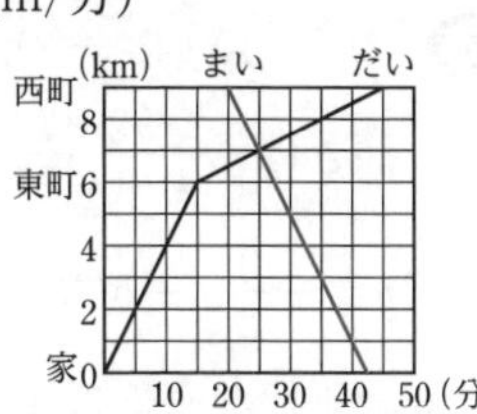

2 (1)　点 P が辺 AB 上を動くとき，$0 \leqq x \leqq 4$ で，底辺が CD，高さが 3 cm の三角形になるから，

$y=\frac{1}{2} \times 4 \times 3=6$

(2)　点 P が辺 BC 上を動くとき，$4 \leqq x \leqq 7$ で，底辺が CD，高さが PC$=(7-x)$ cm の三角形になるから，
(AB＋BC−x) cm

$y=\frac{1}{2} \times 4 \times (7-x)=-2x+14$

(3)　グラフは，$0 \leqq x \leqq 4$ のとき $y=6$

$4 \leqq x \leqq 7$ のとき $y=-2x+14$

(4)　$y=4$ になるのは，$4 \leqq x \leqq 7$ のときだから，

$4=-2x+14$ より $x=5$

別解　グラフから，「$y=4$ のとき $x=5$」を読みとることもできる。

p.52〜53 ステージ2

1

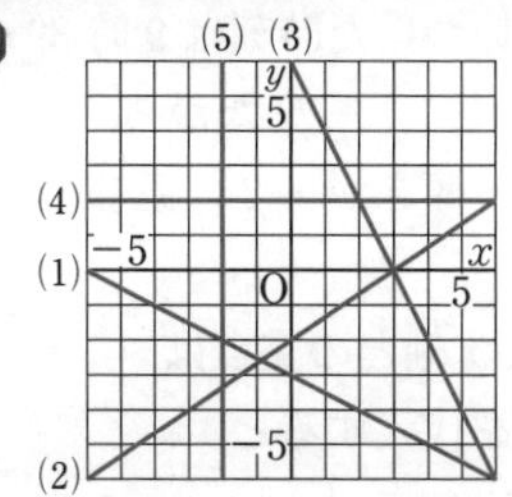

2 (1)　$\boldsymbol{\ell : y=-x+5}$　　$\boldsymbol{m : y=\frac{3}{2}x-\frac{7}{2}}$

(2)　$\boldsymbol{\left(\frac{17}{5}, \frac{8}{5}\right)}$　　(3)　$\boldsymbol{\left(\frac{7}{3}, 0\right)}$

3 (1)　**分速 80 m**　　(2)　**9 時 39 分**

4 (1)　$\begin{cases} 2x-y=3 & \cdots① \\ 3x+2y=8 & \cdots② \end{cases}$

①×2＋② より $7x=14$　　$x=2$

$x=2$ を①に代入すると，

$2 \times 2-y=3$ より $y=1$

よって，交点の座標は (2，1)

(2)　$\boldsymbol{y=-2x-4}$　　(3)　$\boldsymbol{a=-3}$

5 (1)　$\boldsymbol{0 \leqq x \leqq 6,\ y=5x}$

(2)　$\boldsymbol{6 \leqq x \leqq 16,\ y=-3x+48}$

6 (1)　**A(1，4)**　　(2)　$\boldsymbol{\frac{15}{2}}$

● ● ● ● ●

① **2 回**

解説

1 (1)　$y=-\frac{1}{2}x-3$　　(2)　$y=\frac{2}{3}x-2$

(3)　$y=-2x+6$　　(4)　$y=2$

(5)　$x=-2$

2 (1)　m は，2 点 (3，1)，(5，4) を通る直線である。

(2)　2 直線の式を連立方程式として解く。

(3)　m の式に，$y=0$ を代入する。

3 (1)　グラフから，公園は家から 1200 m の地点で，家を出てから 15 分後に着いているから，

速さは $1200 \div 15=80$ (m/分)

(2)　$35 \leqq x \leqq 55$ のとき，兄の進み方を表すグラフは 2 点 (35，1200)，(55，2400) を通る直線だから，$y=60x-900$ …①

$30 \leqq x \leqq 45$ のとき，弟の進み方を表すグラフは 2 点 (30，0)，(45，2400) を通る直線だから，

$y=160x-4800$ …②

①と②を連立方程式として解くと，

$x=39$, $y=1440$

よって，弟が兄に追いついた時刻は 9 時 39 分

4 (2)　2 直線の交点は $(-1,\ -2)$ だから，
点 $(-1,\ -2)$ を通り，傾きが -2 の直線の式を求める。

(3)　直線 $2x-y=2$ と x 軸との交点は，
$2x-y=2$ に $y=0$ を代入すると，
$2x-0=2$ より $x=1$
よって，交点の座標は $(1,\ 0)$
$x=1$, $y=0$ を $ax-y=-3$ に代入すると，
$a\times1-0=-3$ より $a=-3$

5 (1)　点 P が辺 AB 上を動くとき，$0\leqq x\leqq6$ で，
底辺が AP，高さが 10 cm の三角形になるから，
$y=\dfrac{1}{2}\times x\times10=5x$

(2)　点 P が辺 BC 上を動くとき，$6\leqq x\leqq16$ で，
底辺が $\mathrm{PC}=(6+10-x)$ cm，
高さが 6 cm の三角形になるから，
$y=\dfrac{1}{2}\times(16-x)\times6=-3x+48$

6 (2)　①の切片は 3 だから，B(0, 3)
②の式に $y=0$ を代入すると，
$0=-2x+6$ より $x=3$ だから，C(3, 0)
四角形 ABOC の面積は，△ABO と △AOC の面積の和で考えればよいから，
$\dfrac{1}{2}\times\mathrm{BO}\times(\text{A の } x \text{ 座標})+\dfrac{1}{2}\times\mathrm{OC}\times(\text{A の } y \text{ 座標})$
$=\dfrac{1}{2}\times3\times1+\dfrac{1}{2}\times3\times4=\dfrac{15}{2}$

① A さんと B さんの進み方を表すグラフは，出発した地点をふくめて 6 回交わっている。このうち，追いこした地点は 2 つの右上がりの直線が交わっているところなので，2 回になる。

p.54〜55 ステージ3

1 (1) ㋐ $y=-15x+5000$
㋑ $y=\dfrac{30}{x}$
㋒ $y=4x$
(2) ㋐，㋒

2 (1) 傾き … -5　　切片 … -2
(2) $y=8$
(3) -20
(4) $-7\leqq y\leqq13$

3 (1) $y=3x+10$
(2) $y=-\dfrac{3}{2}x+4$
(3) $y=-2x+6$
(4) $y=2x+1$

4 右の図

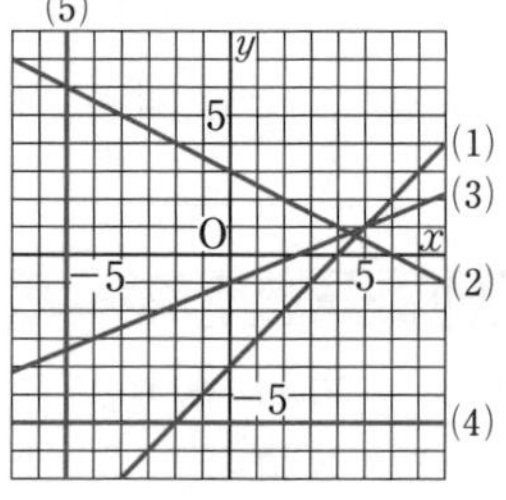

5 (1) $y=2x-2$　　(2) $(2,\ 2)$
(3) $\left(0,\ \dfrac{10}{3}\right)$

6 (1) $0\leqq x\leqq50$
(2) $y=-2x+100$
(3) 右の図

解 説

2 (4)　$x=-3$ のとき $y=-5\times(-3)-2=13$
$x=1$ のとき $y=-5\times1-2=-7$

3 (2)　2 点 $(4,\ -2)$，$(-2,\ 7)$ を通るから，
傾きは $\dfrac{-2-7}{4-(-2)}=\dfrac{-9}{6}=-\dfrac{3}{2}$
$y=-\dfrac{3}{2}x+b$ に $x=4$, $y=-2$ を代入する。

(3)　平行な直線の傾きは等しいから，
$y=-2x+b$ に $x=3$, $y=0$ を代入する。

(4)　切片が 1 だから，
$y=ax+1$ に $x=2$, $y=5$ を代入する。

4 (2)　$x+2y=6$ を $y=-\dfrac{1}{2}x+3$ と変形する。

5 (1)　y 軸との交点が $(0,\ -2)$ だから，
切片は -2，傾きは $\dfrac{0-(-2)}{1-0}=2$

(2)　$\begin{cases} y=2x-2 \\ 2x+3y=10 \end{cases}$ を解くと，$x=2$, $y=2$

(3)　$2x+3y=10$ に $x=0$ を代入すると，
$3y=10$ より $y=\dfrac{10}{3}$

6 (1)　$100\div2=50$ より，50 分後に水そうの中の水はなくなるから，$0\leqq x\leqq50$

(2)　x 分間に $2x$ m^3 の水が出ていくから，
$y=100-2x$

得点アップのコツ

- 1 次関数の式を求めるときは，$y=ax+b$ の式に，与えられた条件を代入して，a や b の値を求める。
- 2 つのグラフの交点の座標は，2 つの直線の式を組にした連立方程式を解いて求める。

4章 図形の性質と合同

p.56~57 ステージ1

1 (1) $\angle c$ (2) 180°

(3) $\angle a=43°$, $\angle b=32°$, $\angle c=43°$, $\angle d=105°$

2 (1) $\angle e$ (2) $\angle g$ (3) $\angle h$ (4) $\angle c$

3 (1) $\angle x=70°$, $\angle y=85°$

(2) ㋐ $a /\!/ d$, $b /\!/ c$

㋑ $\angle x=\angle w$, $\angle y=\angle z$

解説

1 (2) 一直線の角の大きさは 180° である。

(3) $105°+\angle a+32°=180°$ より，

$\angle a=180°-(105°+32°)=43°$

対頂角は等しいから，$\angle b=32°$，

$\angle c=\angle a=43°$，$\angle d=105°$

2 (1) $\angle a$ は直線 ℓ，n の交点の左上にある角だから，直線 m，n の交点の左上にある $\angle e$ が同位角。

(2) $\angle c$ は直線 ℓ，n の交点の右下にある角だから，直線 m，n の交点の右下にある $\angle g$ が同位角。

(3) 錯角は，対頂角の同位角と考えることもできる。$\angle b$ の対頂角は $\angle d$，$\angle d$ の同位角は $\angle h$

よって，$\angle b$ の錯角は $\angle h$

(4) $\angle e$ の対頂角は $\angle g$，$\angle g$ の同位角は $\angle c$

よって，$\angle e$ の錯角は $\angle c$

3 (1) $\ell /\!/ m$ より，同位角は等しいから，$\angle x=70°$

錯角は等しいから，$\angle y=85°$

(2) ㋐ 直線 a と d は，錯角が 55° で等しい。

直線 b と c は，同位角が 75° で等しい。

㋑ $a /\!/ d$ より，錯角は等しいから，$\angle x=\angle w$

$b /\!/ c$ より，同位角は等しいから，$\angle y=\angle z$

ポイント

(2) ㋐は，「同位角または錯角が等しいならば，2 直線は平行である」 ㋑は，「2 直線が平行ならば，同位角，錯角は等しい」ことを使っている。

p.58~59 ステージ1

1 ① 錯角 ② ACD ③ 同位角

④ DCE ⑤ DCE

2 ① CAD ② CAD ③ CDE

④ CDE

3 (1) 70° (2) 62° (3) 64°

(4) 70°

4 鋭角三角形 … ㋑，㋕ 直角三角形 … ㋒，㋓

鈍角三角形 … ㋐，㋔

解説

3 (1) $\angle x=180°-(45°+65°)=70°$

(2) $\angle x=180°-(90°+28°)=62°$

(3) $\angle x+68°=132°$ より $\angle x=132°-68°=64°$

(4) 134° の角ととなり合う内角の大きさは $180°-134°=46°$

$\angle x=46°+24°=70°$

4 3 つの内角がすべて鋭角である三角形が鋭角三角形，1 つの内角が直角である三角形が直角三角形，1 つの内角が鈍角である三角形が鈍角三角形である。

p.60~61 ステージ1

1 (1) (左から順に)

三角形の数 … 3，4，5，$n-2$

内角の和を求める式 … $180°\times3$，

$180°\times4$，$180°\times5$，$180°\times(n-2)$

(2) 1620°

2 (1) 2340° (2) 150° (3) 八角形

3 (1) 360° (2) 72°

4 (1) 25° (2) 65°

解説

1 (1) n 角形では，1 つの頂点から対角線は $(n-3)$ 本ひけて，$(n-2)$ 個の三角形に分けられるので，内角の和は $180°\times(n-2)$ になる。

2 (1) $180°\times(15-2)=2340°$

(2) $180°\times(12-2)=1800°$ ⟵ 正十二角形の内角の和

より $1800°\div12=150°$

(3) $180°\times(n-2)=1080°$ より $n-2=6$ $n=8$

3 (1) 多角形の外角の和は，どんな多角形でも 360° である。

参考 (n 角形の外角の和)

$=$(内角と外角の和)$\times n-$(n 角形の内角の和)

$=180°\times n-180°\times(n-2)$

$=\underbrace{180°\times n-180°\times n}_{=0}+180°\times2=360°$

これより，n 角形の外角の和はつねに 360°

(2) 正五角形の外角の大きさはすべて等しいので，$360°\div5=72°$

4 外角の和は 360° である。

(1) $\angle x=360°-(110°+120°+105°)=25°$

(2) $\angle x+40°+50°+(180°-130°)+50°$
$+50°+(180°-125°)=360°$ より $\angle x=65°$

p.62〜63 ステージ2

1 (1) **2700°** (2) **十四角形**
(3) **30°** (4) **135°**

2 (1) **180°**
(2) $\angle a=52°$, $\angle b=128°$,
$\angle c=52°$, $\angle d=128°$

3 (1) **60°** (2) **15°** (3) **40°**
(4) **20°** (5) **35°** (6) **130°**
(7) **85°** (8) **65°** (9) **105°**

4 ① **35°** ② **40°** ③ **75°**

5 (1) **125°** (2) **65°**

6 (1) **2340°** (2) **正十八角形**
(3) **正十角形**

● ● ● ● ●

① (1) **100°** (2) **146°** (3) **72°**

② **41°**

解説

1 (1) $180°\times(17-2)=2700°$

(2) $180°\times(n-2)=2160°$ より $n-2=12$
よって，$n=14$

(3) 正十二角形の外角の大きさはすべて等しいから，$360°\div12=30°$

(4) 正八角形の 1 つの外角の大きさは
$360°\div8=45°$ だから，1 つの内角の大きさは
$180°-45°=135°$

別解 正八角形の内角の和は
$180°\times(8-2)=1080°$だから，1 つの内角の大きさは $1080°\div8=135°$

2 (1) $\ell /\!/ m$ のとき，
錯角は等しいから，
$\angle x=\angle c$
よって，$\angle x+\angle b$
$=\angle c+\angle b=180°$
一直線の角の大きさ

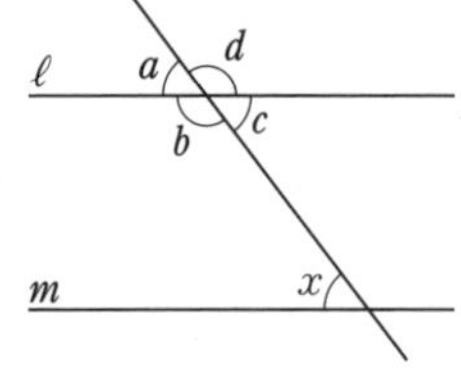

(2) $\angle a=\angle c=\angle x=52°$ より
$\angle b=\angle d=180°-52°=128°$

3 (3) 三角形の 1 つの外角は，それととなり合わない 2 つの内角の和に等しいから，
$\angle x+45°=85°$ より $\angle x=40°$

(4) $\angle x+25°=45°$
$\angle x=45°-25°=20°$

(5) $\angle x+50°=30°+55°$
$\angle x=30°+55°-50°=35°$

(6) 三角形の 1 つの外角は，
それととなり合わない 2 つ
の内角の和に等しいから，
$\angle x=(60°+25°)+45°$
$=130°$ ← ∠DEC

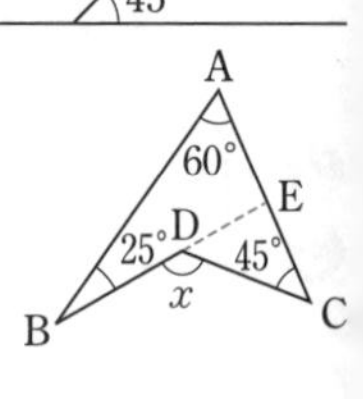

参考 問題図はくさび形だから，
$\angle x=60°+25°+45°=130°$
(本冊 p.59 参照)

参考 DE のような，問題を解くための手がかりとしてかき加える線を補助線（ほじょせん）という。

(7) 四角形の内角の和は 360° だから，
$\angle x=360°-(70°+80°+125°)=85°$

(8) 75° の角ととなり合う内角
の大きさは $180°-75°=105°$
また，四角形の内角の和は
360° だから，
$\angle x=360°-(88°+102°+105°)=65°$

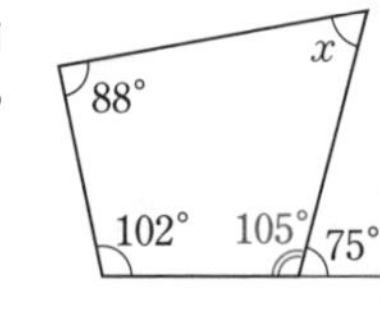

(9) $\angle x$ ととなり合う外角を
$\angle y$ とする。
多角形の外角の和は 360°
だから，
$\angle y=360°-(110°+108°+67°)=75°$
よって，$\angle x=180°-75°=105°$

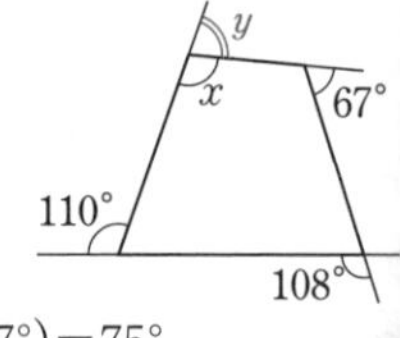

5 (1) 80° の角の頂点を通り，
ℓ，m に平行な直線 n をひく。
右の図で，$\angle a=25°$
$\angle b=80°-25°=55°$
$\angle c=\angle b=55°$
よって，$\angle x=180°-55°=125°$

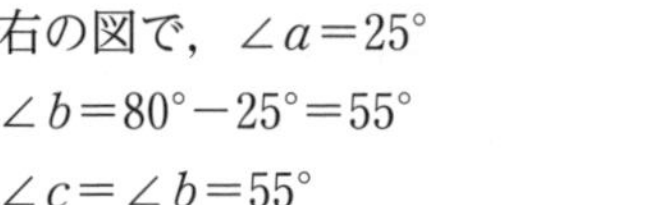

(2) 右の図で，$\angle a=40°$
$\angle x+\angle a=105°$ だから，
$\angle x=105°-\angle a$
$=105°-40°$
$=65°$

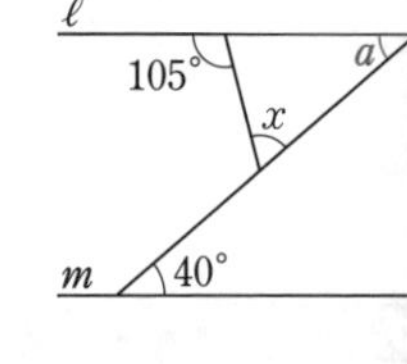

6 (1) 正 n 角形の外角の大きさはすべて等しいから，$n=360°\div24°=15$
正十五角形の内角の和を求めればよいので，
$180°\times(15-2)=2340°$

(2) 1つの外角の大きさは $180°-160°=20°$ だから，$n=360°\div20°=18$ より，正十八角形

別解 正 n 角形の内角の和を考えると，

$180°\times(n-2)=160°\times n$ より $n=18$

(3) 1つの外角の大きさを $\angle x$ とすると，内角の大きさは $4\angle x$ になるから，$4\angle x+\angle x=180°$

よって，$\angle x=180°\div5=36°$

$n=360°\div36°=10$ より正十角形

① (1) 平行線の錯角は等しく，三角形の1つの外角は，それととなり合わない2つの内角の和に等しいことから，

$\angle x=70°+(180°-150°)=100°$

(2) 72° の角の頂点を通り，ℓ，m に平行な直線をひいて考える。平行線の錯角は等しいから，

$\angle x=180°-(72°-38°)=146°$

(3) 平行線の同位角が等しいことと，三角形の1つの外角は，それととなり合わない2つの内角の和に等しいことから，

$\angle x=32°+(180°-140°)=72°$

② 平行線の同位角が等しいことと，直線 AD が ∠BAC の二等分線であることから，

$\angle BAD=\angle CAD=76°-36°=40°$

また，対頂角は等しいから，$\angle ADB=76°$

よって，三角形 ABD の内角の和から，

$\angle x=180°-(40°+23°+76°)=41°$

p.64～65 ステージ1

1 (1) 頂点 H

(2) 辺 HE

(3) 四角形 ABCD≡四角形 GHEF

(4) ㋐ 3 cm　㋑ 2 cm　㋒ 4 cm

(5) ㋐ 80°　㋑ 70°　㋒ 118°

2 △ABC≡△UTS

2組の辺とその間の角がそれぞれ等しい。

△DEF≡△XVW

3組の辺がそれぞれ等しい。

△GHI≡△MNO

1組の辺とその両端の角がそれぞれ等しい。

3 (1) △AOD≡△BOC

2組の辺とその間の角がそれぞれ等しい。

(2) △ACM≡△BDM

1組の辺とその両端の角がそれぞれ等しい。

解説

1

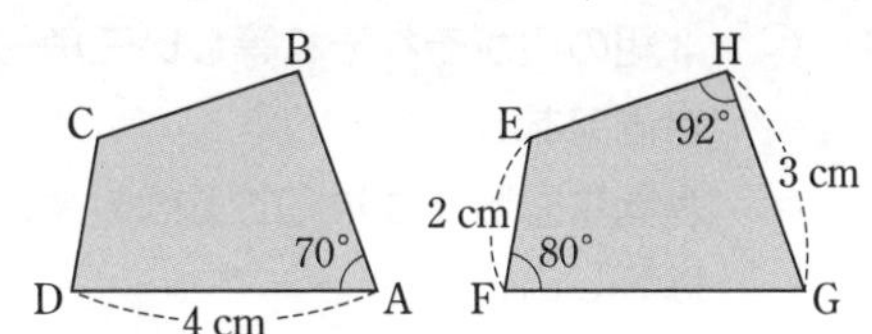

(1) 頂点Bに対応する頂点は，頂点 H

(2) 辺 BC に対応する辺は，辺 HE

(3) 対応する頂点は，頂点Aと頂点G，頂点Bと頂点H，頂点Cと頂点E，頂点Dと頂点F

(4) ㋐ AB＝GH＝3 cm

㋑ CD＝EF＝2 cm

㋒ FG＝DA＝4 cm

(5) ㋒ $\angle C=\angle E=360°-(80°+70°+92°)=118°$

2 △MNO について，

$\angle N=180°-(80°+30°)=70°$ だから，

△GHI と △MNO は1組の辺とその両端の角がそれぞれ等しいので合同である。

ポイント

等しい辺や角をさがし，三角形の合同条件のどれにあてはまるのかを考える。

3 (1) 図より，AO＝BO，DO＝CO

対頂角は等しいから，∠AOD＝∠BOC

よって，2組の辺とその間の角がそれぞれ等しいから，△AOD≡△BOC

(2) 図より，AM＝BM，∠CAM＝∠DBM

対頂角は等しいから，∠AMC＝∠BMD

よって，1組の辺とその両端の角がそれぞれ等しいから，△ACM≡△BDM

p.66～67 ステージ1

1 (1) 仮定 … △ABC≡△DEF

結論 … AC＝DF

(2) 仮定 … x が4の倍数

結論 … x は2の倍数

(3) 仮定 … $\ell /\!/ m$，$m /\!/ n$

結論 … $\ell /\!/ n$

(4) 仮定 … 2直線が平行

結論 … 錯角は等しい

2 (1) 仮定 … AB＝DC，AC＝DB

結論 … ∠BAC＝∠CDB

(2) △ABC と △DCB

(3) ① DCB　② DC

③ DB　④ CDB

(4) ㋓ 3組の辺がそれぞれ等しい三角形は合同である。
㋔ 合同な図形では対応する角の大きさは等しい。

解説

❶ 「◯◯◯ならば△△△」という形の文で，
◯◯◯の部分を仮定，
△△△の部分を結論という。
(1) △ABC≡△DEF（仮定） ならば AC＝DF（結論） である。
(2) xが4の倍数（仮定） ならば xは2の倍数（結論） である。
(3) $\ell /\!/ m$，$m /\!/ n$（仮定） のとき $\ell /\!/ n$（結論） となる。
↑「ならば」と言いかえることができる。
(4) 2直線が平行（仮定） ならば 錯角は等しい（結論）。

❷ (2) ∠BAC と ∠CDB が対応する角になる△ABC と △DCB の合同を示せばよい。

p.68〜69 ステージ2

❶ (1) ∠P
(2) 辺 RS
(3) 四角形 ABCD≡四角形 RQPS

❷ (1) ① BC＝EF，AC＝DF
② AC＝DF，∠A＝∠D
③ BC＝EF，∠B＝∠E
④ ∠A＝∠D，∠B＝∠E
(2) ㋐ △AOD≡△BOC
1組の辺とその両端の角がそれぞれ等しい。
㋑ △AOC≡△BOC
2組の辺とその間の角がそれぞれ等しい。

❸ (1) 仮定 … BC＝DA，∠ACB＝∠CAD
結論 … AB∥CD
(2) CDA
(3) ㋐ 2組の辺とその間の角がそれぞれ等しい2つの三角形は合同である。
㋑ 合同な図形では，対応する角の大きさは等しい。
㋒ 錯角が等しければ，2直線は平行である。

❹ ① DFE ② DE
③ 対頂角 ④ DEF
⑤ 錯角 ⑥ FDE
⑦ 1組の辺とその両端の角
⑧ 辺

● ● ● ● ●

① Ⅰ 90
Ⅱ 45
a 対応する2組の辺とその間の角

解説

❷ (1) それぞれのときの合同条件は，
① 3組の辺がそれぞれ等しい。
②③ 2組の辺とその間の角がそれぞれ等しい
④ 1組の辺とその両端の角がそれぞれ等しい
別解 三角形の2組の角がそれぞれ等しければ残りの角も等しくなるから，
④を ∠B＝∠E，∠C＝∠F または
∠A＝∠D，∠C＝∠F としてもよい。
(2) ㋐ 仮定 … OA＝OB，∠OAD＝∠OBC
対頂角は等しい … ∠AOD＝∠BOC
㋑ 仮定 … OA＝OB，∠AOC＝∠BOC
共通な辺 … OC

❸ (2) AB∥CD を導くためには，錯角が等しいことがいえればよいから，
△ABC と △CDA の合同を示す。
(3) ㋒は，「平行線になるための条件」を答える。

❹ 辺 AD の中点がEであるという仮定から，
AE＝DE … ①
対頂角は等しいから，∠AEB＝∠DEF … ②
AB∥DC より AB∥FCとなるので，
平行線の錯角は等しいから，
∠BAE＝∠FDE … ③
①，②，③より，△ABE≡△DFE がいえる。

① 正方形は4つの辺の長さがすべて等しく，4つの角がすべて直角である四角形だから，
正方形 ABCD において，AD＝CD … ①
正方形 DEFG において，ED＝GD … ②
∠ADE＝∠ADC－∠EDC＝90°－∠EDC
∠CDG＝∠EDG－∠EDC＝90°－∠EDC
（90°－∠EDC が）等しい
よって，∠ADE＝∠CDG … ③
①，②，③より，△AED≡△CGD がいえる。
合同な図形では，対応する角の大きさは，それぞれ等しいので，∠DAE＝∠DCG
AC は正方形 ABCD の対角線で，
∠A を2等分するので，∠DAE＝90°÷2＝45°
したがって，∠DCG＝45°

p.70~71 ステージ3

❶ $\angle x$ … 55°　$\angle y$ … 125°

❷ (1) 144°　(2) 十八角形
(3) 正二十角形

❸ (1) 76°　(2) 75°　(3) 37°
(4) 67°　(5) 70°　(6) 75°

❹ (1) AB＝DE
(または BC＝EF，または AC＝DF)
(2) BC＝EF，∠A＝∠D
(3) AB＝DE，∠C＝∠F
(または ∠A＝∠D)

❺ (1) 仮定 … ∠ABD＝∠CBD，
∠ADB＝∠CDB
結論 … AB＝CB
(2) △ABD と △CBD
(3) 1組の辺とその両端の角がそれぞれ等しい。
(4) △ABD と △CBD において，
仮定から
∠ABD＝∠CBD … ①
∠ADB＝∠CDB … ②
共通な辺であるから，
BD＝BD … ③
①，②，③より，1組の辺とその両端の角がそれぞれ等しいから，
△ABD≡△CBD
合同な図形では対応する辺の長さは等しいから，　AB＝CB

解説

❶ 平行線の同位角は等しいから，右の図のようになる。

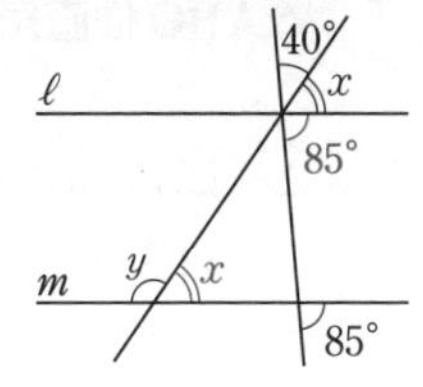

$\angle x=180°-(40°+85°)=55°$
$\angle y=180°-\angle x$
$=180°-55°=125°$

❷ (1) 正十角形の内角の和は
$180°\times(10-2)=1440°$
正十角形の内角の大きさはすべて等しいから，
1つの内角の大きさは $1440°\div10=144°$
別解 正十角形の1つの外角の大きさは
$360°\div10=36°$
よって，1つの内角の大きさは
$180°-36°=144°$
(2) $180°\times(n-2)=2880°$ より $n-2=16$
よって，$n=18$
(3) 正 n 角形の1つの外角の大きさが 18° だから，
$360°\div18°=20$ より正二十角形

❸ (1) $\angle x=32°+44°=76°$
(2) $\angle x+(180°-120°)=135°$ より $\angle x=75°$
(3) $\angle x+50°=20°+67°$ より $\angle x=37°$
(4) 五角形の内角の和は $180°\times(5-2)=540°$
よって，$\angle x=540°-(130°+85°+140°+118°)$
$=67°$
(5) 多角形の外角の和は 360° だから，
$\angle x=360°-(95°+50°+55°+90°)=70°$
(6) $\angle x$ の頂点を通り，ℓ，m に平行な直線をひく。
平行線の錯角は等しいから，
$\angle x=30°+45°=75°$

❹ (1) 2組の角がそれぞれ等しいことがわかっているので，この2つの角が両端にくる辺をいい，1組の辺とその両端の角がそれぞれ等しいとする。
別解 三角形の内角の和は 180° だから，
2組の角が等しければ，残りの角も等しい。
よって，∠C＝∠F が成り立つから，
AB＝DE 以外の辺が等しいことを示しても，
1組の辺とその両端の角が等しいことを導くことができる。
(2) 2組の辺がそれぞれ等しいことがわかっているので，あと1組の辺をいい，3組の辺がそれぞれ等しいとするか，
間の角をいい，2組の辺とその間の角がそれぞれ等しいとする。
(3) 1組の辺とその片端の角がそれぞれ等しいことがわかっているので，この角ができるもう1組の辺が等しいことをいい，2組の辺とその間の角がそれぞれ等しいとするか，
もう片端の角が等しいことをいい，1組の辺とその両端の角がそれぞれ等しいとする。

❺ (2) AB＝CB であることを導くには，AB と CB が対応する辺になる △ABD と △CBD の合同を示せばよい。

得点アップのコツ
- n 角形の内角の和は $180°\times(n-2)$ である。
- n 角形の外角の和は 360° である。
- 三角形の合同の証明では，等しいとわかっている長さや角度を図にかき入れてから，合同条件のどれにあてはまるかを考えるとよい。

5章 三角形と四角形

p.72~73 ステージ1

1 **90°**

2 (1) **70°** (2) **45°** (3) **130°**
(4) **30°**

3 ① **CD** ② **C** ③ **共通**
④ **3組の辺** ⑤ **ACD**

解説

1 △DAC は DA=DC の二等辺三角形だから,
∠DCA=∠A=∠a ⟵ 底角は等しい。
△DBC は DB=DC の二等辺三角形だから,
∠DCB=∠B=∠b ⟵ 底角は等しい。
∠A+∠B+∠DCA+∠DCB=180° ⟵ 三角形の内角の和は 180°
∠a+∠b+∠a+∠b=180°
2∠a+2∠b=180°
よって, ∠a+∠b=90°

2 (1) ∠x=180°−55°×2=70°
(2) ∠x=(180°−90°)÷2=45°
(3) ∠B=∠C=65° で,
△ABC において, 内角と外角の性質から,
∠x=65°+65°=130°
(4) ∠ABC=∠ACB=180°−105°=75° より
∠x=180°−75°×2=30°

3 ∠B と ∠C が対応する角になる
△ABD と △ACD の合同を示す。

p.74~75 ステージ1

1 ① **底角** ② **ACE**
③ **PCB** ④ **2つの角**

2 (1) ㋐ $\mathbf{90°-\dfrac{a°}{2}}$ ㋑ $\mathbf{45°-\dfrac{a°}{4}}$
㋒ $\mathbf{45°+\dfrac{3a°}{4}}$
(2) $\mathbf{a=36}$

3 (1) **30°** (2) **120°**

解説

1 △PBC が二等辺三角形であることをいえばよいので, ∠PBC と ∠PCB が等しいことを示す。

2 (1) ㋐ 二等辺三角形の2つの底角は等しいから, ∠ABC=(180°−a°)÷2=90°−$\dfrac{a°}{2}$
㋑ ∠DBC は ∠ABC の半分の大きさだから,
∠DBC=$\left(90°-\dfrac{a°}{2}\right)$÷2=45°−$\dfrac{a°}{4}$
㋒ △ABD において, 内角と外角の性質から,
∠BDC=∠A+∠ABD=∠A+∠DBC
=a°+45°−$\dfrac{a°}{4}$=45°+$\dfrac{3a°}{4}$
(2) AD=BDより,
△DBA は二等辺三角形で,
∠DBA=∠A=a°
∠DBA=∠DBC=45°−$\dfrac{a°}{4}$ 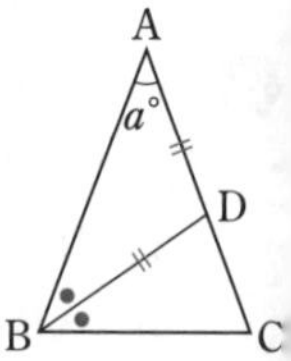
よって, $a=45-\dfrac{a}{4}$ $\dfrac{5a}{4}=45$ $a=36$

3 (1) 正三角形の内角はすべて60°だから,
∠BAD=60°÷2=30°
(2) (1)と同様に, ∠EAF=30°
BE は ∠B の二等分線だから, ∠AEF=90°
△AEF において, 内角と外角の性質より,
∠EFD=30°+90°=120°

ポイント
正三角形の定義と性質
定義 3辺が等しい三角形
性質 3つの角は等しい

p.76~77 ステージ1

1 ① **180°** ② **1組の辺とその両端の角**

2 **△ABD と △CAE において,**
仮定から ∠ADB=∠CEA=90° … ①
△ABC は直角二等辺三角形だから,
AB=CA … ②
△ABD において,
∠ABD+∠BAD=90° … ③
また, 3点 E, A, D は一直線上にあるから,
∠CAE+90°+∠BAD=180° より,
∠CAE+∠BAD=90° … ④
③, ④より, ∠ABD=∠CAE … ⑤
①, ②, ⑤より, 直角三角形の斜辺と1つの鋭角がそれぞれ等しいから,
△ABD≡△CAE

3 ㋐ **QRP** 合同条件 … 直角三角形の斜辺と1つの鋭角がそれぞれ等しい。
㋑ **OMN** 合同条件 … 直角三角形の斜辺と他の1辺がそれぞれ等しい。

解説

❶ △ABC と △DEF において，
BC＝EF と ∠C＝∠F がわかっているので，もう1組の角 ∠B と ∠E が等しいことを示す。

参考 この証明から，直角三角形においては，斜辺と1つの鋭角がそれぞれ等しいことがわかれば，合同になることが確かめられる。

❸ 合同な直角三角形を見つけるときは，「斜辺と1つの鋭角」，「斜辺と他の1辺」に注目する。

ミス注意！ 斜辺の位置をまちがえないように注意する。直角に対する辺が斜辺である。

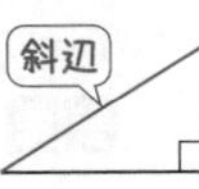

p.78～79 ステージ1

❶ ① BMD　② BDM　③ 対頂角
④ BMD　⑤ 斜辺と1つの鋭角

❷ 点Cと点Eを直線で結ぶ。
△CAE と △CDE において，
仮定から　CA＝CD　… ①
∠CAE＝∠CDE＝90°　… ②
共通な辺であるから，
CE＝CE　… ③
①，②，③より，直角三角形の斜辺と他の1辺がそれぞれ等しいから，△CAE≡△CDE
合同な図形では対応する辺の長さは等しいから，AE＝DE

❸ (1) △ABC と △DEF において，
∠A＝∠D ならば △ABC≡△DEF
→ 正しくない。
(2) 2つの平行四辺形の面積が等しければ，合同である。→ 正しくない。
(3) 二等辺三角形ならば，2つの角の大きさが等しい。→正しい。
(4) $ab>0$ ならば $a>0$，$b>0$
→ 正しくない。

解説

❶ AC と BD が対応する辺になる
△AMC と △BMD の合同を示す。
仮定から ∠ACM＝∠BDM＝90° だから，
ここでは，直角三角形の合同条件を利用する。

❷ 点Cと点Eを直線で結んでできる △CAE と △CDE の合同を示す。

❸ (1) 1組の角が等しくても，三角形は合同とは限らないので，正しくない。
(2) 2つの平行四辺形は面積が等しくても，底辺や高さが等しいとは限らないから合同になるとは限らないので，正しくない。
(3) 二等辺三角形の2つの底角は等しいので，正しい。
(4) $ab>0$ でも $a<0$，$b<0$ の場合があるので，正しくない。

参考 反例：$a=-4$（負の数），$b=-2$（負の数）の場合，$ab>0$ になる。

p.80～81 ステージ2

❶ (1) 25°　(2) 90°　(3) 105°

❷ (1) $x+2=5$ ならば $x=3$ → 正しい。
(2) △ABC で，∠A＝60° ならば △ABC は正三角形である。→ 正しくない。
(3) $a+b$ が偶数ならば，a と b は偶数である。→ 正しくない。

❸ (1) 23°　(2) 40°

❹ △EBC と △DCB において，
仮定から　BE＝CD　… ①
∠BEC＝∠CDB＝90°　… ②
共通な辺であるから，
BC＝CB　… ③
①，②，③より，直角三角形の斜辺と他の1辺がそれぞれ等しいから，△EBC≡△DCB
合同な図形では対応する角の大きさは等しいから，∠EBC＝∠DCB（∠B＝∠C）
よって，△ABC は二等辺三角形である。

❺ (1) △EBC と △DCB において，
△ABC は二等辺三角形だから，
∠ECB＝∠DBC　… ①
AC＝AB　… ②
仮定から　AE＝AD　… ③
②，③より，AC－AE＝AB－AD だから，　EC＝DB　… ④
共通な辺であるから，
BC＝CB　… ⑤
①，④，⑤より，2組の辺とその間の角がそれぞれ等しいから，△EBC≡△DCB
(2) (1)より，合同な図形では対応する角の大きさは等しいから，∠FBC＝∠FCB
よって，△FBC は二等辺三角形である。

5章

また，$\angle BFC=60^\circ$ より，

$\angle FBC=\angle FCB=(180^\circ-60^\circ)\div2=60^\circ$

したがって，$\triangle FBC$ は正三角形である。

6 (1) 点Iと点Bを直線で結ぶ。

$\triangle IBD$ と $\triangle IBE$ において，

仮定から，$ID=IE$ … ①

$\angle IDB=\angle IEB=90^\circ$ … ②

共通な辺であるから，$IB=IB$ … ③

①，②，③より，直角三角形の斜辺と他の1辺がそれぞれ等しいから，

$\triangle IBD\equiv\triangle IBE$

(2) (1)より，合同な図形では対応する角の大きさは等しいから，$\angle IBD=\angle IBE$

よって，線分BIは $\angle B$ の二等分線である。

同様にして，$\triangle ICE\equiv\triangle ICF$ より線分CIは $\angle C$ の二等分線，$\triangle IAD\equiv\triangle IAF$ より線分AIは $\angle A$ の二等分線である。

以上のことから，点Iは $\angle A$，$\angle B$，$\angle C$ の二等分線の交点である。

● ● ● ● ●

① 30°

② (1) 60°

(2) $\triangle ABF$ と $\triangle ADE$ において，

仮定から　$AB=AD$ … ①

①より，$\triangle ABD$ は二等辺三角形だから，

$\angle ABF=\angle ADE$ … ②

また，$\angle BAE=\angle GAD=90^\circ$ で，

$\angle BAF=90^\circ-\angle EAF$

$\angle DAE=90^\circ-\angle EAF$

よって，$\angle BAF=\angle DAE$ … ③

①，②，③より，1組の辺とその両端の角がそれぞれ等しいから，$\triangle ABF\equiv\triangle ADE$

解説

1 (1) $BA=BD$ より $\angle BDA=\angle BAD=50^\circ$

また，$DA=DC$ より $\angle DAC=\angle DCA=\angle x$

$\triangle ADC$ において，内角と外角の性質から，

$\angle x+\angle x=50^\circ$　　よって，$\angle x=25^\circ$

(2) $DA=DC$ より $\angle DAC=(180^\circ-40^\circ)\div2=70^\circ$

$DA=DB$ より $\angle DAB=\angle DBA$ で，

$\triangle ABD$ において，内角と外角の性質から，

$\angle DAB+\angle DBA=40^\circ$ だから，

$\angle DAB=40^\circ\div2=20^\circ$

$\angle x=\angle DAC+\angle DAB=70^\circ+20^\circ=90^\circ$

(3) $AB=AC$ より $\angle ABC=\angle ACB=70^\circ$ だから

$\angle DBC=70^\circ\div2=35^\circ$

$\triangle CDB$ において，内角と外角の性質から，

$\angle x=70^\circ+35^\circ=105^\circ$

2 (1) $x+2=5$ を解くと $x=3$ だから，正しい。

(2) 右の図のような三角形もあるので，正三角形であるとは限らない。

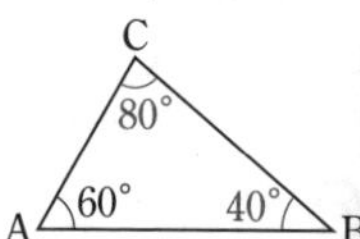

(3) $a+b$ が偶数でも，a と b が偶数ではない場合があるので，正しくない。

参考 反例：$a=3$（奇数），$b=5$（奇数）の場合 $a+b=8$（偶数）になる。

3 (1) $\triangle ABE$ と $\triangle DCE$ の内角の和の関係から，

$\angle x+60^\circ=53^\circ+(90^\circ-60^\circ)$

よって，$\angle x=23^\circ$

(2) 右の図のように，ℓ，m に平行な直線 n をひく。

平行線の同位角や錯角は等しいので，

$\angle x=60^\circ-20^\circ=40^\circ$

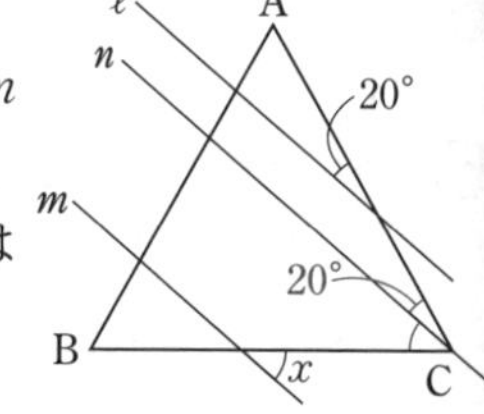

4 $\triangle ABC$ の2つの角 $\angle EBC$ と $\angle DCB$ が対応する角になる $\triangle EBC$ と $\triangle DCB$ の合同を示す。

ポイント

ある三角形が二等辺三角形であることを証明するためには，次のどちらかを示せばよい。

① 2辺の長さが等しい。

② 2つの角の大きさが等しい。

5 (1) 二等辺三角形の性質より，

$\angle ECB=\angle DBC$ が成り立つことを見落とさない。$EC=DB$ の示し方がポイントである。

(2) (1)より，$\triangle FBC$ は二等辺三角形とわかる。

6 (2) (1)より，点Iは $\angle B$ の二等分線上にある。

同様にして，点Iは $\angle C$，$\angle A$ の二等分線上の点であることもわかる。

点Iは $\angle A$，$\angle B$，$\angle C$ のどの二等分線上の点でもあるので，それぞれの二等分線の交点であるといえる。

参考 同じ証明を続けて書く場合，「同様にして」ということばを使って省略することができる。

① $\triangle DAB$ において，

$DA=DB$ より $\angle DBA=\angle DAB=\angle x$

△ABD において，内角と外角の性質から，
∠BDC＝∠DBA＋∠DAB＝2∠x
また，△BCD において，
BD＝BC より ∠BCD＝∠BDC＝2∠x
三角形の内角の和は 180° だから，
∠x＋90°＋2∠x＝180° より ∠x＝30°

② (1) AD∥BC より錯角は等しいから，
∠DBC＝∠ADB＝20°
△DBC において，
∠BDC＝180°－(100°＋20°)＝60°
(2) AB＝AD，∠ABF＝∠ADE に加えて，
∠BAF＝∠DAE を示す。

p.82～83 ステージ1

❶ (1) **5 cm**
平行四辺形の 2 組の対辺はそれぞれ等しい。
(2) **7 cm**
平行四辺形の対角線はそれぞれの中点で交わる。
(3) **58°**
平行四辺形の 2 組の対角はそれぞれ等しい。
(4) **60°**

❷ a＝120，b＝60，x＝6，y＝4

❸ ① CDF　② 対辺　③ CD
④ 錯角　⑤ CDF
⑥ 1 組の辺とその両端の角　⑦ CDF

解説

❶ (1) 平行四辺形の対辺は等しいから，
BC＝AD＝5 cm
(2) 平行四辺形の対角線はそれぞれの中点で交わるから，AO＝CO＝14÷2＝7 (cm)
(3) 平行四辺形の対角は等しいから，
∠BAD＝∠BCD＝58°
(4) 平行四辺形の対角はそれぞれ等しいから，
∠ABC＝∠ADC＝120°，∠DCB＝∠BAD
四角形の内角の和は 360° だから，
∠DCB＝(360°－120°×2)÷2＝60°

参考 平行四辺形のとなり合う内角（同側内角（どうそく）という）の和は 180° だから，

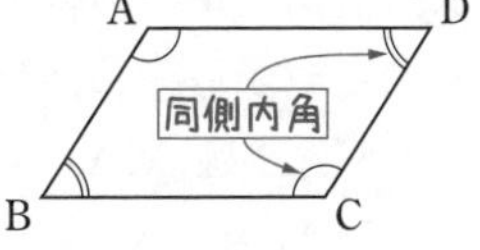

∠ADC＋∠DCB＝180° より
∠DCB＝180°－∠ADC＝180°－120°＝60°
のように求めることもできる。

❷ ❶(4)より，平行四辺形のとなり合う内角の和は 180° だから，a°＋60°＝180° より a°＝120°
△CDE で，CD＝CE より ∠CDE＝∠CED
また，平行四辺形の対角は等しいから，∠C＝60°
よって，b°＝(180°－60°)÷2＝60°
これより，△CDE は 3 つの角がすべて 60° の正三角形とわかるから，DC＝DE＝EC＝6 cm
平行四辺形の対辺はそれぞれ等しいから，
AB＝DC＝6 cm，BC＝AD＝10 cm
よって，x＝6，y＝10－6＝4

❸ BE と DF が対応する辺になる △ABE と △CDF の合同を示す。
仮定から ∠BAE＝∠DCF，▱ABCD の対辺について AB＝CD，これで 1 組の辺とその片端の角がそれぞれ等しいとわかるので，等しい辺か角が等しいことを示していく。AB∥DC より平行線の錯角が等しいことが利用できる。

p.84～85 ステージ1

❶ (1) 1 組の対辺が平行でその長さが等しい。
(2) 2 組の対辺がそれぞれ等しい。

❷ ㋐ ○　㋑ ○　㋒ ×
㋓ ○　㋔ ×　㋕ ○
㋖ ×　㋗ ○

❸ **AB∥DC より EB∥DG**
AB＝DC，EB＝$\frac{1}{2}$AB，DG＝$\frac{1}{2}$DC より
EB＝DG
四角形 EBGD は，1 組の対辺が平行でその長さが等しいので，平行四辺形である。
よって，ED∥BG つまり KN∥LM … ①
同様にして，四角形 AFCH も平行四辺形だから，AF∥HC つまり KL∥NM … ②
①，②より，2 組の対辺がそれぞれ平行だから，四角形 KLMN は平行四辺形である。

解説

❶ (1) ▱ABCD において，AD∥BC，AD＝BC
▱EBCF において，EF∥BC，EF＝BC
よって，AD∥EF，AD＝EF
(2) △AEHと△CGFにおいて，

5章

仮定から　AE＝CG …①
平行四辺形の対角は等しいから，
∠A＝∠C …②
また，平行四辺形の対辺は等しいことと
DH＝BF より　AD－HD＝BC－BF つまり
AH＝CF …③
①，②，③より，2 組の辺とその間の角がそれぞれ等しいから，△AEH≡△CGF
合同な図形では対応する辺の長さは等しいから，
EH＝GF
同様にして，△BFE≡△DHG より EF＝GH
よって，EH＝GF，EF＝GH

❷ ㋐　2 組の対辺がそれぞれ平行だから，平行四辺形である。
㋑　1 組の対辺が平行でその長さが等しいから，平行四辺形である。
㋒　右の図のような場合もあるので，必ず平行四辺形になるとは限らない。 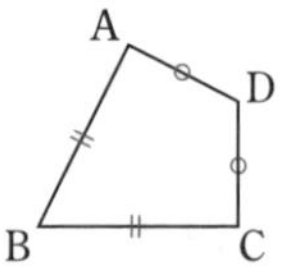
A D B C
㋓　2 組の対辺がそれぞれ等しいから，平行四辺形である。
㋔　右の図のような場合もあるので，必ず平行四辺形になるとは限らない。 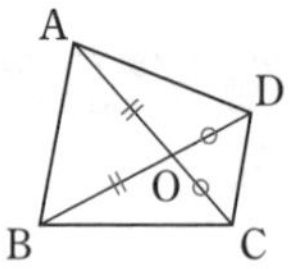
A D O B C
㋕　対角線がそれぞれの中点で交わるから，平行四辺形である。
㋖　右の図のような場合もあるので，必ず平行四辺形になるとは限らない。 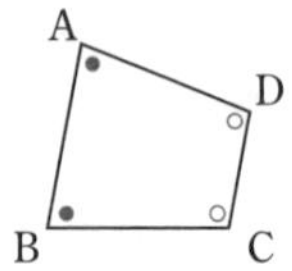
A D B C
㋗　2 組の対角がそれぞれ等しいから，平行四辺形である。

ポイント
平行四辺形になるための条件
1　2 組の対辺がそれぞれ平行である。（定義）
2　2 組の対辺がそれぞれ等しい。
3　2 組の対角がそれぞれ等しい。
4　対角線がそれぞれの中点で交わる。
5　1 組の対辺が平行でその長さが等しい。

❸ 四角形 EBGD，AFCH がどちらも平行四辺形であることが示せれば，KN∥LM，KL∥NM がいえる。

p.86～87 ステージ1

❶ (1)　**△ADC（△CDA でもよい）**
(2)　**△OAD，△OCB，△OCD**
(3)　**∠ODA，∠OBC，∠ODC**
(4)　**90°**
❷ **112°**
❸ (1)　**AC＝BD**
(2)　**AC＝BD かつ AC⊥BD**
❹ **△ABM と △DCM において，**
仮定から　AM＝DM … ①
MB＝MC … ②
平行四辺形の対辺は等しいから，
AB＝DC … ③
①，②，③より，3 組の辺がそれぞれ等しいから，△ABM≡△DCM
合同な図形では対応する角の大きさは等しいから，∠BAM＝∠CDM … ④
AB∥DC より ∠BAM＋∠CDM＝180° … ⑤
④，⑤より，∠BAM＝90°
よって，▱ABCD は長方形である。

解説

❶ (1)　ひし形の 2 辺と対角線 AC を 3 つの辺とする三角形を答える。ひし形は 4 つの辺が等しい四角形だから，△ABC は二等辺三角形になるので，△ADC，△CDA のどちらの答え方でもよい。
(2)　ひし形の対角線は，それぞれの中点で垂直に交わるから，OA＝OC，OB＝OD
∠AOB＝∠COB＝∠COD＝∠AOD＝90°
これらを使って，合同な三角形を見つける。
(3)　(2)の合同な三角形を使って，対応する角を考えればよい。
(4)　△AOB で ∠AOB＝90° だから，
∠OAB＋∠OBA＝180°－∠AOB
＝180°－90°＝90°

ポイント
ひし形は，平行四辺形の特別な場合なので，平行四辺形の性質がすべてあてはまる。

❷ 直角三角形の斜辺の中点は，この三角形の 3 つの頂点から等しい距離にあるから，
△MAB は MA＝MB の二等辺三角形で，
∠MAB＝∠MBA＝56°

△ABM において，内角と外角の性質から，
∠BMC＝∠MAB＋∠MBA＝56°×2＝112°

3 長方形やひし形は平行四辺形の特別な場合で，対角線について次の性質をもつ。
・長方形の対角線の長さは等しい。
・ひし形の対角線は垂直に交わる。
また，正方形は，長方形でもあり，ひし形でもある四角形だから，対角線は長さが等しく垂直に交わるという性質をもつ。

4 平行四辺形のとなり合う内角の和は 180° だから，平行四辺形でとなり合う角が等しければ，その角の大きさは 90° になる。
よって，∠BAM＝∠CDM を示すために，
△ABM≡△CDM を証明する。

p.88～89 ステージ1

1 (1) **△AEC，△DEC**
(2) ① **FEC**　② **DFC**　③ **DFC**

2 **54 cm^2**

3

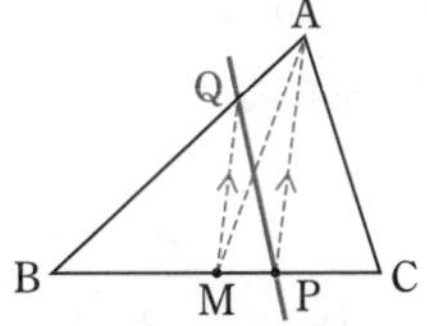

4

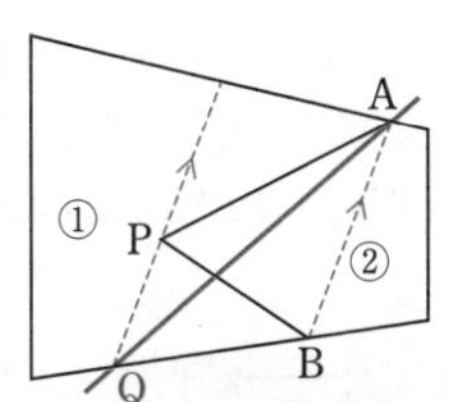

解説

1 (1) △ABE と △AEC は，底辺 BE と EC の長さが等しく，AD∥BC より高さも等しいので，面積は等しい。
△AEC と △DEC は，底辺 EC を共有し，AD∥BC より高さも等しいので，面積は等しい。
(2) (1)より△AEC＝△DEC で，それぞれの面積から △FEC の面積をひいたものが，△AEF と △DFC の面積になる。

2 △AED は △ABE と底辺も高さも等しいので，
△AED＝△ABE＝9 cm^2 だから，
△ABD＝2△AED＝2×9＝18 (cm^2)
△ABD と △DBC の底辺をそれぞれ AD，BC とすると，AD∥BC より高さは等しいので，
△ABD と △DBC の面積の比は，底辺の長さの比に等しくなる。
△ABD：△DBC＝5：10＝1：2 だから，
△DBC＝2△ABD＝2×18＝36 (cm^2)
よって，台形 ABCD の面積は
△ABD＋△DBC＝18＋36＝54 (cm^2)

3 点 M を通り，線分 AP に平行な直線と辺 AB との交点を Q とする。
参考 M は辺 BC の中点だから，△AMC の面積は △ABC の面積の半分である。
AP∥QM より △AQP＝△AMP だから，
△AQP＋△APC＝△AMP＋△APC
　四角形 AQPC＝△AMC
これより，四角形 AQPC の面積は，△ABC の面積の半分に等しいとわかるので，直線 PQ は △ABC の面積を 2 等分する直線になる。

4 点 P を通り，線分 AB に平行な直線と土地の辺との交点を Q とする。
参考 問題の図の②の部分のうち，△APB の部分の面積は △AQB の面積に等しいので，
△AQB と②の残りの部分の面積をたせば，もとの②の部分の面積に等しくなる。

p.90～91 ステージ2

1 (1) **$\angle x=65°$，$\angle y=115°$**
(2) **$\angle x=70°$，$\angle y=60°$**
(3) **$\angle x=80°$，$\angle y=140°$**

2 (1) **∠OBQ**
(2) **△OBQ と △ODP において，**
平行四辺形の対角線はそれぞれの中点で交わるから，OB＝OD … ①
対頂角は等しいから，
∠BOQ＝∠DOP … ②
平行線の錯角は等しいから，AD∥BC より，　∠OBQ＝∠ODP … ③
①，②，③より，1 組の辺とその両端の角がそれぞれ等しいから，
△OBQ≡△ODP
合同な図形では対応する辺の長さは等しいから，BQ＝DP

3 **㋒，㋕**

4 **△AEH と △CGF において，平行四辺形の 2 組の対辺はそれぞれ等しいから，**
AB＝DC … ①，AD＝BC … ②
E，F，G，H はそれぞれ辺 AB，BC，CD，DA の中点だから，
AE＝$\frac{1}{2}$AB … ③，CF＝$\frac{1}{2}$BC … ④

5
章

$CG=\frac{1}{2}DC$ … ⑤，$AH=\frac{1}{2}AD$ … ⑥

①，③，⑤より，AE＝CG … ⑦

②，④，⑥より，AH＝CF … ⑧

平行四辺形の対角は等しいから，

$\angle A=\angle C$ … ⑨

⑦，⑧，⑨より，2 組の辺とその間の角がそれぞれ等しいから，△AEH≡△CGF

合同な図形では対応する辺の長さは等しいから，EH＝GF … ⑩

同様にして，△BEF≡△DGH より

EF＝GH … ⑪

⑩，⑪より，2 組の対辺がそれぞれ等しいから，四角形 EFGH は平行四辺形である。

5 (1) 90°

(2) 長方形

6 ②

7 △ABE と △ACD において，

△ABE＝△ADE＋△DBE

△ACD＝△ADE＋△DCE

DE∥BC より，△DBE＝△DCE

よって，△ABE＝△ACD

8 BM＝MD より，

△ABM＝△AMD，△BCM＝△DCM だから，

△ABM＋△BCM＝△AMD＋△DCM

四角形 ABCM＝四角形 ADCM

四角形 ABCM＋四角形 ADCM＝四角形 ABCD

よって，折れ線 AMC は四角形 ABCD の面積を 2 等分する。

四角形 ABCD の面積を 2 等分する直線は右の図の直線 AE である。

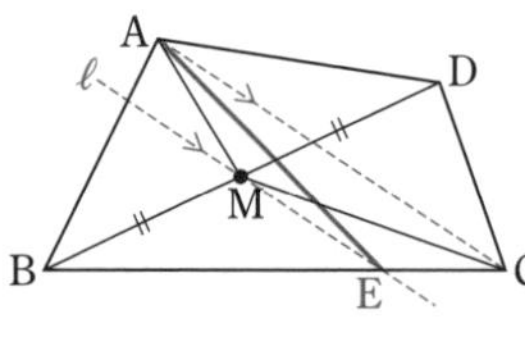

● ● ● ● ●

① 112°

② 平行四辺形の対角線はそれぞれの中点で交わるから， OA＝OC …①

OB＝OD …②

仮定から AE＝CF …③

①，③より，OA－AE＝OC－CF

OE＝OF …④

②，④より，対角線がそれぞれの中点で交わるので，四角形 EBFD は平行四辺形である。

解説

1 (1) $\angle x=\angle D=65°$

$\angle y+65°=180°$ より $\angle y=115°$

(2) AB∥DC より $\angle x=\angle ACD=70°$

$\angle y+70°+50°=180°$ より $\angle y=60°$

(3) $\angle x+100°=180°$ より $\angle x=80°$

対角は等しいから，∠B＝80° だから，

∠ABE＝∠EBC＝80°÷2＝40°

△ABE において，内角と外角の性質から，

$\angle y=100°+40°=140°$

2 (1) 平行線の錯角は等しい。

(2) BQ と DP が対応する辺になる △OBQ と △ODP が合同であることを示す。

3 ㋒ AD∥BC，AD＝BC だから，平行四辺形になる。

㋕ 右の図において，∠C＝∠d とおくと，平行線の錯角は等しいから，∠D の外角の大きさは ∠d になる。∠A＝∠C のとき ∠A＝∠d となり同位角が等しいので AB∥DC より，平行四辺形になる。

〔平行四辺形にならない例〕

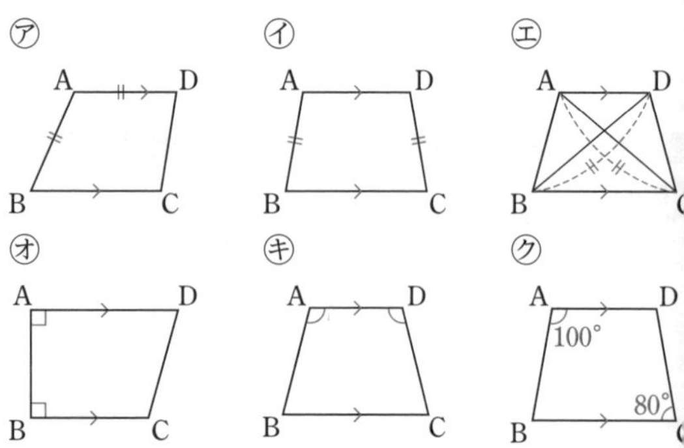

4 参考 △BEF と △DGH が合同であることは，△AEH と △CGF が合同であることの証明と同じようにすることができるので，「同様にして，△BEF≡△DGH」のように省略できる。

5 (1) ▱ABCD において，∠A＋∠B＝180° より，●●＋○○＝180° だから，●＋○＝90°

よって，∠HEF＝∠AEB＝180°－90°＝90°

(2) (1)と同様にして，

∠EFG＝∠FGH＝∠GHE＝90° も示すことができるので，四角形 EFGH は 4 つの角が等しい長方形である。

❻ 対角は等しいから，$\angle ADH = \angle ABC = 65°$
$\triangle AHD$ において，内角と外角の性質から，
$\angle AHC = \angle DAH + \angle ADH = x° + 65°$

❼ $DE \parallel BC$ より面積の等しい三角形を見つける。

❽ 作図のしかた
[1] 対角線 AC をひく。
[2] 点 M を通り，対角線 AC に平行な直線 ℓ をひき，辺 BC との交点を E とする。
[3] 直線 AE をひく。

参考 $AC \parallel \ell$ より，$\triangle AMC = \triangle AEC$
四角形 AMCD ＝ $\triangle AMC + \triangle ADC$
＝ $\triangle AEC + \triangle ADC$ ＝四角形 AECD

① 右の図のように，$\angle x$ の頂点を E とする。
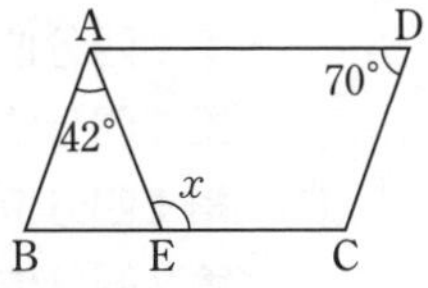

対角は等しいから，
$\angle ABE = \angle D = 70°$
$\triangle ABE$ において，内角と外角の性質から，
$\angle x = \angle BAE + \angle ABE = 42° + 70° = 112°$

p.92～93 ステージ3

❶ (1) **65°** (2) **46°** (3) **110°**
❷ (1) **75°** (2) **53°** (3) **35°**
❸ (1) **36°**
(2) **直角三角形の斜辺と 1 つの鋭角がそれぞれ等しい。**
(3) **2 cm**
❹ (1) **2 組の辺とその間の角がそれぞれ等しい。**
(2) **AD＝AE（または $\angle ADE = \angle AED$）**
❺ **O は対角線 AC と EF の中点**
AC＝EF，$AC \perp EF$
❻ **$\triangle ABC$ と $\triangle EAD$ において，**
仮定から AB＝EA … ①
平行四辺形の対辺は等しいから，
BC＝AD … ②
AB＝AE より $\triangle ABE$ は二等辺三角形だから，2 つの底角は等しいので，$\angle ABC = \angle AEB$
平行線の錯角は等しいから，
$AD \parallel BC$ より $\angle AEB = \angle EAD$
よって，$\angle ABC = \angle EAD$ … ③
①，②，③より，2 組の辺とその間の角がそれぞれ等しいから，$\triangle ABC \equiv \triangle EAD$
❼ (1) **$\triangle AFD$** (2) **$\triangle DEF$**

解説

❶ (1) $\angle x = (180° - 50°) \div 2 = 65°$
(2) 113° のとなりの内角の大きさは
$180° - 113° = 67°$
よって，$\angle x = 180° - 67° \times 2 = 46°$
(3) 右の図のように，A～D とする。DA＝DC より
$\angle ACD = \angle CAD$ だから，
$\triangle ABC$ の内角の和を考えて，
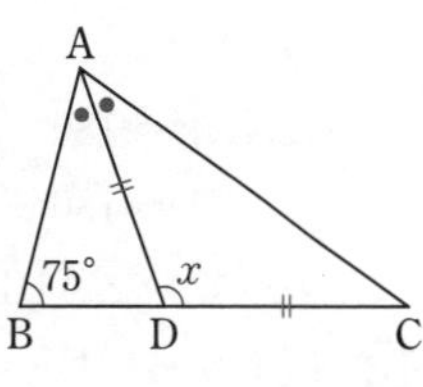

●●●＋75°＝180°より ●＝35°
$\triangle ABD$ において，内角と外角の性質から，
$\angle x = \angle ABD + \angle BAD = 75° + 35° = 110°$

❷ (1) $\angle x + 105° = 180°$ より，
$\angle x = 180° - 105° = 75°$
(2) 平行四辺形の対角は等しいから，$\angle B = 70°$
三角形の内角と外角の性質から，
$\angle x + 70° = 123°$ より，$\angle x = 123° - 70° = 53°$
(3) 平行線の錯角は等しいから，$AB \parallel DC$ より，
$\angle BDC = \angle ABD = 35°$
$\triangle COD$ において，内角と外角の性質から，
$\angle AOD = \angle BDC + \angle DCO = 35° + 55° = 90°$
よって，$AC \perp BD$
四角形 ABCD はひし形だから，AB＝AD
つまり，$\triangle ABD$ は二等辺三角形だから，
$\angle x = \angle ABD = 35°$

❸ (1) $\angle BAD + \angle CAE = 90°$
$\triangle ABD$ は直角三角形だから，
$\angle BAD + \angle ABD = 90°$
よって，$\angle ABD = \angle CAE = 36°$
(2) 仮定から AB＝CA，$\angle ADB = \angle CEA = 90°$
(1)より，$\angle ABD = \angle CAE$
以上のことから，直角三角形の斜辺と 1 つの鋭角が等しいので，$\triangle ABD \equiv \triangle CAE$ がいえる。
(3) 合同な図形では対応する辺の長さは等しいから，BD＝AE＝4 cm，AD＝CE＝2 cm
よって，DE＝AE－AD＝4－2＝2 (cm)

❹ (1) 仮定から AB＝AC，BD＝CE
二等辺三角形の 2 つの底角は等しいから，
$\angle B = \angle C$
以上のことから，2 組の辺とその間の角がそれぞれ等しいから，$\triangle ABD \equiv \triangle ACE$ がいえる。
(2) ある三角形が二等辺三角形であることを証明

するには，2辺が等しいことか，2つの角が等しいことを示せばよい。

(1)より，合同な図形では対応する辺の長さは等しいから，AD＝AE はいえる。

同様に，合同な図形では対応する角の大きさは等しいから，∠ADB＝∠AEC で，

∠ADE＝180°－∠ADB

∠AED＝180°－∠AEC

よって，∠ADE＝∠AED

5 仮定から　OE＝OA … ①

　　　　　　OF＝OC … ②

四角形 ABCD はひし形だから，

　　　　　　OA＝OC … ③

①，②，③より，OE＝OA＝OC＝OF … ④

対角線がそれぞれの中点で交わるから，四角形 AECF は平行四辺形である。

④より，AC＝EF … ⑤

また，四角形 ABCD はひし形だから，AC⊥BD

つまり，AC⊥EF … ⑥

⑤，⑥より，四角形 AECF は対角線の長さが等しく垂直に交わるので，正方形である。

7 (1)　点Aと点Cを結ぶ。

AB∥DC で，底辺 AB を共有するから，

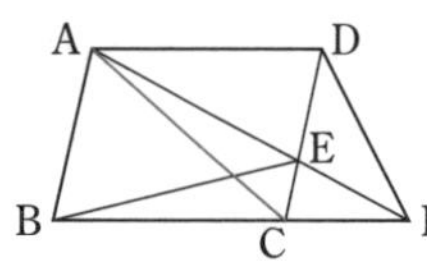

△ABE＝△ABC＝$\frac{1}{2}$▱ABCD … ①

また，AD∥BC で，底辺 AD を共有するから，

△AFD＝△ACD＝$\frac{1}{2}$▱ABCD … ②

①，②より，△ABE＝△AFD

(2)　AB∥DC で，底辺 CE を共有するから，

△BCE＝△ACE

△ACE＝△ACD－△AED

　　　＝△AFD－△AED＝△DEF

よって，△BCE＝△DEF

ミス注意! △ACE は補助線 AC をひいてできる三角形なので，この問題の答えにはできない。

得点アップのコツ

- 角度を求める問題では，二等辺三角形の性質，平行四辺形の性質のほかに，平行線の性質や三角形の内角の和などを利用する。
- 長方形，ひし形，正方形は，平行四辺形の特別な場合であるから，平行四辺形の性質がすべてあてはまる。

6章 データの活用

p.94～95 ステージ1

1 (1) **103.5 g**　(2) **104 g**

2 (1) **第1四分位数 … 19 冊**

第2四分位数 … 39 冊

第3四分位数 … 56 冊

(2) **第1四分位数 … 25.5 冊**

第2四分位数 … 35 冊

第3四分位数 … 50 冊

(3) **37 冊**　(4) **24.5 冊**

3 (1) **第1四分位数 … 24 日**

第2四分位数 … 30 日

第3四分位数 … 42 日

(2) **第1四分位数 … 34 日**

第2四分位数 … 44 日

第3四分位数 … 48 日

(3)

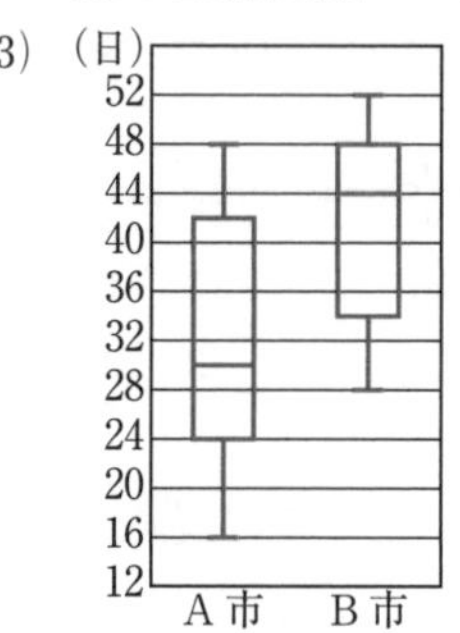

解説

1 データを大きさの順に並べたときの中央の値が中央値だから，データの数が 10 個のときは，5番目と6番目のデータの平均を中央値とする。

(1) 96 97 98 100 102 ○ 105 105 106 108 110

中央値は $\frac{102+105}{2}$＝103.5 (g)

(2) 95 96 102 103 103 ○ 105 106 108 112 113

中央値は $\frac{103+105}{2}$＝104 (g)

2 A組とB組のデータの個数に注意する。

(1)　データの数が偶数なので，2つに分けると次のようになる。 9 12 ⑲ 30 36 ○ 42 50 (56) 60 65

第2四分位数は中央値で，$\frac{36+42}{2}$＝39 (冊)

第1四分位数は 19 (冊)

第3四分位数は 56 (冊)

(2)　データの数が奇数なので，2つに分けると次

のようになる。 10 22 ◯ 29 31 ㉟ 40 48 ◯ 52 70

第２四分位数は中央値で 35（冊）

第１四分位数は $\frac{22+29}{2}=25.5$（冊）

第３四分位数は $\frac{48+52}{2}=50$（冊）

(3) 56－19＝37（冊）
（第３四分位数）－（第１四分位数）

(4) 50－25.5＝24.5（冊）
（第３四分位数）－（第１四分位数）

ポイント

第１四分位数，第３四分位数の求め方

[1] 値の大きさの順に並べたデータを，個数が同じになるように半分に分ける。ただし，データの個数が奇数のときは，中央値を除いて２つに分ける。

[2] 半分にしたデータのうち，小さい方のデータの中央値が第１四分位数，大きい方のデータの中央値が第３四分位数となる。

※ 第２四分位数は中央値のことである。

3 (3) 箱ひげ図は，最小値，最大値，中央値（第２四分位数），第１四分位数，第３四分位数をそれぞれ求めて，下のような図に表したもので，データの散らばりのようすを表している。

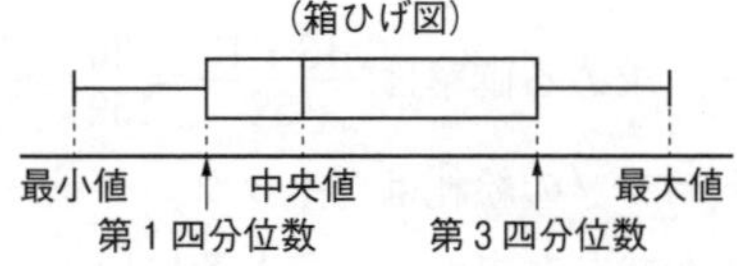

※箱の横の長さは，四分位範囲を表す。

箱ひげ図をかくためのそれぞれの値は，

Ａ市：最小値 16 日，最大値 48 日，中央値 30 日，第１四分位数 24 日，第３四分位数 42 日

Ｂ市：最小値 28 日，最大値 52 日，中央値 44 日，第１四分位数 34 日，第３四分位数 48 日

ポイント

箱ひげ図のかき方

[1] 横軸にデータのめもりをとる。

[2] 第１四分位数を左端，第３四分位数を右端とする長方形（箱）をかく。

[3] 箱の中に中央値（第２四分位数）を示す縦線をひく。

[4] 最小値，最大値を表す縦線をひき，箱の左端から最小値までと，箱の右端から最大値まで，線分（ひげ）をひく。

なお，箱ひげ図は縦向きにかくこともある。

p.96 **ステージ２**

1 (1) 6 時間 (2) 10 時間
(3) 2 時間

2 ㋒

3 (1) 2 組 (2) 1 組
(3) 2 組

解説

1 (1) データを小さい順に並べると，

0 1 3 3 4 4 4 ⑤ 5 6
最小値 第１四分位数

6 6 6 6 6 6 6 6 6 7
15 番目 16 番目

7 7 ⑦ 8 8 8 9 10 10 10
第３四分位数 最大値

データの個数は30個だから，中央値は 15 番目と 16 番目のデータの平均である。

15 番目と 16 番目の学習時間はどちらも 6 時間だから，中央値は 6 時間になる。

(2) 範囲は 10－0＝10（時間）

(3) 四分位範囲は 7－5＝2（時間）

2 データを小さい順に並べると，

1 2 2 ③ 4 4 4 ⑤ 6 7 8 ⑧ 9 10 10

最小値 1 点，最大値 10 点

中央値 5 点，

第１四分位数 3 点，第３四分位数 8 点

になっている箱ひげ図を選ぶ。

3 (1) 「ひげと箱の長さの合計」を比べると，2 組の方が大きいので，範囲が大きいのは 2 組である。

(2) グラフからおおよその四分位範囲を読みとる。

1 組の四分位範囲は約 6 kg

2 組の四分位範囲は約 9 kg

よって，四分位範囲が小さいのは 1 組

※箱の縦の長さを比べればよい。

(3) それぞれの組の中央値と 50 kg を比較する。

1 組の中央値＜50 kg

2 組の中央値＞50 kg

となる。

これは 1 組の半分以上の人が 50 kg 未満で，2 組の半分以上の人が 50 kg より重いことを表している。

よって，あてはまるのは 2 組

p.97 ステージ3

1 (1) **28°C** (2) **35°C**

(3) **30°C** (4) **32°C**

(5) **34°C** (6) **7°C**

(7) **4°C**

(8)

26 28 30 32 34 (℃)

2 (1) **3日** (2) **13日**

(3) **5日** (4) **6.5日**

(5) **9日** (6) **10日**

(7) **4日**

(8)

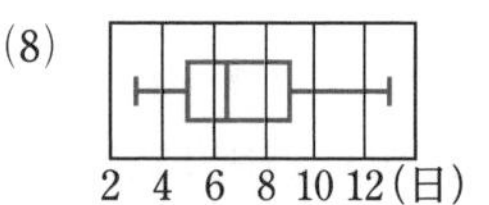

解説

1 データの個数は15個だから，

28 29 29 (30) 30 30 31	(32)	32 33 34 (34) 34 35 35
第1四分位数	中央値	第3四分位数

になるから，

(1) 最小値は28°C

(2) 最大値は35°C

(3) 第1四分位数は30°C

(4) 中央値は32°C

(5) 第3四分位数34°C

(6) 範囲は(最大値)−(最小値)で求めるから，
$35-28=7$ (°C)

(7) 四分位範囲は
(第3四分位数)−(第1四分位数)で求めるから，
$34-30=4$ (°C)

2 データを値の小さい順に並べると，

3 4 5 ○ 5 6 6	○	7 8 8 ○ 10 10 13
第1四分位数	中央値	第3四分位数

になるから，

(1) 最小値は3日

(2) 最大値は13日

(3) 第1四分位数は5日

(4) 中央値は $\frac{6+7}{2}=6.5$ (日)

(5) 第3四分位数は $\frac{8+10}{2}=9$ (日)

(6) 範囲は $13-3=10$ (日)

(7) 四分位範囲は $9-5=4$ (日)

7章 確率

p.98〜99 ステージ1

1 (1) **6通り**

(2) **同様に確からしいといえる。**

(3) $\frac{1}{6}$ (4) $\frac{1}{2}$ (5) **0**

2 (1) **13通り** (2) $\frac{1}{2}$ (3) $\frac{3}{13}$

3 (1) $\frac{1}{3}$ (2) $\frac{2}{3}$ (3) $\frac{2}{3}$

解説

1 (1) 1，2，3，4，5，6の全部で6通り。

(2) 正しく作られているので，同様に確からしいといえる。

(4) 4の約数は1，2，4の3通りあるから，
求める確率は $\frac{3}{6}=\frac{1}{2}$

(5) 9の倍数は1つもない。
絶対に起こらないことがらの確率は0である。

2 トランプのカードの引き方は全部で52通りあり，それらは同様に確からしい。

(1) トランプに♦のカードは13枚ある。

(2) ♥のカードは13枚，♠のカードも13枚あるから，求める確率は $\frac{13+13}{52}=\frac{26}{52}=\frac{1}{2}$

(3) トランプの絵札はジャック，クイーン，キングがかかれたカードのことをいい，
全部で $3\times4=12$ より12通りある。

3 カードの引き方は全部で21通りあり，それらは同様に確からしい。

(1) 1から7までの数が書いてあるカードは7枚だから，求める確率は $\frac{7}{21}=\frac{1}{3}$

(2) 8以上の数が書いてるカードは
$21-7=14$ より
14通りある。

別解 8以上の数が書いてあるカードを引く確率は，(1)の結果から，$1-\frac{1}{3}=\frac{2}{3}$

(3) 3の倍数が書いてあるカードは3，6，9，12，15，18，21の7枚あるから，
求める確率は $1-\frac{7}{21}=\frac{2}{3}$

p.100~101 ステージ1

1 (1) **8通り**　(2) $\frac{1}{8}$　(3) $\frac{3}{8}$

(4) $\frac{7}{8}$

2 (1) **12通り**　(2) $\frac{1}{2}$　(3) **6通り**

(4) $\frac{1}{6}$

3 **どちらも同じ。**

解説

1 (1) 樹形図より，表裏の出方は全部で8通りあり，それらは同様に確からしい。

A B C
表＜表＜表 ○／裏 ●
　　裏＜表 ●／裏
裏＜表＜表 ●／裏
　　裏＜表／裏 ▲

(2) 3枚とも表になるのは，○をつけた1通りだから，

求める確率は $\frac{1}{8}$

(3) 2枚が表で1枚が裏になるのは，

●をつけた3通りあるから，求める確率は $\frac{3}{8}$

(4) 3枚とも裏になるのは，

▲をつけた1通りだから，

求める確率は $1-\frac{1}{8}=\frac{7}{8}$

2 (1) 委員長と副委員長を選ぶので，順番を区別した樹形図をかくと，選び方は全部で12通りあり，それらは同様に確からしい。

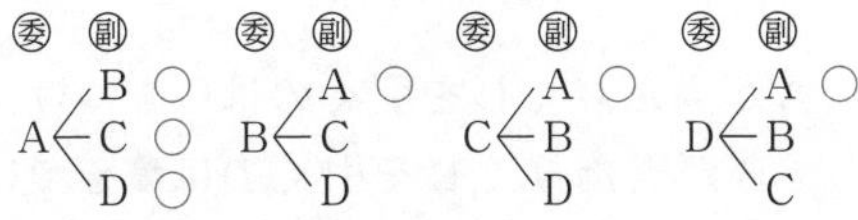

(2) Aが委員長か副委員長に選ばれるのは，(1)の樹形図で，○をつけた6通りあるから，

求める確率は $\frac{6}{12}=\frac{1}{2}$

(3) 同時に2人を選ぶと考えて，順番を区別しないで樹形図をかくと，選び方は全部で6通りあり，それらは同様に確からしい。

A＜B ●／C／D　B＜C／D　C—D

(4) AとBの2人ともが代表に選ばれるのは，(3)の樹形図で，●をつけた1通りある。

3 赤玉を①，白玉を2，3，4として，取り出す順番を区別した樹形図をかくと，取り出し方は全部で12通りあり，それらは同様に確からしい。このうち，Aが勝つのは○をつけた3通り，Bが勝つのも●をつけた3通りあるから，勝つ確率はどちらも $\frac{3}{12}=\frac{1}{4}$ で同じである。

A B
①＜2 ○／3 ○／4 ○
2＜① ●／3／4
3＜① ●／2／4
4＜① ●／2／3

p.102~103 ステージ2

1 (1) **8通り**　(2) $\frac{1}{2}$

2 (1) **36通り**　(2) $\frac{1}{6}$　(3) $\frac{1}{6}$

(4) $\frac{5}{12}$　(5) $\frac{1}{3}$　(6) $\frac{1}{9}$

(7) $\frac{11}{36}$

3 (1) $\frac{1}{2}$　(2) $\frac{2}{3}$

4 (1) $\frac{8}{15}$　(2) $\frac{3}{5}$

5 (1) **30通り**　(2) **変わらない。**

6 (1) $\frac{1}{10}$　(2) $\frac{9}{10}$

● ● ● ● ●

① (1) $\frac{15}{16}$　(2) $\frac{7}{16}$

② $\frac{3}{5}$

解説

1 (1) 表裏の出方を，順番を区別して樹形図をかくと，全部で8通りあり，それらは同様に確からしい。

表＜表＜表 ○／裏 ○
　　裏＜表 ○／裏
裏＜表＜表 ○／裏
　　裏＜表／裏

(2) 表が2回以上出るのは，○をつけた4通りあるから，

求める確率は $\frac{4}{8}$

2 (1) 大小2個のさいころを同時投げるとき，目の出方は全部で36通りあり，それらは同様に確からしい。

(2) (1，1)，(2，2)，(3，3)，(4，4)，(5，5)，(6，6)の6通りあるから，求める確率は $\frac{6}{36}$

(3) (1, 6), (2, 5), (3, 4), (4, 3), (5, 2), (6, 1)の6通りあるから，求める確率は $\frac{6}{36}$

(4) 目の和が2…(1, 1)
目の和が3…(1, 2), (2, 1)
目の和が4…(1, 3), (2, 2), (3, 1)
目の和が5…(1, 4), (2, 3), (3, 2), (4, 1)
目の和が6…(1, 5), (2, 4), (3, 3), (4, 2), (5, 1)

合わせて15通りあるから，求める確率は $\frac{15}{36}$

(5) 出る目の和が3, 6, 9, 12のときを考える。

(6) (1, 6), (2, 3), (3, 2), (6, 1)の4通りあるから，求める確率は $\frac{4}{36}$

(7) (2, 1), (2, 2), (2, 3), (2, 4), (2, 5), (2, 6), (1, 2), (3, 2), (4, 2), (5, 2), (6, 2)の11通りあるから，求める確率は $\frac{11}{36}$

別解 (1)〜(7) 下のような表をかいて，調べることもできる。

大＼小	1	2	3	4	5	6
1	(1, 1)	(1, 2)	(1, 3)	(1, 4)	(1, 5)	(1, 6)
2	(2, 1)	(2, 2)	(2, 3)	(2, 4)	(2, 5)	(2, 6)
3	(3, 1)	(3, 2)	(3, 3)	(3, 4)	(3, 5)	(3, 6)
4	(4, 1)	(4, 2)	(4, 3)	(4, 4)	(4, 5)	(4, 6)
5	(5, 1)	(5, 2)	(5, 3)	(5, 4)	(5, 5)	(5, 6)
6	(6, 1)	(6, 2)	(6, 3)	(6, 4)	(6, 5)	(6, 6)

また，右のような表をかいて条件を満たすところを調べていくこともできる。

大＼小	1	2	3	4	5	6
1						
2						
3						
4						
5						
6						

3 樹形図より，できる3けたの自然数は，全部で6通りあり，それらは同様に確からしい。

百 十 一
1＜2—3 123 ○ ●
　 3—2 132 ○
2＜1—3 213 ○ ●
　 3—1 231 ●
3＜1—2 312
　 2—1 321 ●

(1) 230以下の数は，○をつけた3通りあるから，求める確率は $\frac{3}{6}$

(2) 奇数は●をつけた4通りあるから，求める確率は $\frac{4}{6}$

4 赤玉を①，②，青玉を[3]，[4]，[5]，[6]として，順番を区別しないで樹形図をかくと，取り出し方は全部で15通りあり，それらは同様に確からしい。

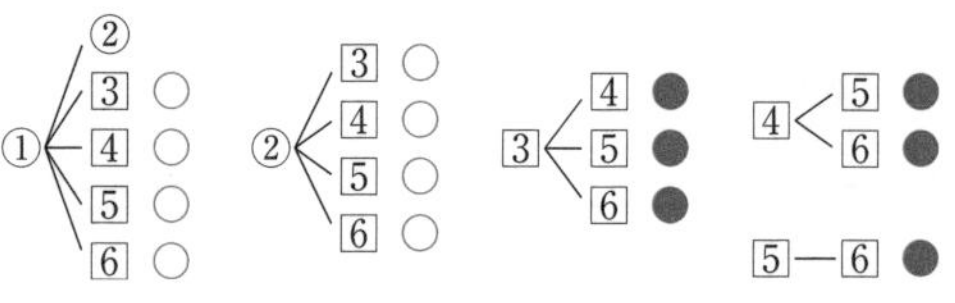

(1) 赤玉1個，青玉1個になるのは，○をつけた8通りあるから，求める確率は $\frac{8}{15}$

(2) (少なくとも1個は赤玉になる確率) =1−(2個とも青玉になる確率) で求める。
2個とも青玉になるのは●をつけた6通りあるから，求める確率は $1-\frac{6}{15}=1-\frac{2}{5}=\frac{3}{5}$

5 (1) 当たりくじを①，②，はずれくじを[3]，[4]，[5]，[6]として，順番を区別して樹形図をかくと，くじの引き方は全部で30通りあり，それらは同様に確からしい。

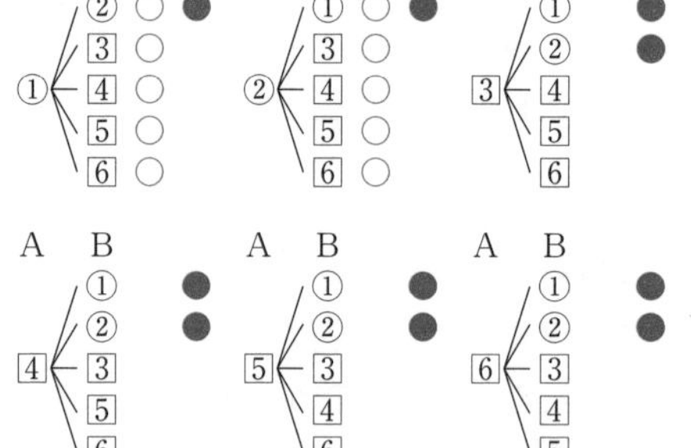

(2) Aが当たりくじを引くのは○をつけた10通り，Bが当たりくじを引くのは●をつけた10通りあるから，当たりくじを引く確率はどちらも $\frac{10}{30}=\frac{1}{3}$ で同じである。
よって，くじを引く順番によって当たる確率は変わらない。

6 男子をA, B, C, 女子をd, eとして，順番を区別しないで樹形図をかくと，選び方は全部で10通りあり，それらは同様に確からしい。

A＜B＜C ○ / d / e；C＜d / e；d—e

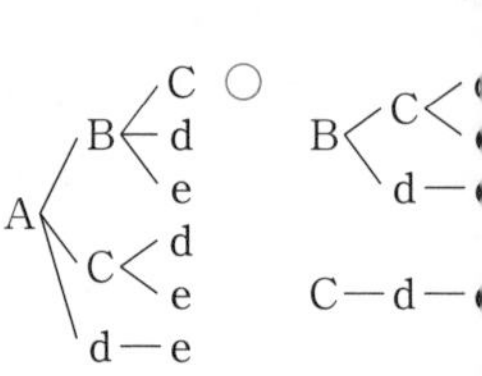

(1) 3人とも男子である選び方は○をつけた1通りだから，求める確率は $\frac{1}{10}$

(2) 「少なくとも 1 人は女子が選ばれる」確率は「1 人も女子がいない」つまり「3 人とも男子が選ばれる」場合を考えればよい。求める確率は $1-\frac{1}{10}=\frac{9}{10}$ ←「3 人とも男子が選ばれる」確率を 1 からひいて求める。

1 表を○，裏を×として，4 枚の硬貨の表裏の出方を表に整理すると，次のようになる。

500 円	100 円	50 円	10 円	合計金額 (円)
○	○	○	○	660
○	○	○	×	650
○	○	×	○	610
○	○	×	×	600
○	×	○	○	560
○	×	○	×	550
○	×	×	○	510
○	×	×	×	500
×	○	○	○	160
×	○	○	×	150
×	○	×	○	110
×	○	×	×	100
×	×	○	○	60
×	×	○	×	50
×	×	×	○	10
×	×	×	×	0

表裏の出方は全部で 16 通りあり，それらは同様に確からしい。

(1) 「少なくとも 1 枚は裏となる」確率は，1 枚も裏にならない，つまり，4 枚とも表になる場合を考えて，求める確率は $1-\frac{1}{16}=\frac{15}{16}$

(2) 510 円以上になるのは，表より 7 通りあるから，求める確率は $\frac{7}{16}$

2 2 個の玉の取り出し方は，順番を区別しないで書き出すと，(⑩，⑪)，(⑩，[12])，(⑩，⑬)，(⑩，⑭)，(⑩，[15])，(⑪，[12])，(⑪，⑬)，(⑪，⑭)，(⑪，[15])，([12]，⑬)，([12]，⑭)，([12]，[15])，(⑬，⑭)，(⑬，[15])，(⑭，[15]) の 15 通りあり，それらは同様に確からしい。
このうち，少なくとも 1 個は 3 の倍数 (□でかこんだ数) であるのは，下線を引いた 9 通りあるから，求める確率は $\frac{9}{15}=\frac{3}{5}$

別解

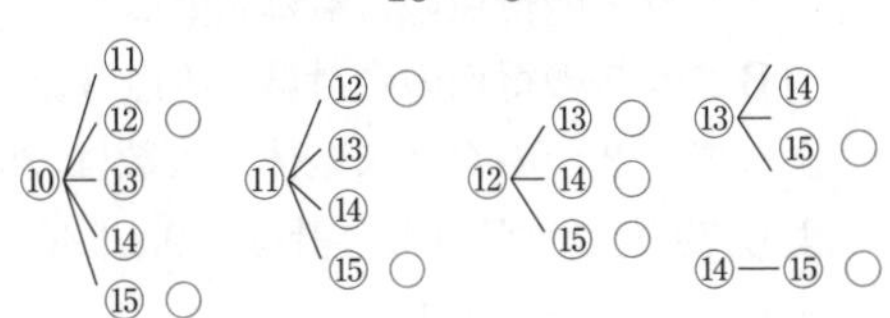

p.104 ステージ3

1 正しいとはいえない。

2 (1) 10 通り　(2) $\frac{3}{5}$

3 (1) $\frac{1}{4}$　(2) $\frac{11}{12}$　(3) $\frac{3}{4}$

4 (1) 27 通り　(2) $\frac{1}{9}$　(3) $\frac{1}{3}$

解説

2 (1)(2) 順番を区別しないで樹形図をかくと，カードの取り出し方は全部で 10 通りあり，それらは同様に確からしい。

1＜2 ○, 3, 4 ○, 5　　2＜3 ○, 4, 5 ○　　3＜4 ○, 5　　4—5 ○

書かれた数の和が奇数になるのは，○をつけた 6 通りあるから，求める確率は $\frac{6}{10}=\frac{3}{5}$

3 大小 2 個のさいころを同時投げるとき，目の出方は全部で 36 通りあり，それらは同様に確からしい。

(1) 出る目の和が 4，8，12 の場合を考える。

(2) (4，6)，(5，5)，(6，4) のとき，出る目の和が 10 になるから，出る目の和が 10 にならない確率は $1-\frac{3}{36}=\frac{11}{12}$

(3) (1，1)，(1，3)，(1，5)，(3，1)，(3，3)，(3，5)，(5，1)，(5，3)，(5，5) のとき，
つまり，出る目が両方とも奇数のとき，積が奇数になるから，出る目の積が偶数になる確率は
$1-\frac{9}{36}=1-\frac{1}{4}=\frac{3}{4}$

4 グーを㋘，チョキを㋠，パーを㋩と表す。

(1) 3 人の手の出し方を樹形図にかくと，全部で 27 通りあり，それらは同様に確からしい。

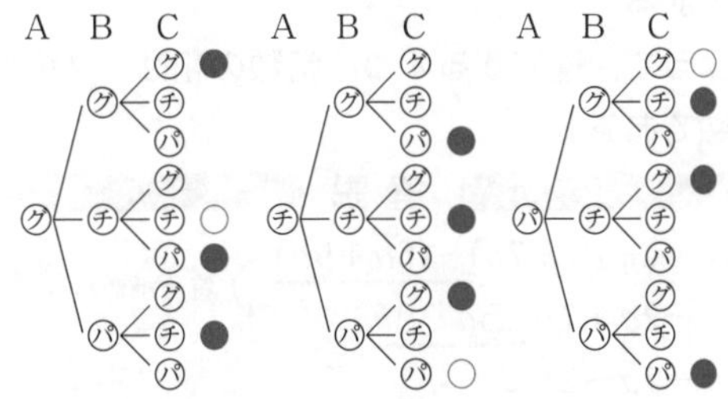

(2) A だけが勝つのは，○をつけた 3 通りある。

(3) あいこになるのは，●をつけた 9 通りある。

7 章

定期テスト対策 得点アップ! 予想問題

p.106~107 第1回

1 (1) $9a-8b$ (2) $-3y^2-2y$
(3) $7x+4y$ (4) $-7a-2b$
(5) $-2b$ (6) $16x+16y+18$
(7) $1.3a$ (8) $28x-30y$
(9) $\frac{22}{15}x-\frac{2}{15}y$ (10) $\frac{19x-y}{6}$

2 (1) $32xy$ (2) $-45a^2b$
(3) $-5a^2$ (4) $14a$
(5) $\frac{n}{4}$ (6) $10xy$
(7) $\frac{2x}{5}$ (8) $\frac{7a^3}{6}$

3 (1) -13 (2) 4

4 (1) $a=\frac{3b-4}{2}$ (2) $y=\frac{35x+19}{7}$
(3) $b=\frac{3a-6}{2}$ (4) $b=-2a+5c$
(5) $a=-3b+\frac{\ell}{2}$ (6) $a=3m-b-c$
(7) $h=\frac{3V}{\pi r^2}$ (8) $a=-5b+2c$

5 $\frac{39a+40b}{79}$ 点

6 もっとも小さい数をnとすると,
連続する4つの整数は
$n,\ n+1,\ n+2,\ n+3$
と表される。このとき,これらの和は
$n+(n+1)+(n+2)+(n+3)$
$=4n+6$
$=2(2n+3)$
$2n+3$は整数だから,$2(2n+3)$は2の倍数である。
よって,連続する4つの整数の和は,2の倍数である。

解説

1 (4) $(-2a+7b)-(5a+9b)$ ← 符号が変わる。
$=-2a+7b-5a-9b$
$=-7a-2b$

(6)
$$\begin{array}{r} 34x+\ 4y+\ 9 \\ -)\ 18x-12y-\ 9 \\ \hline 16x+16y+18 \end{array}$$

縦に書いて計算するときは,同類項をそろえておく。

(9) $\frac{1}{5}(4x+y)+\frac{1}{3}(2x-y)$
$=\frac{4}{5}x+\frac{1}{5}y+\frac{2}{3}x-\frac{1}{3}y$
$=\frac{12}{15}x+\frac{10}{15}x+\frac{3}{15}y-\frac{5}{15}y$
$=\frac{22}{15}x-\frac{2}{15}y$

(10) $\frac{9x-5y}{2}-\frac{4x-7y}{3}$
$=\frac{3(9x-5y)-2(4x-7y)}{6}$
$=\frac{27x-15y-8x+14y}{6}$
$=\frac{19x-y}{6}$

2 (8) $\left(-\frac{7}{8}a^2\right)\div\frac{9}{4}b\times(-3ab)$
$=\left(-\frac{7a^2}{8}\right)\times\frac{4}{9b}\times(-3ab)$
$=\frac{7a^2\times4\times3ab}{8\times9b}$
$=\frac{7a^3}{6}$

3 (1) $3(4a-2b)-2(3a-5b)$
$=12a-6b-6a+10b=6a+4b$
この式に $a=\frac{1}{2}$, $b=-4$ を代入する。

4 (5) 両辺を2でわると,$\frac{\ell}{2}=a+3b$
両辺を入れかえると,$a+3b=\frac{\ell}{2}$
$3b$を移項すると,$a=-3b+\frac{\ell}{2}$
(7) 両辺を3倍すると, $3V=\pi r^2h$
両辺を入れかえると,$\pi r^2h=3V$
両辺をπr^2でわると, $h=\frac{3V}{\pi r^2}$

5 (得点の合計)=(平均点)×(人数) だから,
Aクラスの得点の合計は$39a$点,
Bクラスの得点の合計は$40b$点 になる。
よって,2つのクラス全体の人数は $39+40=79$ より79人で,得点の合計は$(39a+40b)$点だから
平均点は $\frac{39a+40b}{79}$ (点)

p.108〜109 第2回

[1] $\frac{13}{5}$

[2] (1) $x=1,\ y=2$ (2) $x=-1,\ y=4$
(3) $x=-1,\ y=3$ (4) $x=2,\ y=-1$
(5) $x=-3,\ y=2$ (6) $x=-2,\ y=-1$
(7) $x=5,\ y=10$ (8) $x=3,\ y=2$

[3] $x=2,\ y=-3$

[4] $a=2,\ b=1$

[5] ドーナツ10個，シュークリーム8個

[6] 64

[7] 男子77人，女子76人

[8] 5 km

解説

[1] $4x-5y=11$ に $x=6$ を代入すると，

$24-5y=11$ これを解くと，$y=\frac{13}{5}$

[2] 上の式を①，下の式を②とする。(2)，(4)，(6)は代入法で，その他は加減法で解くとよい。

(4) ①の $5y$ に②の $6x-17$ を代入すると，
$3x+(6x-17)=1$
これを解くと，$x=2$

(5) ①×2 より，$2x+5y=4$ …③
③×3 より，$6x+15y=12$ …④
②×2 より，$6x+8y=-2$ …⑤
④−⑤ より，$7y=14$ $y=2$

(6) ①×10 より，$3x-4y=-2$ …③
③の x に②の $5y+3$ を代入すると，
$3(5y+3)-4y=-2$
これを解くと，$y=-1$

(7) ①×10 より，$3x-2y=-5$ …③
②×10 より，$6x+5y=80$ …④
③×2 より，$6x-4y=-10$ …⑤
④−⑤ より，$9y=90$ $y=10$

(8) ①，②のかっこをはずして整理すると，
$x-4y=-5$ …③
$4x-6y=0$ …④
③×4−④ より，$-10y=-20$ $y=2$

[3] $\begin{cases}5x-2y=16\\10x+y-1=16\end{cases}$ として解く。

[4] 連立方程式に $x=3,\ y=-4$ を代入すると，
$\begin{cases}3a+4b=10\\-4a+3b=-5\end{cases}$ これを加減法で解く。

[5] ドーナツの個数を x 個，シュークリームの個数を y 個とする。
個数の関係から，$x+y=18$ …①
代金の関係から，$60x+90y=1320$ …②
①，②の連立方程式を解く。

[6] もとの整数の十の位の数を x，一の位の数を y とすると，
もとの整数は $10x+y$，十の位の数と一の位の数を入れかえてできる整数は，$10y+x$ と表される。
$\begin{cases}10x+y=7(x+y)-6 & \cdots①\\10y+x=10x+y-18 & \cdots②\end{cases}$
①，②の連立方程式を解くと，$x=6,\ y=4$
もとの整数は十の位の数が6，一の位の数が4になるので，もとの整数は64である。

[7] 昨年度の男子，女子の新入生の人数をそれぞれ x 人，y 人とすると，男子の10％は $\frac{10}{100}x$ 人，
女子の5％は $\frac{5}{100}y$ 人と表される。
昨年度の人数の合計から，$x+y=150$ …①
今年度増減した人数の合計から，
$\frac{10}{100}x-\frac{5}{100}y=3$ …②
①，②の連立方程式を解くと，
$x=70,\ y=80$
今年度の新入生の人数は
男子 $70\times\left(1+\frac{10}{100}\right)=77$ (人)
女子 $80\times\left(1-\frac{5}{100}\right)=76$ (人)

得点アップのコツ
割合の問題では，「もとにする量」を x，y とおくと，式が簡単になることが多い。

[8] A地点から峠までの道のりを x km，峠からB地点までの道のりを y km とする。
行きにかかった時間は $\frac{x}{3}+\frac{y}{5}=\frac{76}{60}$ …①
帰りにかかった時間は $\frac{x}{5}+\frac{y}{3}=\frac{84}{60}$ …②
①，②の連立方程式を解くと，
$x=2,\ y=3$
よって，A地点からB地点までの道のりは
$2+3=5$ (km)

p.110~111 第3回

1 (1) $y=\dfrac{20}{x}$　(2) $y=-6x+10$

(3) $y=-0.5x+12$

yがxの1次関数であるもの…(2), (3)

2 (1) $\dfrac{5}{6}$　(2) $y=\dfrac{2}{5}x+2$

(3) $y=-x+3$　(4) $y=4x-9$

(5) $y=-2x+4$　(6) $(3,\ -4)$

3 (1) $y=x+3$　(2) $y=3x-2$

(3) $y=-\dfrac{1}{3}x+2$　(4) $y=-\dfrac{3}{4}x-\dfrac{9}{4}$

(5) $y=-3$

4

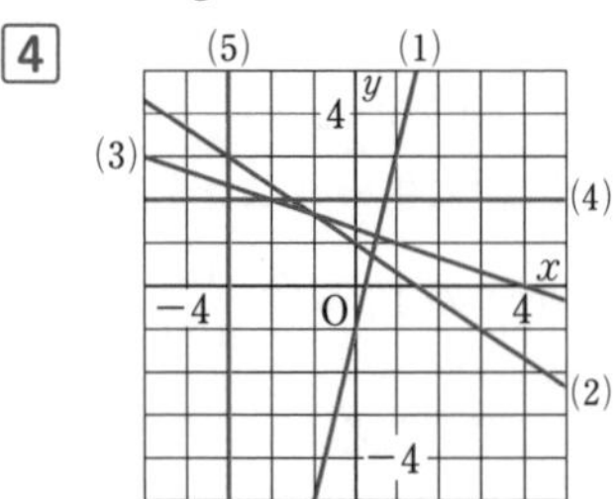

5 (1) 走る速さ…分速 200 m
歩く速さ…分速 50 m

(2) 家から 900 m の地点

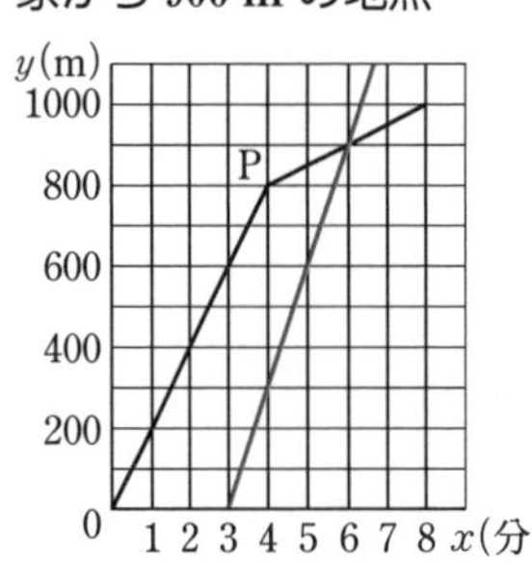

6 (1) $y=-6x+30$

(2) $0\leqq y\leqq 30$

解説

2 (2) 変化の割合が $\dfrac{2}{5}$ だから，求める1次関数の式は $y=\dfrac{2}{5}x+b$ と表される。この式に，$x=10$, $y=6$ を代入して，bの値を求める。

(3) 求める1次関数の式を $y=ax+b$ と表す。

傾きaは $a=\dfrac{-1-5}{4-(-2)}=-1$ より，

$y=-x+b$ に $x=-2$, $y=5$ を代入すると，

$5=2+b$　　$b=3$

よって，$y=-x+3$

別解 $x=-2$ のとき $y=5$ だから，

$5=-2a+b$ …①

$x=4$ のとき $y=-1$ だから，

$-1=4a+b$ …②

①，②のa, bの連立方程式を解く。

(4) 平行な2直線の傾きは等しいから，傾きが4で点$(2,\ -1)$を通る直線の式を求める。

(5) グラフをイメージするとよい。

切片は4，傾きは $\dfrac{0-4}{2-0}=-2$ である。

(6) 2直線の交点の座標の組は，連立方程式の解として求めることができるので，

連立方程式 $\begin{cases}x+y=-1\\3x+2y=1\end{cases}$ を解く。

3 (1) 傾きが1，切片が3の直線

(3) 傾きが $-\dfrac{1}{3}$，切片が2の直線

(4) 2点$(-3,\ 0)$，$(1,\ -3)$を通る直線

(5) 点$(0,\ -3)$を通り，x軸に平行な直線

4 (3) $y=0$ のとき $x=4$，$y=1$ のとき $x=1$ なので，2点$(4,\ 0)$，$(1,\ 1)$をとり，この2点を通る直線をひく。

(4) $5y=10$ より，$y=2$

点$(0,\ 2)$を通り，x軸に平行な直線をひく。

(5) $4x+12=0$ より，$4x=-12$　　$x=-3$

点$(-3,\ 0)$を通り，y軸に平行な直線をひく。

5 (1) 走る速さは $800\div4=200$ より分速 200 m

歩く速さは $(1000-800)\div4=50$ より分速 50 m

(2) 兄は，Aさんが出発してから3分後には家から0 mの地点，4分後は300 mの地点にいるので，点$(3,\ 0)$と点$(4,\ 300)$を通る直線をひく。兄の進むようすを表すグラフは，点$(6,\ 900)$でAさんのグラフと交わる。

6 (1) $\triangle ABP=\dfrac{1}{2}\times AP\times AB$

$=\dfrac{1}{2}\times(AD-PD)\times AB$

$=\dfrac{1}{2}(10-2x)\times6$

よって，$y=-6x+30$

(2) $x=0$ のとき $y=-6\times0+30=30$

$x=5$ のとき $y=-6\times5+30=0$

xが増加するとyは減少する。

yの変域は $0\leqq y\leqq 30$

p.112~113 第4回

1 (1) 90°　(2) 55°
(3) 75°　(4) 60°

2 ABC，LKJ
2組の辺とその間の角がそれぞれ等しい。
DEF，XVW
3組の辺がそれぞれ等しい。
GHI，PQR
1組の辺とその両端の角がそれぞれ等しい。

3 (1) 3060°　(2) 十一角形
(3) 360°　(4) 正二十角形

4 鈍角三角形

5 (1) 仮定 AC＝DB，∠ACB＝∠DBC
結論 AB＝DC
(2) ㋐ BC＝CB
㋑ 2組の辺とその間の角
㋒ △ABC≡△DCB
㋓ 対応する辺の長さは等しい。
㋔ AB＝DC

6 △ABD≡△CBD
2組の辺とその間の角がそれぞれ等しい。

7 △ABC と △DCB において，
仮定から　AB＝DC　…①
∠ABC＝∠DCB　…②
共通な辺であるから，
BC＝CB　…③
①，②，③より，2組の辺とその間の角がそれぞれ等しいから，
△ABC≡△DCB
合同な図形では対応する辺の長さは等しいから，　AC＝DB

解説

1 (1) 右の図のように，ℓ，m に平行な直線をひいて考えるとよい。
$\angle x=59°+31°=90°$

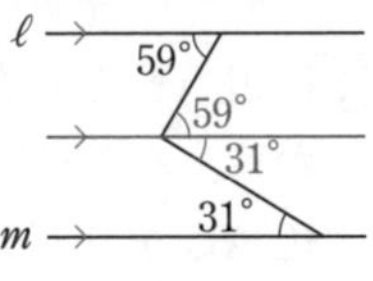

(2) 右の図のように補助線をひいて考える。
$30°+45°+\angle x=130°$
よって，$\angle x=55°$

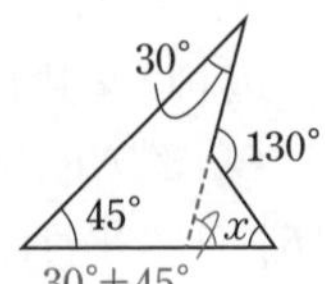

(3) 多角形の外角の和は 360° だから，
$\angle x+110°+108°+67°=360°$
よって，$\angle x=75°$

(4) 六角形の内角の和は
$180°\times(6-2)=720°$
右の図のように，∠x のとなりの角を ∠y とすると，

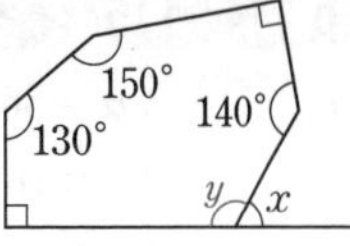

$150°+130°+90°+\angle y+140°+90°=720°$ より
$\angle y=120°$　よって，$\angle x=180°-120°=60°$

2 ∠PQR＝180°－(80°＋30°)＝70° より
∠GHI＝∠PQR
また，∠GIH＝∠PRQ，HI＝QR より
1組の辺とその両端の角がそれぞれ等しいから，
△GHI≡△PQR

3 (1) 十九角形の内角の和は
$180°\times(19-2)=3060°$
(2) 求める多角形を n 角形とすると，
$180°\times(n-2)=1620°$
これを解くと，$n=11$ より十一角形になる。
(3) 多角形の外角の和は 360° である。
(4) 正多角形の外角の大きさはすべて等しいので，
$360°\div18°=20$　よって，正二十角形

4 この三角形の残りの角の大きさは，
$180°-(35°+45°)=100°$ である。
1つの角が鈍角だから，鈍角三角形である。

5 (2) 仮定「AC＝DB，∠ACB＝∠DBC」と BC＝CB（共通な辺）から，△ABC≡△DCB を導き，「合同な図形では，対応する辺の長さは等しい。」という性質を根拠として，結論「AB＝DC」を導く。

6 △ABD≡△CBD の証明は，次のようになる。
△ABD と △CBD において，
仮定から　AD＝CD　…①
∠ADB＝∠CDB　…②
共通な辺であるから，BD＝BD　…③
①，②，③より，2組の辺とその間の角がそれぞれ等しいから，△ABD≡△CBD

7 AC と DB が対応する辺になる △ABC と △DCB に着目し，それらが合同であることを証明する。合同な図形では対応する辺の長さが等しいことから，AC＝DB がいえる。

得点アップのコツ
合同な図形の証明では，等しいことがわかっている辺や角に同じ記号をつけて考えるとよい。

p.114～115 第5回

1 (1) $\angle a=56^\circ$ (2) $\angle b=60^\circ$
(3) $\angle c=16^\circ$ (4) $\angle d=68^\circ$

2 (1) △ABCで，∠B+∠C=60° ならば
∠A=120° である。
正しい
(2) a，bを自然数とするとき，$a+b$ が奇数ならば aは奇数，bは偶数である。
正しくない

3 (1) 直角三角形の斜辺と1つの鋭角がそれぞれ等しい。
(2) (線分) AD
(3) △DBC と △ECB において，
仮定から
∠CDB=∠BEC=90° … ①
∠DBC=∠ECB … ②
共通な辺であるから，
BC=CB … ③
①，②，③より，直角三角形の斜辺と1つの鋭角がそれぞれ等しいから，
△DBC≡△ECB
合同な図形では対応する辺の長さは等しいから，DC=EB

4 ㋐，㋓，㋗，㋘

5 △AEC，△AFC，△DFC

6 (1) 長方形 (2) EG⊥HF

7 △AMD と △BME において，
仮定から AM=BM … ①
対頂角は等しいから，
∠AMD=∠BME … ②
平行線の錯角は等しいから，AD∥EB より，
∠MAD=∠MBE … ③
①，②，③より，1組の辺とその両端の角がそれぞれ等しいから，
△AMD≡△BME
合同な図形では対応する辺の長さは等しいから，
AD=BE … ④
また，平行四辺形の対辺は等しいから，
AD=BC … ⑤
④，⑤より，BC=BE

解 説

1 (3) △ABCは正三角形だから，∠BAC=60°
∠BAD=∠D より 60°+$\angle c$=76° $\angle c=16^\circ$

(4) 平行線の錯角は等しいことと折り返した角は等しいことから，
$\angle d=(180^\circ-44^\circ)\div 2$
$=68^\circ$

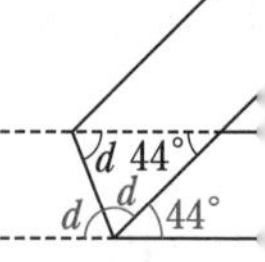

2 (1) △ABCで，∠B+∠C=60° のとき，
∠A=180°−(∠B+∠C)=180°−60°=120° となるので，逆は正しい。
(2) aが偶数でbが奇数となる場合もあるので，逆は正しくない。(反例 $a=2$，$b=3$)

3 (1) △EBC と △DCB において，
仮定から ∠BEC=∠CDB=90° …①
共通な辺であるから，BC=CB …②
AB=AC より △ABC は二等辺三角形だから
∠EBC=∠DCB …③
①，②，③より，直角三角形の斜辺と1つの鋭角がそれぞれ等しいから，△EBC≡△DCB

4 ㋐ 1組の対辺が平行でその長さが等しい。
㋓ 2組の対角がそれぞれ等しい。
㋗ ∠A+∠B=180° より AD∥BC
∠B+∠C=180° より AB∥DC
2組の対辺がそれぞれ平行である。
㋘ 対角線がそれぞれの中点で交わる。
㋑，㋒，㋔，㋕，㋖は，それぞれ次の図のような四角形が考えられるので，平行四辺形になるとは限らない。

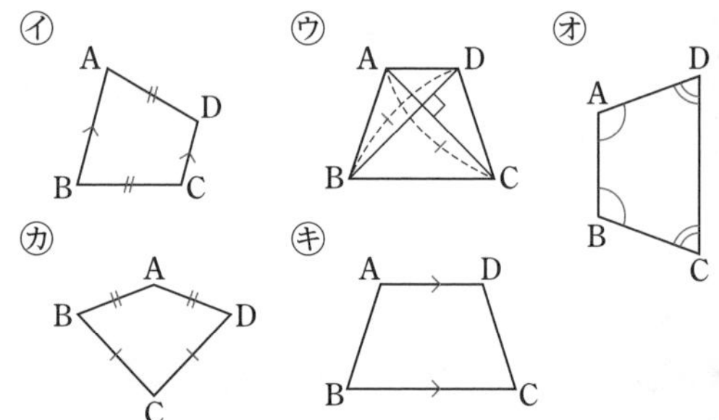

5 辺AEを共有し，AE∥DC より高さが等しいから，△AED=△AEC
辺ACを共有し，EF∥AC より高さが等しいから，△AEC=△AFC
辺FCを共有し，AD∥FC より高さが等しいから，△AFC=△DFC

6 (1) 平行四辺形だから，∠A=∠C，∠B=∠D である。∠A=∠D とすれば，
∠A=∠D=∠B=∠C となり，4つの角がすべて等しい四角形，つまり長方形になる。

p.116 第6回

1 (1) 107.5 g　(2) ㋒

2 (1) 2班

(2) 1班…3点

2班…3.5点

3 (1) a…5, b…8　(2) 7点

(3) 9点　(4) 4点

解説

1 (1) ヒストグラムより，みかんは全部で
$3+5+9+7+1=25$ より25個あるから，
中央値は105 g以上110 g未満の階級にふくまれる。

この階級の階級値は $\dfrac{105+110}{2}=107.5\,(\mathrm{g})$

だから，中央値は107.5 g

(2) ㋐ 最大値が120 gになっているので，正しくない。

㋑ 最小値が90 g以上95 g未満の階級にふくまれているので，正しくない。

2 (1) 範囲は（最大の値）−（最小の値）で求める。
箱ひげ図のひげの長さを比べてもよい。

(2) 四分位範囲は
（第3四分位数）−（第1四分位数）で求める。
1班は $8-5=3$（点）　2班は $9-5.5=3.5$（点）

3 (1) データの平均値が7点だから，
$a+b+7+10+3+9+4+3+7+10+9$
$+9+7+7=7\times14$ より $a+b=13$
a，b は自然数で，$a<b\leqq10$ より，a，b の値の組は(3, 10)，(4, 9)，(5, 8)，(6, 7)が考えられる。

データは14個あるので，第1四分位数はデータを大きさの順に並べたときの小さい方から4番目になる。

3　3　4　○　…より　$a=5$
（↑4番目で，5点）

よって，$a+b=13$ より $b=8$

(2) データを大きさの順に並べると，

3　3　4　⑤　7　7　7　7　8　9　⑨　9　10　10

（⑤↑第1四分位数，7 7：7番目と8番目，⑨↑第3四分位数）

よって，中央値（第2四分位数）は7点

(3) (2)より，第3四分位数は9点

(4) $9-5=4$（点）

p.117 第7回

1 30通り　2 15通り

3 (1) $\dfrac{1}{4}$　(2) $\dfrac{3}{13}$　(3) $\dfrac{2}{13}$

(4) 0

4 $\dfrac{3}{8}$

5 (1) $\dfrac{4}{25}$　(2) $\dfrac{2}{25}$　(3) $\dfrac{4}{25}$

6 (1) $\dfrac{3}{7}$　(2) $\dfrac{2}{7}$

解説

1 下の樹形図より，選び方は30通りある。

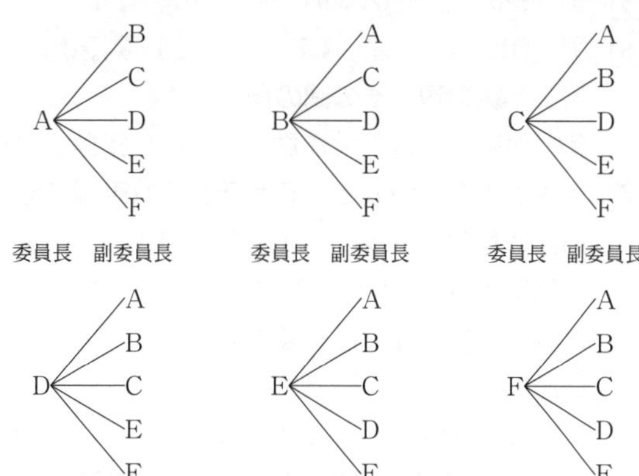

2 順番をつけずに選ぶ場合の数を考える。
{A, B}，{A, C}，{A, D}，{A, E}，{A, F}，
{B, C}，{B, D}，{B, E}，{B, F}，{C, D}，
{C, E}，{C, F}，{D, E}，{D, F}，{E, F}の
15通りある。

3 (3) 5の倍数5，10が書かれたカードは1つのマークについて2枚あるから，
全部で $2\times4=8$ より8枚ある。

(4) ジョーカーは入っていないので，確率は0

4 表裏の出方を，樹形図をかいて考える。

5 赤玉を①，②，白玉を③，④，黒玉を5とすると，樹形図は下のようになる。

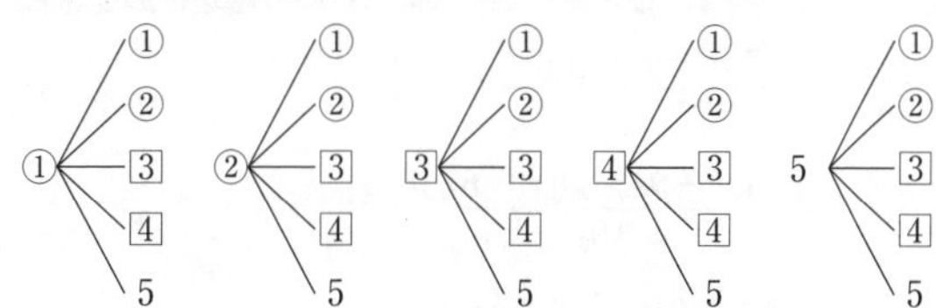

6 (1) くじの引き方は全部で42通りあり，このうち，Bが当たる場合は18通りある。

(2) A，Bともにはずれる場合は12通りある。

p.118〜120 第8回

1 (1) $2x+7y$　(2) $12x-18y$
(3) $-4x-10y$　(4) $-28b^3$
(5) $-y$　(6) $\dfrac{13x+7y}{10}$

2 (1) $x=-2,\ y=5$　(2) $x=-3,\ y=-7$
(3) $x=2,\ y=-1$　(4) $x=3,\ y=1$

3 (1) -1　(2) $y=3x+14$
(3) $y=\dfrac{3}{2}x-3$

4 (1) A$(-1,\ 0)$　B$(4,\ 0)$
(2) $(2,\ 3)$　(3) $\dfrac{15}{2}$

5 (1) $120°$　(2) $94°$　(3) $135°$

6 ㋐ DE　㋑ CE　㋒ 対頂角
㋓ 2組の辺とその間の角
㋔ 対応する角の大きさ　㋕ 錯角

7 点Aと点F，点Dと点Cをそれぞれ直線で結ぶ。仮定から，AE=CE，DE=FE だから，四角形 ADCF の2つの対角線 AC，DF はそれぞれの中点で交わるので，
四角形 ADCF は平行四辺形である。
よって，AD=FC，AD∥FC
仮定から AD=DB だから，DB=FC …①
また，AD∥FC より DB∥FC …②
①，②より，四角形 DBCF は1組の対辺が平行でその長さが等しいので，平行四辺形である。

8 (1) $\dfrac{1}{3}$　(2) $\dfrac{7}{12}$

9 $\dfrac{3}{8}$

10 (1) $\dfrac{5}{18}$　(2) $\dfrac{5}{36}$　(3) $\dfrac{1}{3}$
(4) $\dfrac{3}{4}$

解説

1 (6) $\dfrac{3x-y}{2}-\dfrac{x-6y}{5}$

$=\dfrac{5(3x-y)-2(x-6y)}{10}$

$=\dfrac{15x-5y-2x+12y}{10}$

$=\dfrac{13x+7y}{10}$

3 (1) $9a^2b\div6ab\times10b=\dfrac{9a^2b\times10b}{6ab}=15ab$
この式に a，b の値を代入する。

4 (3) AB$=4-(-1)=5$
$\triangle\text{PAB}=\dfrac{1}{2}\times\text{AB}\times3=\dfrac{1}{2}\times5\times3=\dfrac{15}{2}$

8 樹形図は下のようになる。

十の位 一の位
1 ─ 2 ○△ / 3 △ / 4 △
十の位 一の位
2 ─ 1 ○△ / 3 △ / 4 ○△
十の位 一の位
3 ─ 1 △ / 2 / 4
十の位 一の位
4 ─ 1 / 2 ○ / 3

取り出し方は全部で12通りある。
(1) 3の倍数は，○をつけた4通りあるから，
求める確率は $\dfrac{4}{12}=\dfrac{1}{3}$
(2) 32より小さい数は，△をつけた7通りあるか
ら，求める確率は $\dfrac{7}{12}$
別解 1−(32以上になる確率) と考えて，
$1-\dfrac{5}{12}=\dfrac{7}{12}$ と求めてもよい。

9 表裏の出方は全部で8通りあり，合計得点が2点となる場合は，1回だけ表が出る場合で，
(表，裏，裏)，(裏，表，裏)，(裏，裏，表)
の3通りあるから，求める確率は $\dfrac{3}{8}$ である。

10 (1) 目の出方は全部で36通り。出る目の和が9以上になるのは右の表より，10通りある。

A＼B	1	2	3	4	5	6
1	2	3	4	5	6	7
2	3	4	5	6	7	8
3	4	5	6	7	8	9
4	5	6	7	8	9	1
5	6	7	8	9	10	1
6	7	8	9	10	11	1

(2) Aの目がBの目より1大きくなるのは，(Aの目，Bの目)とすると，(2，1)，(3，2)，(4，3)，(5，4)，(6，5)の5通りある。
(3) 出る目の和が3の倍数になるのは，上の表で3，6，9，12になるときである。
(4) 1−(積が奇数になる確率) で求める。
積が奇数になるのは，A，Bともに奇数の目が出るときで，
(1，1)，(1，3)，(1，5)，(3，1)，(3，3)，(3，5)
(5，1)，(5，3)，(5，5)の9通りあるから，
求める確率は $1-\dfrac{9}{36}=\dfrac{3}{4}$ である。

6　5　4　3　2
D　C　B　A

教科書ワーク 数学 特別ふろく②

無料ダウンロード 定期テスト対策問題

こちらにアクセスして，表紙カバーについているアクセスコードを入力してご利用ください。
https://www.kyokashowork.jp/ma11.html

1 実力テスト

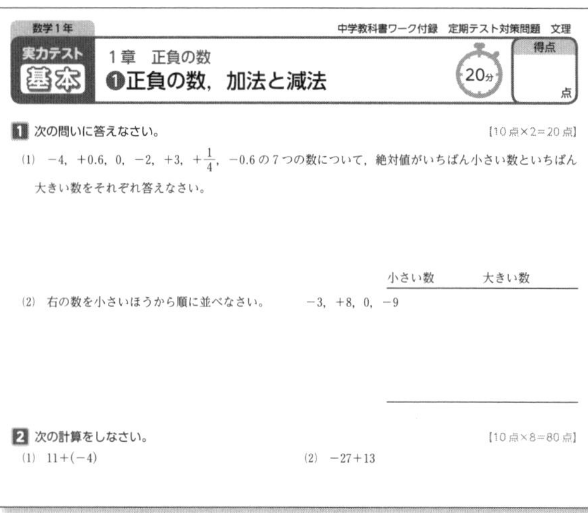

数学1年　中学教科書ワーク付録　定期テスト対策問題　文理

実力テスト 基本　1章　正負の数　❶正負の数，加法と減法　20分　得点　点

1 次の問いに答えなさい。【10点×2＝20点】

(1) -4，$+0.6$，0，-2，$+3$，$+\frac{1}{4}$，-0.6 の7つの数について，絶対値がいちばん小さい数といちばん大きい数をそれぞれ答えなさい。

小さい数　大きい数

(2) 右の数を小さいほうから順に並べなさい。　-3，$+8$，0，-9

2 次の計算をしなさい。【10点×8＝80点】

(1) $11+(-4)$　(2) $-27+13$

基本・標準・発展の3段階構成で無理なくレベルアップできる！

数学1年　中学教科書ワーク付録　定期テスト対策問題　文理

実力テスト 発展　1章　正負の数　❶正負の数，加法と減法　30分　得点　点

1 次の問いに答えなさい。【20点×3＝60点】

(1) 右の数の大小を，不等号を使って表しなさい。　$-\frac{1}{2}$，$-\frac{1}{3}$，$-\frac{1}{5}$

数学1年　中学教科書ワーク付録　定期テスト対策問題　文理

実力テスト 標準　1章　正負の数　❶正負の数，加法と減法　25分　得点　点

1 次の問いに答えなさい。【10点×2＝20点】

(1) 絶対値が3より小さい整数をすべて求めなさい。

(2) 数直線上で，-2からの距離が5である数を求めなさい。

2 次の計算をしなさい。【10点×8＝80点】

(1) $-6+(-15)$　(2) $-\frac{2}{5}-\left(-\frac{1}{2}\right)$

2 観点別評価テスト

観点別評価にも対応。苦手なところを克服しよう！

解答用紙が別だから，テストの練習になるよ。

数学1年　中学教科書ワーク付録　定期テスト対策問題　文理

第1回　観点別評価テスト　●答えは，別紙の解答用紙に書きなさい。　40分

主体的に学習に取り組む態度

1 次の問いに答えなさい。

(1) 交換法則や結合法則を使って正負の数の計算の順序を変えることに関して，正しいものを次から1つ選んで記号で答えなさい。

ア　正負の数の計算をするときは，計算の順序をくふうして計算しやすくできる。

イ　正負の数の加法の計算をするときだけ，計算の順序を変えてもよい。

ウ　正負の数の乗法の計算をするときだけ，計算の順序を変えてもよい。

エ　正負の数の計算をするときは，計算の順序を変えるようなことをしてはいけない。

(2) 電卓の使用に関して，正しいものを次から1つ選んで記号で答えなさい。

ア　数学や理科などの計算問題は電卓をどんどん使ったほうがよい。

イ　電卓は会社や家庭で使うものなので，学校で使ってはいけない。

ウ　電卓の利用が有効な問題のときは，先生の指示にしたがって使ってもよい。

思考力・判断力・表現力等

3 次の問いに答えなさい。

(1) 次の各組の数の大小を，不等号を使って表しなさい。

①　$-\frac{3}{4}$，$-\frac{2}{3}$　②　$-\frac{2}{3}$，$\frac{1}{4}$，$-\frac{1}{2}$

(2) 絶対値が4より小さい整数を，小さいほう…順に答えなさい。

(3) 次の数について，下の問いに答えなさい。

$-\frac{1}{4}$，0，$\frac{1}{5}$，1.70，$-\frac{13}{5}$，$\frac{7}{4}$

①　小さいほうから3番目の数を答えなさい。

②　絶対値の大きいほうから3番目の数を答え…さい。

思考力・判断力・表現力等

4 次の問いに答えなさい。

(1) 次の数量を，文字を使った式で表しなさい。

数学1年　第1回　観点別評価テスト　解答用紙

大問	観点	得点	評価	評価基準の参考
❶〜❷	主体的に学習に取り組む態度	/25		A〜20点以上 B〜6〜19点 C〜0〜5点
❸〜❹	思考力・判断力・表現力	/25		A〜20点以上 B〜6〜19点 C〜0〜5点
❺〜❽	知識・技能	/50		A〜40点以上 B〜… C〜0〜5点

中学教科書ワーク

定期テスト対策

教科書の公式&解法マスター

数学 2年

付属の赤シートを使ってね！

数研出版版

「スピードチェック」は取りはずして使用できます。

スピードチェック

1章　式の計算

1　式の計算（1）

☑	1	$3a$，$-5xy$，a^2b のように，数や文字をかけ合わせただけの式を［ 単項式 ］という。1つの文字や数も単項式である。
☑	2	$2a-3$，$4x^2+3xy-5$ のように，単項式の和の形で表される式を［ 多項式 ］といい，その1つ1つの単項式を，多項式の［ 項 ］という。 例 多項式 $4a-5b+3$ の項は，［ $4a$，$-5b$，3 ］
☑	3	単項式で，かけ合わされている文字の個数を，その式の［ 次数 ］という。 例 単項式 $-4xy$ の次数は［ 2 ］，単項式 $5a^2b$ の次数は［ 3 ］
☑	4	多項式では，各項の次数のうち，もっとも大きいものを，その式の［ 次数 ］といい，次数が1の式を［ 1次式 ］，次数が2の式を［ 2次式 ］という。 例 多項式 a^2-3a+5 は，［ 2 ］次式 多項式 x^3-4x^2+2x-3 は，［ 3 ］次式
☑	5	文字の部分が同じになっている項を［ 同類項 ］という。 x^2 と $2x$ は，文字は同じでも次数が［ ちがう ］ため同類項ではない。 例 $2a+3b-4a-3$ で，同類項は［ $2a$ ］と［ $-4a$ ］
☑	6	同類項は，分配法則 $ax+bx=(a+$［ b ］$)x$ を使って，1つの項にまとめることができる。 例 $5x-3-2x-4$ の同類項をまとめると，［ $3x-7$ ］ $3a-4b-2a+b$ の同類項をまとめると，［ $a-3b$ ］ 
☑	7	多項式の加法は，多項式のすべての項を加えて，［ 同類項 ］をまとめる。 例 $(a+b)+(2a-3b)=$［ $3a-2b$ ］ $(8x-7y)+(3x+5y)=$［ $11x-2y$ ］
☑	8	多項式の減法は，ひく式の各項の［ 符号 ］を変えて加える。 例 $(3x+4y)-(x+y)=3x+4y-x-y=$［ $2x+3y$ ］ $(5a-9b)-(3a-4b)=5a-9b-3a+4b=$［ $2a-5b$ ］

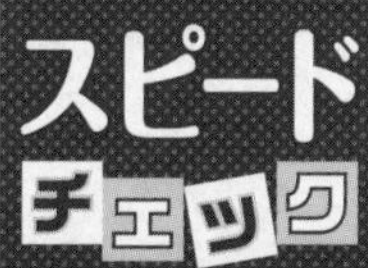

1章　式の計算

1　式の計算 (2)
2　文字式の利用

☑	1	多項式と数の乗法は，分配法則 $a(b+c)=ab+$［ ac ］を使って計算する。 例 $3(2a+5b)=$［ $6a+15b$ ］
☑	2	多項式と数の除法は，わる数を［ 逆数 ］にして乗法になおすか，分数の形にして計算する。 例 $(12x-28y)\div 4=$［ $3x-7y$ ］
☑	3	単項式どうしの乗法は，係数の積に［ 文字 ］の積をかける。 例 $(-4a)\times(-5b)=$［ $20ab$ ］
☑	4	単項式どうしの除法は，分数の形にして［ 約分 ］するか，除法を［ 乗法 ］になおして計算する。 例 $(-8xy)\div 2y=$［ $-4x$ ］
☑	5	乗法と除法の混じった計算は，全体を1つの分数の形にして［ 約分 ］する。 例 $a^2b\div ab^2\times 2b=\frac{a^2b\times 2b}{ab^2}=$［ $2a$ ］
☑	6	式の値を求めるとき，式を簡単にしてから数を［ 代入 ］すると，計算がしやすくなる場合がある。 例 $a=2$，$b=3$ のとき，$-9ab^2\div 3ab$ の値を求めると，［ -9 ］
☑	7	m，n を整数とすると，偶数は［ $2m$ ］，奇数は［ $2n+1$ ］と表される。 2けたの自然数の十の位の数を a，一の位の数を b とすると，この自然数は［ $10a+b$ ］と表される。また，$m\times$(整数)は，m の［ 倍数 ］である。
☑	8	n を整数とすると，連続する3つの整数は，n，［ $n+1$ ］，［ $n+2$ ］または［ $n-1$ ］，n，$n+1$ と表される。 例 連続する3つの整数のうち，中央の整数を n として，この3つの整数の和を n を使って表すと，$(n-1)+n+(n+1)=$［ $3n$ ］
☑	9	x，y についての等式を変形して，「$y=$……」の形の等式を導くことを，等式を y について［ 解く ］という。 例 $2x+y=3$ を y について解くと，［ $y=-2x+3$ ］ $m=\frac{a+b}{2}$ を a について解くと，［ $a=2m-b$ ］

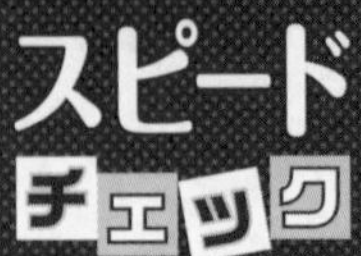

教科書 p.42 ～ 53

1　連立方程式（1）

☑	1	2つの文字をふくむ1次方程式を［ 2元 ］1次方程式といい，2元1次方程式を成り立たせる2つの文字の値の組を，その方程式の［ 解 ］という。 例 2元1次方程式 $3x+y=9$ について，$x=2$ のときの y の値は［ $y=3$ ］ 2元1次方程式 $2x+y=13$ について，$y=5$ のときの x の値は［ $x=4$ ］
☑	2	方程式をいくつか組にしたものを［ 連立 ］方程式という。 また，それらのどの方程式も成り立たせる文字の値の組を連立方程式の［ 解 ］といい，その解を求めることを連立方程式を［ 解く ］という。 例 $x=3$，$y=2$ は，連立方程式 $x+2y=7$，$2x+y=8$ の解と［ いえる ］。 $x=1$，$y=3$ は，連立方程式 $x+2y=7$，$2x+y=6$ の解と［ いえない ］。
☑	3	文字 x，y についての連立方程式から，y をふくまない方程式をつくることを，y を［ 消去 ］するという。連立方程式を解くには，1つの文字を［ 消去 ］して，文字が1つだけの1次方程式をつくる。
☑	4	連立方程式の1つの文字の係数の絶対値をそろえ，両辺をたしたりひいたりして，1つの文字を消去して解く方法を［ 加減法 ］という。 例 連立方程式 $\begin{cases} x+3y=4 \\ x+2y=3 \end{cases}$ を加減法で解くと，［ $x=1$，$y=1$ ］
☑	5	例 連立方程式 $5x+2y=12$…①，$2x+y=5$…② を加減法で解くと， ②×2 は $4x+2y=10$ で，①－②×2 より，［ $x=2$ ］ ②より，［ $y=1$ ］
☑	6	連立方程式の一方の式を他方の式に代入することによって， 1つの文字を消去して解く方法を［ 代入法 ］という。 例 連立方程式 $\begin{cases} x+2y=5 \\ x=y+2 \end{cases}$ を代入法で解くと，［ $x=3$，$y=1$ ］
☑	7	例 連立方程式 $x=y-1$…①，$y=2x-1$…② を代入法で解くと， ②を①に代入して $x=(2x-1)-1$ より，［ $x=2$ ］ ②より，［ $y=3$ ］

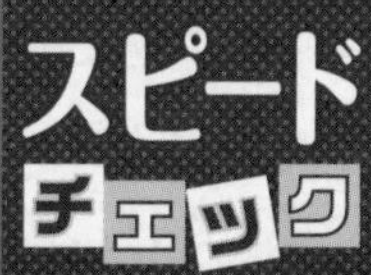

2章　連立方程式

1　連立方程式 (2)
2　連立方程式の利用

1	かっこのある連立方程式は，［ かっこ ］をはずし，簡単にしてから解く。 例 連立方程式 $x+2y=9$…①，$5x-3(x+y)=4$…②について， ②を，かっこをはずして簡単にすると，［ $2x-3y=4$ ］
2	係数に分数をふくむ連立方程式は，両辺に分母の［ 最小公倍数 ］をかけて，係数を［ 整数 ］にしてから解く。 例 連立方程式 $x+2y=12$…①，$\frac{x}{2}+\frac{y}{3}=4$…②について， ②を，係数が整数になるように変形すると，［ $3x+2y=24$ ］
3	係数に小数がある連立方程式は，両辺に10や100などをかけて，係数を［ 整数 ］にしてから解く。 例 連立方程式 $x+2y=-2$…①，$0.1x+0.06y=0.15$…②について， ②を，係数が整数になるように変形すると，［ $10x+6y=15$ ］
4	$A=B=C$ の形をした方程式は，次の組み合わせをつくって解く。 ［ $A=B$，$B=C$ ］または［ $A=B$，$A=C$ ］または［ $A=C$，$B=C$ ］ 例 方程式 $x+2y=3x-4y=7$（$A=B=C$ の形）について， $A=C$，$B=C$ の形の連立方程式をつくると，［ $x+2y=7$，$3x-4y=7$ ］
5	例 連立方程式 $ax+by=5$，$bx+ay=7$ の解が $x=2$，$y=1$ のとき， a，b についての連立方程式をつくると，［ $2a+b=5$，$2b+a=7$ ］
6	例 50円のガムと80円のガムを合わせて15個買い，900円払った。50円のガムを x 個，80円のガムを y 個買うとして，連立方程式をつくると， ［ $x+y=15$，$50x+80y=900$ ］
7	速さ，時間，道のりについて，(道のり)＝(速さ)×(［ 時間 ］) 例 全体で17kmの山道を，途中の峠までは時速3kmで，峠からは時速4kmで歩くと，全体で5時間かかった。峠までを $x$km，峠からを $y$km として，連立方程式をつくると，［ $x+y=17$，$\frac{x}{3}+\frac{y}{4}=5$ ］

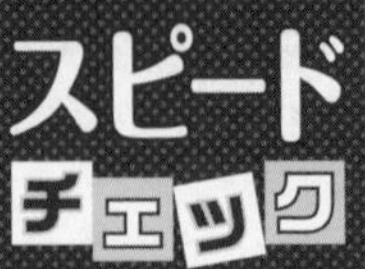

教科書 p.70 ～ 83

3章　1次関数

1　1次関数（1）

1	y が x の関数で，y が x の1次式で表されるとき，y は x の［ 1次関数 ］であるという。1次関数は，$y=$［ $ax+b$ ］で表され， x に比例する項［ ax ］と定数項［ b ］の和になっている。
2	例 1個120円のりんご x 個を100円の箱につめてもらったときの代金が y 円のとき，y を x の式で表すと，［ $y=120x+100$ ］ 例 水が15L入っている水そうから x Lの水をくみ出すと，y Lの水が残るとき，y を x の式で表すと，［ $y=-x+15$ ］
3	x の増加量に対する y の増加量の割合を［ 変化の割合 ］という。 1次関数 $y=ax+b$ では，$(変化の割合)=\frac{(y の増加量)}{(x の増加量)}=$［ a ］ 例 1次関数 $y=4x-3$ で，この関数の変化の割合は，［ 4 ］ 1次関数 $y=2x+1$ で，x の増加量が3のときの y の増加量は，［ 6 ］
4	1次関数 $y=ax+b$ のグラフは，$y=ax$ のグラフに［ 平行 ］で， 点 (0,［ b ］) を通る直線であり，傾きが［ a ］，切片が［ b ］である。 例 1次関数 $y=-2x+3$ のグラフの傾きは［ -2 ］，切片は［ 3 ］
5	1次関数 $y=ax+b$ では，x の値が1増加すると，y の値は［ a ］増加する。 例 1次関数 $y=3x+4$ では，x の値が1増加すると，y の値は［ 3 ］増加する。 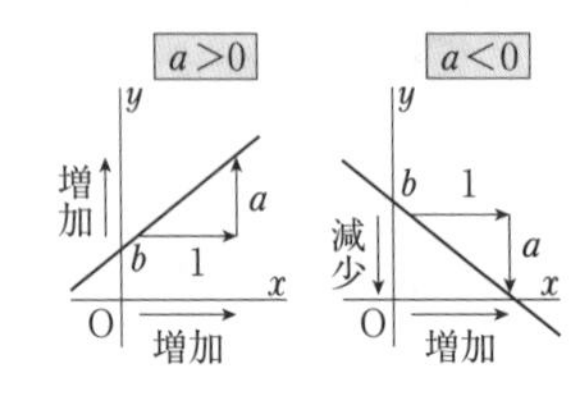
6	1次関数 $y=ax+b$ のグラフは，$a>0$ なら［ 右上がり ］の直線であり， $a<0$ なら［ 右下がり ］の直線である。 例 1次関数 $y=-3x+1$ のグラフは，［ 右下がり ］の直線である。
7	例 1次関数 $y=2x-1$ では，x の変域が $0 \leqq x \leqq 2$ のときの y の変域は， $x=0$ のとき $y=$［ -1 ］，$x=2$ のとき $y=$［ 3 ］より，［ $-1 \leqq y \leqq 3$ ］

スピードチェック

教科書 p.84～91

3章　1次関数

1　1次関数（2）
2　1次関数と方程式（1）

☑	1	変化の割合（傾き）と1組の x，y の値（1点の座標）がわかっているときは，1次関数を $y=ax+b$ と表し，a に［ 変化の割合（傾き） ］をあてはめ，さらに，［ 1組の x，y の値（1点の座標） ］を代入し，b の値を求める。
☑	2	例 グラフの傾きが3で，点(2，4)を通る1次関数の式を求めると， 傾きは3だから，$y=3x+b$ という式になるので，この式に $x=2$，$y=4$ を代入すると，$4=3\times2+b$ より，［ $b=-2$ ］　よって，［ $y=3x-2$ ］
☑	3	2点の座標（2組の x，y の値）がわかっているときは， 1次関数を $y=ax+b$ と表し，まず，傾き（変化の割合）a を求め， 次に，［ 1点の座標（1組の x，y の値） ］を代入し，b の値を求める。
☑	4	例 グラフが2点（1，3），（4，9）を通る直線の式を求めるときは， 傾きは $\dfrac{9-3}{4-1}=2$ だから，$y=2x+b$ という式になるので，$x=1$，$y=3$ を代入すると，$3=2\times1+b$ より，［ $b=1$ ］　よって，［ $y=2x+1$ ］
☑	5	2元1次方程式 $ax+by=c$ のグラフは［ 直線 ］であり，このグラフをかくには，この方程式を［ y ］について解き，傾きと切片を求める。 例 方程式 $2x+y=5$ のグラフについて， $y=-2x+5$ と変形できることから，傾きは［ -2 ］，切片は［ 5 ］
☑	6	方程式 $ax+by=c$ のグラフをかくには，$x=0$ や $y=0$ のときに通る2点 $\left(0,\ \dfrac{[\ c\ ]}{b}\right)$，$\left(\dfrac{c}{[\ a\ ]},\ 0\right)$ を求めてもよい。 例 方程式 $3x+2y=6$ のグラフは，$x=0$ とすると $y=3$， 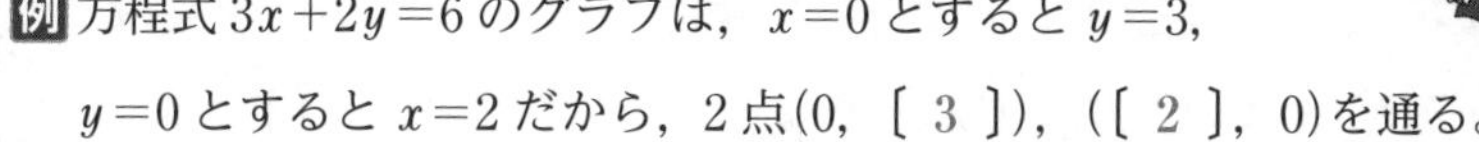 $y=0$ とすると $x=2$ だから，2点(0，［ 3 ］)，(［ 2 ］，0)を通る。
☑	7	方程式 $ax+by=c$ のグラフは［ 直線 ］である。 特に，$a=0$ の場合，グラフは x 軸に［ 平行 ］な直線である。 $b=0$ の場合，グラフは y 軸に［ 平行 ］な直線である。 例 方程式 $2y=8$ のグラフは，点(0，［ 4 ］)を通り，［ x ］軸に平行な直線。

スピードチェック

3章　1次関数
2　1次関数と方程式 (2)
3　1次関数の利用

☑ 1　x, y についての連立方程式の解は，それぞれの方程式のグラフの交点の［ x ］座標，［ y ］座標の組で表される。

☑ 2　2直線の交点の座標は，2つの直線の式を組にした［ 連立方程式 ］を解いて求めることができる。

例 2直線 $y=x$ …①，$y=2x-1$ …② の交点の座標を求めると，
①を②に代入して，$x=$［ 1 ］，$y=$［ 1 ］　よって，［ (1, 1) ］

例 2直線 $3x+y=5$ …①，$2x+y=3$ …② の交点の座標を求めると，
①−②より，$x=$［ 2 ］　②より，$y=$［ −1 ］　よって，［ (2, −1) ］

☑ 3　2直線が平行のとき，2直線の式を組にした連立方程式の解は［ ない ］。
2直線が一致するとき，2直線の式を組にした連立方程式の解は［ 無数 ］。

例 2直線 $4x-y=3$，$8x-2y=1$ の位置関係は，
2直線の傾きが［ 等しく ］，切片が［ ちがう ］ので，［ 平行 ］になる。

☑ 4　1次関数を利用して問題を解くには，まず $y=$［ $ax+b$ ］の形に表す。

例 長さ 20 cm のばねに 40 g のおもりをつるすと，ばねは 24 cm になった。
xg($0 \leqq x \leqq 40$) のおもりをつるしたときのばねの長さを $y$cm として，
y を x の式で表すと，$y=ax+20$ という式になるから，$x=40$，$y=24$ を代入すると，$24=a\times40+20$ より，$a=0.1$ だから，［ $y=0.1x+20$ ］

☑ 5　1次関数を利用して図形の問題を解くときは，
$x \geqq 0$，$y \geqq 0$ などの［ 変域 ］に注意する。

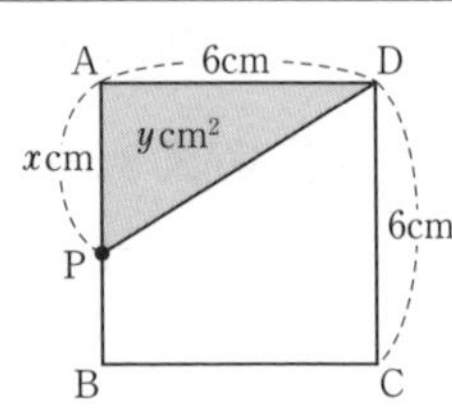

例 1辺が 6 cm の正方形 ABCD で，
点Pが辺 AB 上をAから $x$cm 動くとき，
△APD の面積を $y$cm^2 として，y を x の式で表すと，
(△APD の面積) = (AD の長さ) × (AP の長さ) ÷ 2 だから，
$y=6\times x\div2$　($0 \leqq x \leqq$［ 6 ］)　　よって，［ $y=3x$ ($0 \leqq x \leqq 6$) ］

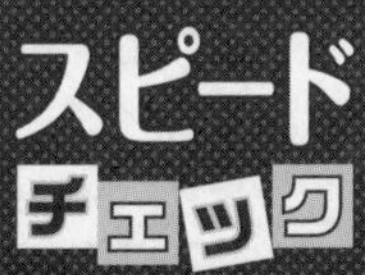

4章　図形の性質と合同

1　平行線と角 (1)

1　2直線が交わるとき，向かい合っている2つの角を［ 対頂角 ］という。

対頂角は［ 等しい ］。

例 右の図では，$\angle a=$［ 60° ］，$\angle b=$［ 120° ］，

$\angle c=$［ 60° ］

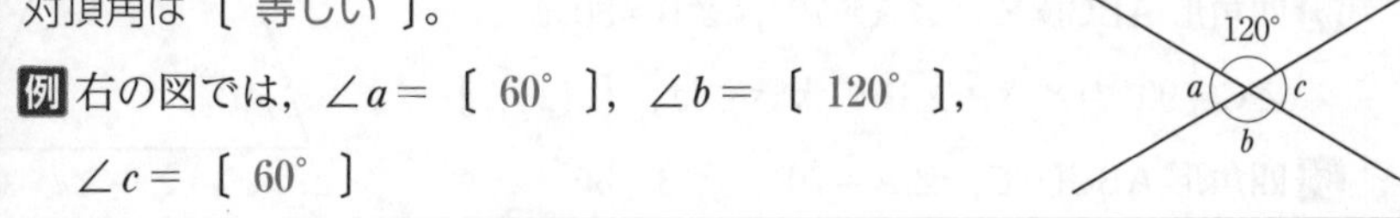

2　2直線に1つの直線が交わるとき，

2直線が平行ならば，［ 同位角 ］，［ 錯角 ］は等しい。

例 右の図では，$\angle a=$［ 50° ］，

$\angle b=$［ 50° ］，$\angle c=$［ 130° ］，

$\angle d=$［ 50° ］，$\angle e=$［ 130° ］

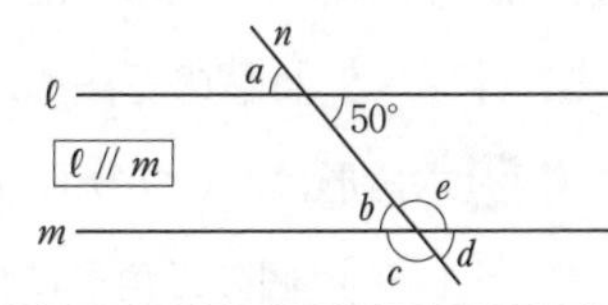

3　2直線に1つの直線が交わるとき，［ 同位角 ］または［ 錯角 ］が等しいならば，その2直線は平行である。

例 右の図の直線のうち，平行であるものを，記号 // を使って表すと，

［ ***a*** ］ //［ ***c*** ］，［ ***b*** ］ //［ ***d*** ］

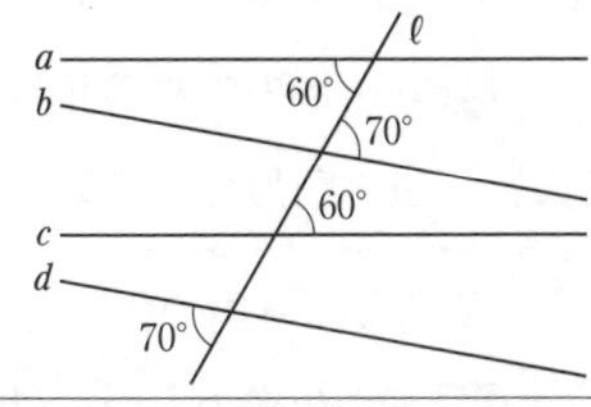

4　多角形で，内部の角を［ 内角 ］といい，1つの辺と，それととなり合う辺の延長がつくる角を，その頂点における［ 外角 ］という。

5　三角形の3つの内角の和は［ 180° ］である。

例 △ABC で，∠A=35°，∠B=65°のとき，

∠C の大きさは，［ 80° ］

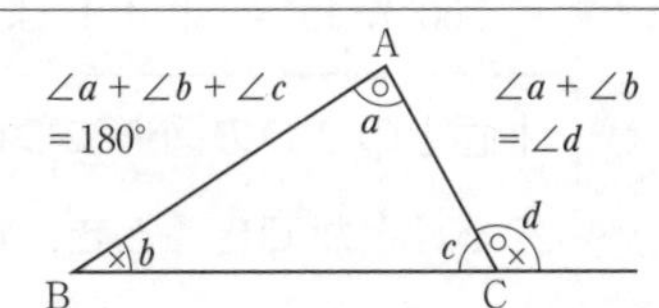

三角形の外角は，それととなり合わない2つの［ 内角 ］の和に等しい。

例 △ABC で，∠A=60°，頂点 B における外角が 130°のとき，∠C=［ 70° ］

6　3つの内角がすべて［ 鋭角 ］(0°より大きく 90°より小さい角) である三角形を［ 鋭角 ］三角形といい，1つの内角が［ 鈍角 ］(90°より大きく 180°より小さい角) である三角形を［ 鈍角 ］三角形という。

例 2つの角が 30°，50°である三角形は，［ 鈍角 ］三角形。

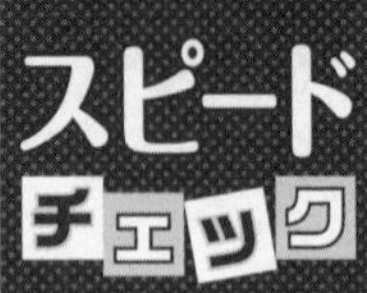

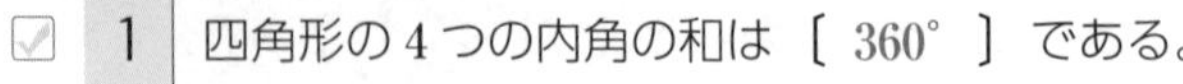

4章　図形の性質と合同

1　平行線と角（2）
2　三角形の合同（1）

1　四角形の4つの内角の和は［ 360° ］である。

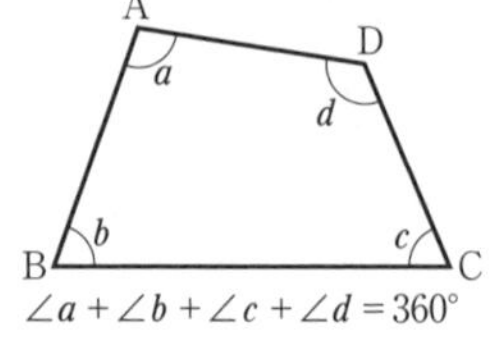

例 四角形 ABCD で，∠A=70°，∠B=80°，
∠C=90°のとき，∠D の大きさは，［ 120° ］

例 四角形 ABCD で，∠A=70°，∠B=80°，
頂点 C における外角が 80°のとき，∠D の大きさは，［ 110° ］

2　n 角形は，1つの頂点からひいた対角線によって
（［ $n-2$ ］）個の三角形に分けられる。

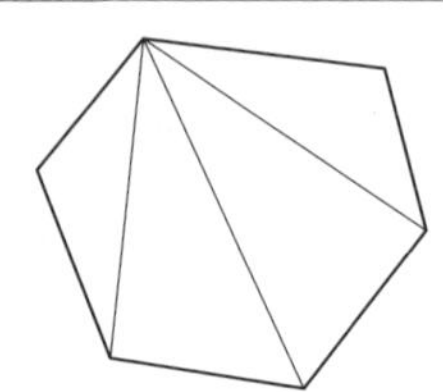

例 六角形は，1つの頂点からひいた対角線によって
［ 4 ］ 個の三角形に分けられる。

3　n 角形の内角の和は［ 180°×(n−2) ］である。

例 六角形の内角の和は，180°×(6−2)=［ 720° ］
正六角形の1つの内角の大きさは，720°÷6=［ 120° ］

4　多角形の外角の和は［ 360° ］である。

例 正六角形の1つの外角の大きさは，360°÷6=［ 60° ］
1つの外角が 45°である正多角形は，
360°÷45°=［ 8 ］より，［ 正八角形 ］

5　平面上の2つの図形について，その一方を移動して，他方にぴったりと重ねることができるとき，この2つの図形は［ 合同 ］である。合同な図形では，対応する線分の長さや角の大きさはそれぞれ［ 等しい ］。

6　四角形 ABCD と四角形 EFGH が合同であることを，記号≡を使って，
［ 四角形 ABCD ］≡［ 四角形 EFGH ］と表す。合同の記号≡を使うときは，対応する［ 頂点 ］を周にそって順に並べて書く。

例 △ABC ≡△DEF であるとき，
∠B に対応する角は，［ ∠E ］　辺 AC に対応する辺は，［ 辺 DF ］

スピードチェック

4章　図形の性質と合同

2　三角形の合同（2）
3　証明

1　2つの三角形は，［ 3 ］組の辺がそれぞれ等しいとき，合同である。

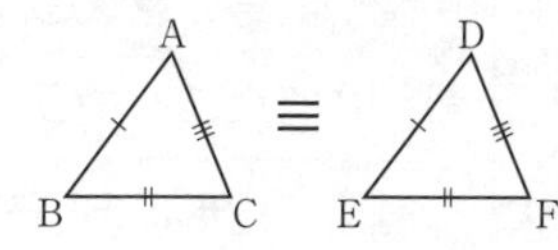

例 AB＝DE，AC＝DF，［ BC ］＝［ EF ］のとき，△ABC ≡△DEF となる。

2　2つの三角形は，2組の辺と［ その間 ］の角がそれぞれ等しいとき，合同である。

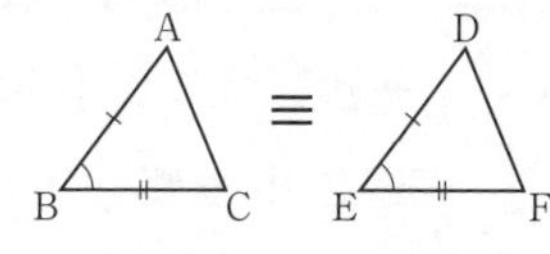

例 ∠［ B ］＝∠［ E ］，AB＝DE，BC＝EF のとき，△ABC ≡△DEF となる。

3　2つの三角形は，1組の辺と［ その両端 ］の角がそれぞれ等しいとき，合同である。

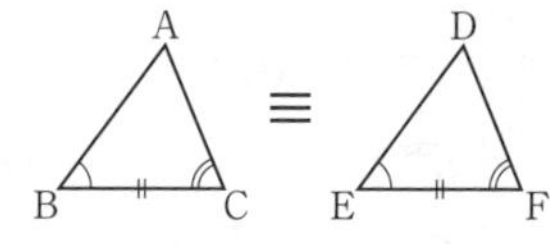

例［ BC ］＝［ EF ］，∠B＝∠E，∠C＝∠F のとき，△ABC ≡△DEF となる。

4　「○○○ ならば △△△」と表したとき，○○○ の部分を［ 仮定 ］，△△△ の部分を［ 結論 ］という。

例「x が 9 の倍数 ならば x は 3 の倍数である。」について，仮定は［ x が 9 の倍数 ］，結論は［ x は 3 の倍数 ］

例「正三角形の3辺の長さは等しい。」について，仮定は［ ある三角形が正三角形 ］，結論は［ その三角形の3辺の長さは等しい ］

5　あることがらが正しいことを，正しいことがすでに認められたことがらを根拠にして，すじ道をたてて説明することを［ 証明 ］という。

6　証明のしくみは，［ 仮定 ］から，正しいことがすでに認められていることがらを根拠として使って，［ 結論 ］を導く。

例「△ABC ≡△DEF ならば AB＝DE」について，仮定から結論を導く根拠となっていることがらは，［ 合同な図形の対応する辺の長さは等しい ］

スピードチェック

5章　三角形と四角形

1　三角形（1）

1	用語や記号の意味をはっきり述べたものを〔 定義 〕という。 証明されたことがらのうち，よく使われるものを〔 定理 〕という。
2	二等辺三角形において，等しい辺の間の角を〔 頂角 〕， 頂角に対する辺を〔 底辺 〕，底辺の両端の角を〔 底角 〕という。
3	二等辺三角形の 2 つの〔 底角 〕は等しい。 二等辺三角形の〔 頂角 〕の二等分線は， 底辺を〔 垂直 〕に 2 等分する。 例 二等辺三角形で，頂角が 80°のとき，底角は〔 50° 〕 二等辺三角形で，底角が 55°のとき，頂角は〔 70° 〕
4	2 つの角が等しい三角形は，〔 二等辺 〕三角形である。 例 2 つの角が 45°，90°である三角形は，〔 直角二等辺 〕三角形。 例 ある三角形が二等辺三角形であることを証明するには， 〔 2 〕つの辺または〔 2 〕つの角が等しいことを示せばよい。
5	正三角形の〔 定義 〕は，「3 辺が等しい三角形」である。 正三角形の 3 つの角は〔 等しい 〕。 例 頂角が 60°の二等辺三角形は，底角が〔 60° 〕で，〔 正 〕三角形。
6	直角三角形において，直角に対する辺を〔 斜辺 〕という。 2 つの直角三角形は，斜辺と 1 つの〔 鋭角 〕が それぞれ等しいとき，合同である。 例 ∠C＝∠F＝90°，AB＝DE， 〔 ∠A 〕＝〔 ∠D 〕のとき，△ABC ≡△DEF となる。
7	2 つの直角三角形は，斜辺と他の〔 1 辺 〕が それぞれ等しいとき，合同である。 例 ∠C＝∠F＝90°，AB＝DE， 〔 AC 〕＝〔 DF 〕のとき，△ABC ≡△DEF となる。

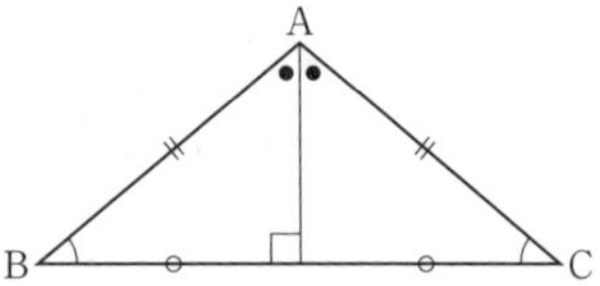

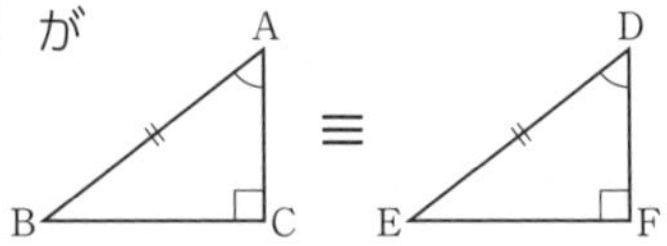

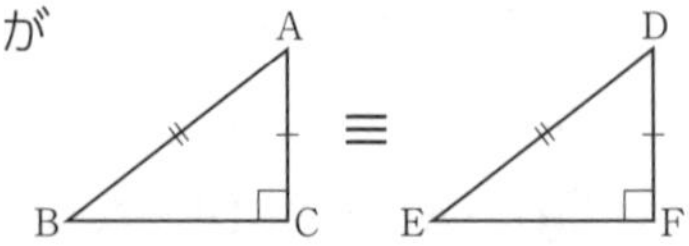

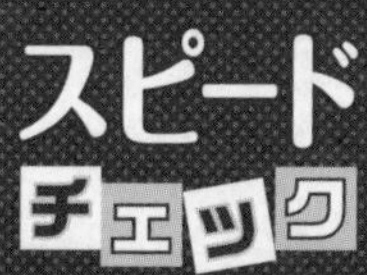

5章　三角形と四角形
1　三角形（2）
2　四角形（1）

1　あることがらの仮定と結論を入れかえたものを，もとのことがらの［ 逆 ］という。
あることがらについて，仮定は成り立つが結論は成り立たないという例を，［ 反例 ］という。
ことがらが正しくないことをいうときは，反例を［ 1つ ］示せばよい。
例「$x=1$，$y=2$ ならば $x+y=3$ である。」について，この逆は，
［「$x+y=3$ ならば $x=1$，$y=2$ である。」］　これは，［ 正しくない ］。
例「3つの角が等しい三角形は正三角形である。」について，この逆は，
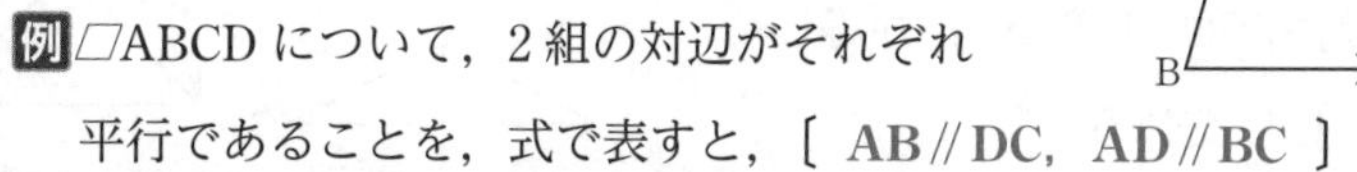
［「正三角形ならば3つの角が等しい。」］　これは，［ 正しい ］。

2　平行四辺形の定義は，「2組の［ 対辺 ］がそれぞれ［ 平行 ］な四角形」である。
例▱ABCDについて，2組の対辺がそれぞれ平行であることを，式で表すと，［ AB∥DC，AD∥BC ］

3　平行四辺形の2組の対辺または2組の対角はそれぞれ［ 等しい ］。
例▱ABCDについて，2組の対角がそれぞれ等しいことを，式で表すと，
［ ∠A=∠C，∠B=∠D ］
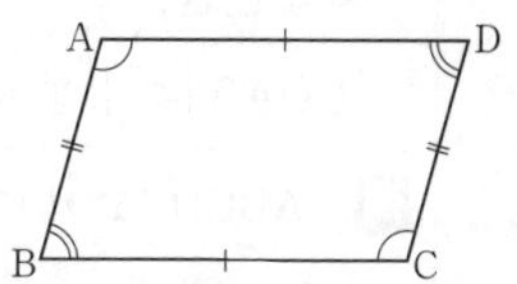

4　平行四辺形の対角線はそれぞれの［ 中点 ］で交わる。
例▱ABCDの対角線の交点をOとするとき，対角線がそれぞれの中点で交わることを，式で表すと，［ AO=CO，BO=DO ］
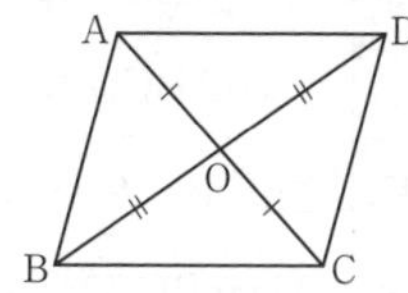

5　例▱ABCDで，∠A=120°のとき，∠B=［ 60° ］
例▱ABCDで，対角線BDをひくとき，∠ABDと大きさの等しい角は，［ ∠CDB ］
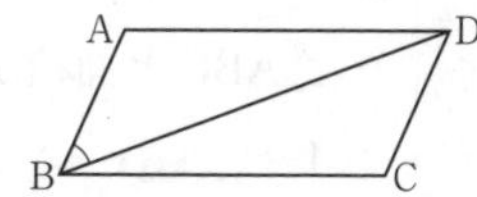

スピードチェック

5章　三角形と四角形

2　四角形 (2)

1 2組の〔 対辺 〕がそれぞれ平行である四角形は，平行四辺形である。
2組の〔 対辺 〕または2組の〔 対角 〕がそれぞれ等しい四角形は，平行四辺形である。
対角線がそれぞれの〔 中点 〕で交わる四角形は，平行四辺形である。
1組の対辺が〔 平行 〕でその長さが等しい四角形は，平行四辺形である。

2 長方形の定義は，「4つの〔 角 〕が等しい四角形」である。
ひし形の定義は，「4つの〔 辺 〕が等しい四角形」である。
正方形の定義は，「4つの〔 角 〕が等しく，4つの〔 辺 〕が等しい四角形」である。正方形は，長方形でもあり，ひし形でもある。

3 長方形の対角線の長さは〔 等しい 〕。
ひし形の対角線は〔 垂直 〕に交わる。
正方形の対角線は〔 長さ 〕が等しく〔 垂直 〕に交わる。

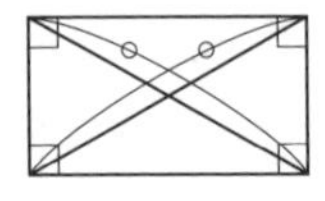
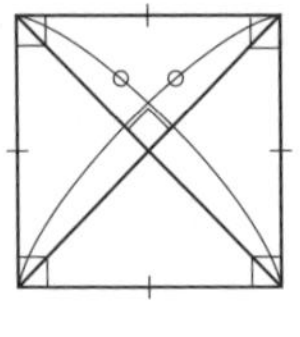
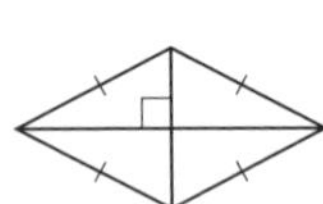

※正方形 ABCD の対角線の交点を O とするとき，
△OAB は〔 直角二等辺 〕三角形である。

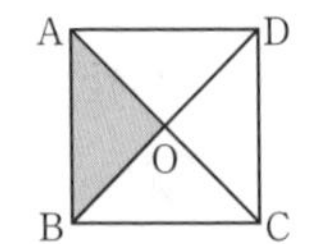

4 例 ▱ABCD について，∠A＝∠B ならば，〔 長方形 〕になる。
▱ABCD について，AB＝BC ならば，〔 ひし形 〕になる。
▱ABCD について，AC＝BD ならば，〔 長方形 〕になる。
▱ABCD について，AC ⊥ BD ならば，〔 ひし形 〕になる。

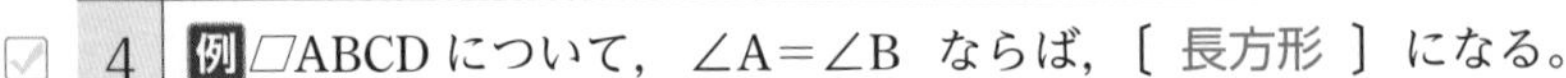

5 底辺 BC を共有する△ABC と△DBC において
AD//BC ならば△ABC〔 ＝ 〕△DBC
例 ▱ABCD で，2つの対角線をひくとき，
△ABC と面積が等しい三角形は，
〔 △ABD，△ACD，△BCD 〕

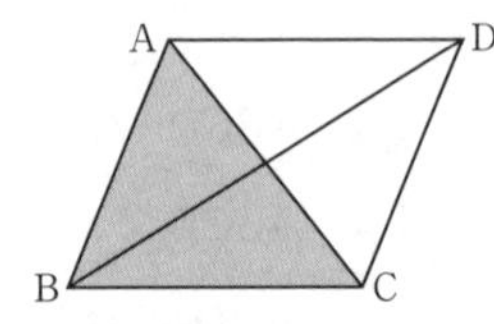

スピードチェック

6章　データの活用

1　データの散らばり
2　データの傾向と調査

1　データを値の大きさ順に並べ，4 等分する。このとき，4 等分する位置にくる値を［ 四分位数（しぶんいすう） ］といい，小さい方から順に［ 第 1 四分位数 ］，［ 第 2 四分位数 ］，［ 第 3 四分位数 ］という。
第 2 四分位数は［ 中央値 ］になる。

2　第 1 四分位数と第 3 四分位数は，次のようにして求める。
①値の大きさの順に並べたデータを，個数が同じになるように半分に分ける。ただし，データの個数が［ 奇数 ］のときは，中央値を除いて 2 つに分ける。
②半分にしたデータのうち，
小さい方のデータの中央値が［ 第 1 四分位数 ］，
大きい方のデータの中央値が［ 第 3 四分位数 ］となる。

3　例 データが　1，3，5，8，12，14，17，19，25 の場合
中央値(第 2 四分位数)は，［ 12 ］，
第 1 四分位数は，$\frac{3+5}{2}=4$，第 3 四分位数は，［ 18 ］となる。

4　第 3 四分位数から第 1 四分位数をひいた差を［ 四分位範囲（しぶんいはんい） ］という。
例 データが　1，3，5，8，12，14，17，19，25 の場合
四分位範囲は，［ 14 ］になる。

5　ヒストグラムと箱ひげ図を比べると，ヒストグラムの山の位置と，箱ひげ図の［ 箱 ］の位置がだいたい対応していることがわかる。また，ヒストグラムのすそにあたる部分が，箱ひげ図の［ ひげ ］に対応している。
箱の横の長さはデータの集中しているようすを表している。箱の横の長さが小さいほど，データはその範囲に［ 集中 ］している。

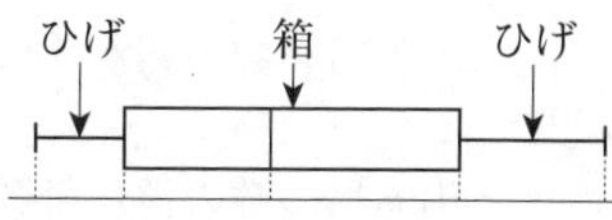

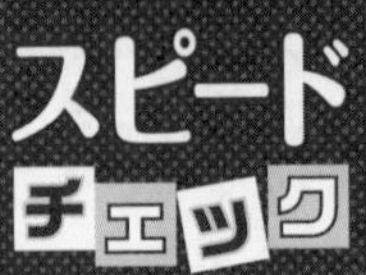

7章　確率

1　確率

1	あることがらの起こりやすさの程度を表す数を，そのことがらの起こる〔 確率 〕という。確率を計算によって求める場合は，目の出方，表と裏の出方，数の出方などは同様に〔 確からしい 〕ものとして考える。
2	起こりうるすべての場合が n 通りあり，そのうち，ことがら A の起こる場合が a 通りあるとき，ことがら A の起こる確率 p は，$p=\frac{〔\ a\ 〕}{〔\ n\ 〕}$ あることがらの起こる確率 p の値の範囲は，〔 0 〕$\leqq p \leqq$〔 1 〕 絶対に起こることがらの確率は〔 1 〕だから， (A の起こらない確率) = 〔 1 〕 − (A の起こる確率) である。
3	起こりうるすべての場合を順序よく整理して表すときは，〔 樹形 〕図を使うとよい。 例 2 枚の 10 円硬貨を投げるとき，表と裏の出方は全部で〔 4 〕通り。
4	例 1 個のさいころを 1 回投げるとき， 1 の目が出る確率は，〔 $\frac{1}{6}$ 〕　偶数の目が出る確率は，〔 $\frac{1}{2}$ 〕
5	例 4 本の当たりくじが入っている 20 本のくじから 1 本引くとき， 当たりくじを引く確率は，〔 $\frac{1}{5}$ 〕　はずれくじを引く確率は，〔 $\frac{4}{5}$ 〕
6	例 2 枚の 10 円硬貨を同時に投げるとき，2 枚とも表が出る確率は，〔 $\frac{1}{4}$ 〕 1 枚は表が出て 1 枚は裏が出る確率は，〔 $\frac{1}{2}$ 〕
7	例 大小 2 個のさいころを同時に投げるとき，目の出方は全部で〔 36 〕通りで，同じ目が出る確率は，〔 $\frac{1}{6}$ 〕 出る目の数の和が 4 になる確率は，〔 $\frac{1}{12}$ 〕 出る目の数の積が奇数になる確率は，〔 $\frac{1}{4}$ 〕